커뮤니티 플래닝 핸드북 | THE **COMMUNITY PLANNING** HANDBOOK

커뮤니티 플래닝 핸드북 | THE COMMUNITY PLANNING HANDBOOK

미세움 아름다운 도시만들기 시리즈 ②

세계 모든 사람들은 자신들의 도시와 마을을 어떻게 만들어 가는가

커뮤니티 The Community
플래닝 Planning
핸드북 Handbook

닉 웨이츠 지음

오민근 · 이석현 옮김
CIS Creative Inspiration Study

"그 신발이 당신에게 맞는지 알고 싶다면,
그것을 신고 있는 사람에게 물어보라.
신발을 만든 사람에게 물어보지 말고."

The Community Planning Handbook
by Nick Wates

Original copyright ⓒ Nick Wates, 2000
All rights reserved.

Korean translation copyright ⓒ 2008 by Misewoom Publishing Co.
Published by arrangement with Earthscan.

이 책의 한국어판 저작권은 Earthscan과의 독점계약으로 **미세움**이 소유합니다.
저작권법에 의하여 한국 내에서 보호를 받는 저작물이므로
무단 전재와 무단 복제를 금합니다.

커뮤니티 플래닝 핸드북

2008년 7월 25일 1판 1쇄 인쇄
2008년 7월 30일 1판 1쇄 발행

지은이 닉 웨이츠
옮긴이 오민근 · 이석현 ·
　　　　CISCreative Inspiration Study
펴낸이 강 찬 석
펴낸곳 도서출판 **미세움**
주　소 150-838 서울시 영등포구 신길동 194-70
전　화 02)844-0855 팩 스 02)703-7508
등　록 제313-2007-000133호

ISBN 978-89-85493-28-4　03540

정가 15,000원
잘못된 책은 바꾸어 드립니다.

미세움 아름다운 도시만들기 시리즈 ②

성공적인 **도시계획**과 창조적인 **도시재생**

커뮤니티 플래닝 핸드북

THE COMMUNITY PLANNING HANDBOOK

닉 웨이츠 지음
오민근 · 이석현 · CIS 옮김

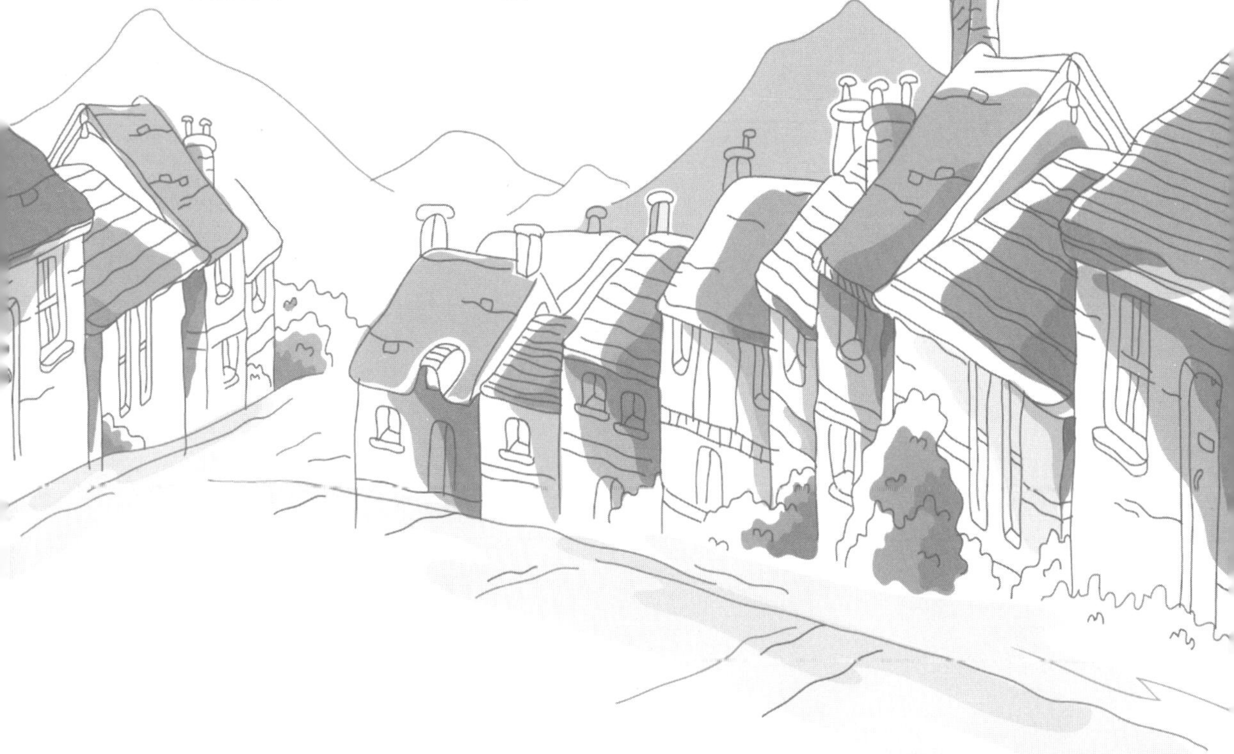

커뮤니티 플래닝 핸드북에 대한 찬사

커뮤니티Community
플래닝Planning
핸드북Handbook에
대한 찬사

본서는 우리의 건축환경계획의 수립에 있어 보다 나은 결정과 사람들이 서로에게 배우기 위한 절차를 더 깊이 이해하는 데 도움을 준다. 이것은 영국을 비롯한 전세계에 걸친 국제적인 경험의 관계성을 알려준다. 책의 구성은 이 분야에서 커뮤니케이션 방법기술에 대한 우수한 디자인의 새로운 기준을 제시한다. 이 책은 국제적인 시각을 가지고 있기 때문에 커뮤니티와 그 활동가들을 위한 실질적인 도구로 강력히 추천하고자 한다.

미셸 파크스 Michael Parkes
유럽연합의 도시정책 전문가, 총괄 개발 이사회, 브뤼셀(벨기에)

이 책은 내용의 탁월한 그래픽화를 통해 명료하고 간결할 뿐만 아니라 다양한 방법에서 주목을 끌고 있어 수많은 이용자에게 매우 유용할 것이다.

토니 코스텔로 Tony Costello
건축학 교수, Ball 주립대학, 미국

커뮤니티 계획은 주요 계획과정의 한 부분이다. 개발자이건 아니건, 커뮤니티 계획전문가 혹은 활동적 구성원이건 간에, 이 책은 요구에 대처하기 위한 참여방법과 구조의 선택, 그리고 계획을 진행하는 데 매우 귀중한 지침이 될 것이다.

존 톰슨 John Thompson
건축가 및 커뮤니티 계획가

이 책을 좋아하고 이 책의 형식을 좋아한다. 이 속의 도구상자는 유용한 도구가 될 것이다.

사이먼 크록스톤 Simon Croxton
환경 및 개발국제기구

뛰어난 책이자 아주 가치 있는 책이다.

로드 해크니 Rod Hackney
커뮤니티 건축가

포괄적이고 유용하다.

소니아 칸 Sonia Khan
Freeform Arts Trust

정말로 유용한 책. 나는 접근방법, 배열, 방법론이 좋다.

바바 뭄타즈 Babar Mumtaz
개발계획국, 런던

Advance praise for The **Community Planning** Handbook

이 책은 알기 쉬운 설명과 그래픽 처리로 즐거움을 주며, 새로운 '규범 – 참여과정절차을 통해서 수요중심계획과 의사결정 – '을 통해, 더 쉽게 이해되어 커뮤니티에 힘을 불어넣을 것이다.

비내이 D. 얼Vinay D. Lall
감독, 개발연구학회, 뉴 델리(인도)

실무가, 연구자, 계획자, 정책입안자들에게 상세한 내용과 함께, 가치 있는 응용지침으로서의 역할을 할 것이다.

줄스 프리티Jules Pretty
감독, 환경과 사회 센터, 에섹스 대학

이 책은 매우 인상적인 작업의 결정체이며, 지역에서 일하는 모든 관계자들에게 명쾌하고 간결한 설명으로 매우 유용하게 읽혀질 것이다.

존 위그John Twigg
런던 대학

우수한 편집으로 많은 사람들과 단체에 도움이 된다.

잭 사이드너Jack Sidener
건축학 교수, 홍콩 중국 대학

매우 유용하다.

패트릭 워클리Patrick Wakely
도시개발학 교수, 런던 컬리지 대학

아주 훌륭하다.

마가렛 윌킨슨Margaret Wilkinson
커뮤니티 개발 학자, 근린거주기금

새로운 것을 시도하려는 내게 확신을 주는 매우 유용한 책이다.

제즌 홀Jez Hall
맨체스터 커뮤니티 기술지원 센터

탁월하다.

미셸 헤벌트Michael Hebbert
도시계획학 교수, 맨체스터 대학

차례

머리말	8
역자 서문	10
왜 참여가 필요한가	12
시작하기	14
책의 형식	16
프로젝트 단계	18

일반 원칙(General principles A-Z)   19

방법(Methods A-Z)   33
    찾아보기   142

시나리오(Scenarios A-Z)   145
    찾아보기   180

부록(Appendices)   183
    유용한 서식   184
    유용한 체크리스트   190
    용어 해설   199
    출간 및 영상물   217
    관련기관 연락처   224

머리말

　　전세계적으로 환경계획과 관리에 지역주민 참여요구가 증가하고 있다. 이러한 인식의 확대는 그들이 원하는 환경을 가지기 위한 유일한 방법이 이것이라고 믿기 때문이다.

　　따라서 이제는 커뮤니티가 보다 안전하고, 튼튼해지고, 풍족하게 되고, 더 지속 가능하게 되리라는 것은 확실해 질 것이다.

　　그런데 어떻게 해야 하는 것일까? 지역주민들은 어떻게 - 그들이 어디에 살든 - 복잡한 건축계획과 도시설계를 그들 자신에게 맞는 최상의 것으로 만들 수 있을까? 전문가들은 어떻게 지역의 지식과 자원들을 최상의 것으로 만들 수 있을까?

　　주민들이 서로 영향을 미치도록 하는 이러한 새로운 방법, 새로운 형태의 이벤트, 새로운 유형의 조직, 새로운 서비스, 새로운 지원체계가 지난 몇 십 년에 걸쳐 폭넓은 방법으로 여러 나라에서 시범적으로 시도되어 왔다.

　　이 핸드북은 처음으로 이러한 커뮤니티 계획의 새로운 방법들의 전체적 개요를 한 권으로 제공한다. 그리고 건축환경에 대한 관심을 가진 모든 사람들을 위해 특수용어는 가급적 피하고, 내용은 보편적이며 적용 가능하고 '어떻게 그것을 행하는가'의 구체적인 형태로 제시하였다. 그 때문에 현재 살고 있는 곳을 개선하고자 하는 거주자나 일반적인 진행상황을 개선하길 원하는 정책입안자, 혹은 특정 프로젝트에 종사하는 개발전문가들은 이 책을 통해 그들이 원하는 것을 보다 빨리 찾아낼 수 있을 것이다.

　　여기서 서술하는 방법들은 각각이 명확한 효용성을 가지고 있다.

　　그러나 그 방법들이 서로 창의적으로 조합되었을 때, 커뮤니티 계획은 지속 가능한 변화에 대해 보다 긍정적이고 강력한 힘이 되며, 그러한 많은 가능성의 일부분은 책의 뒷부분에 있는 시나리오편에 소개되어 있다.

　　향후 몇 년 사이에 우리가 사는 곳곳에서 고유의 근린주구

Introduction

住區계획을 위한 공공사무소를 가지고, 모든 개발전문가들이 주말에 아이디어 경쟁과 계획을 조직화하기 위한 준비를 하며, 모든 학교가 도시설계 스튜디오를 두어 주변 커뮤니티를 지원하는 것이 가능해질 것이다. 그리고 모든 사람들은 이 책에 서술된 디자인 워크숍, 지도화, 편집의 참여, 상호작용 전시와 그 외의 방법에 더욱 친숙해지게 될 것이다.

이러한 붐이 일어날 때, 개인과 커뮤니티의 요구를 충족시키면서 즐겁게 살고 일할 수 있는 건축환경의 조성과 유지를 가능하게 하는 더 많은 기회가 만들어지게 될 것이다. 그러한 과정을 통해, 커뮤니티 계획의 기술은 빠르게 진화하고 있다. 방법은 더욱 정교해지고 새로운 것들이 개발되며, 경험이 풍부한 실행자들간의 네트워크는 확대되고 있다.

이 핸드북은 커뮤니티 계획의 진화를 돕는 데 희망적인 즉, 사람들의 많은 경험으로부터 보다 나은 방법을 취할 수 있도록 하며, 좋은 사례의 국제적 교류의 확대에 큰 도움이 될 것이다.

역자 서문

아름다운 마을, 살고 싶은 도시를 함께 만들기 위해

이 책의 번역은 단순한 계기에서 시작하게 되었다. 2006년 한 해 동안 서로 학교와 전공을 달리하는 대학원생들, 축제 종사자와 함께 모임을 마치고, 2007년에 공부할 책을 선정하면서, 실제로 계획을 추진해 나가는 과정에서 지역주민들과 어떻게 교류와 소통을 해야 하는가에 대하여 알아보고자 하는 것이 제기되었다. 2007년 당시에는 중앙부서의 정책 중에 '살고 싶은 도시만들기, 살기 좋은 지역만들기'가 활발히 추진되었는데, 그 내용 중 공통점은 '주민참여, 주민주도'였기 때문에 시기적절한 책을 선정하였다고 할 수 있다. 각각 문화기획, 조경학, 도시공학, 철학 등 다양한 분야를 전공하고 있던 구성원들은 4개월여에 걸쳐 이 책을 통해 모일 때마다 질문과 대답, 그리고 열띤 토론을 할 수 있었다. 결국, 이 책에 대한 공부를 마치면서 번역서를 내는 쪽으로 의견이 모아졌고, 미세움 출판사의 도움으로 오늘의 출판이 가능하게 되었다.

세계 곳곳에는 그곳의 지형과 역사, 문화를 배경으로 만들어진 많은 도시가 있으며, 그 속에는 또한 다양한 구성원들의 커뮤니티가 존재한다. 그러한 커뮤니티는 환경 속에서 태어나고 성장한 것이며, 구성원들의 생활방식에 적합하도록 걸을 수 있고, 바라볼 수 있으며, 즐길 수 있는 구조를 가지고 있다. 이것은 대규모 도시개발로 인간적인 접촉기회가 줄어드는 현대사회에서 더욱 요구되는 점이며, 향후 다양한 방식으로 우리의 근린주구환경의 개선에 적용되어야 하는 것이기도 하다.

아울러 커뮤니티의 구성원으로써, 앞으로 그곳에서 삶을 영위해나갈 사람들을 중심으로 개선방향을 찾아나가기 위한 구체적인 방법과 절차, 관점을 담고 있으며, 자칫 감상주의적으로 흐르기 쉬운 부분에서도 실질적으로 도움이 되는 자금확보방법과 홍보방안까지 폭넓게 다룬다는 점에서 큰 가치를 가지고 있으며, 많은 학생들과 전문가들에게 유용한 자료로 활용되고 있다. 그리고 그 사례의 제시도 영국에 국한되기보다 아시아와 아프리카 등 다양한 국가에서 실행되는 다양한 실례도 다루고 있다. 따라서, 이러한 커뮤니티 계획이 단지 선진도시에서만 진행되는 것이 아닌, 인간이 살고 있는 거주환경 모두에게 유효하다라는 것을 시사하고 있다는 점에서 저자인 Nick Wates의 사람과 도시에 대한 깊은 통찰력과 애정은 심히 탁월하다고 할 수 있다.

도시의 주거환경을 매력적으로 만들고, 낡은 공간과 건물을 새롭게 재생하여 지역의 자산으로 만드는 데 있어 그곳에 살고 있는 주민이 주체가 되어야 하는 것은 당연한 것이다. 그러나 지금까지 많은 도시개발에서는 개발업자가 조성한 환경에 주민들은 별다른 의사표현을 하지 못하고 단순히 그 환경을 받아들여야만 했다. 게다가, 조건이 맞지 않는 사람들은 원하지 않더라도 내몰리거나 다른 공간에서 또 다른 이방인으로 살아가야 했다. 특히 우리나라에서도 1980년대를 전후로 급격히 진행되던 아파트 주거중심의 도심개발에서 많은 사람들은 오랫동안 살아온 환경에서 소외되고, 새로운 생활환경에 적응해야 했으며, 그 속에서 많은 지역의 자산, 지역성, 문화, 공간구조, 건축자산 등은 항변을 해 보기도 전에 사라져갔다. 그 결과 현재는 국내 어디를 가나 대체로 아파트로 대변되는 비슷한 주거양식이 되어 경관의 개성이나 생활환경의 다양성 등은 먼 이야기가 된 경우가 허다하다.

1990년대부터 대규모 아파트단지 건설로 야기된 환경문제를 시작으로, 지역의 역사성 보존과 회복, 지역문화 파괴방지를 통해 이제는 새로운 단계로 넘어가는 시기에 와있다고 할 수 있다. 더욱이 그 주체가 특정 민간단체의 주도에 의해서 행해지던 과거와는 달리, 해당 지역의 주민에 의해 표출되고 전개된다는 점이 긍정적인 변화라고 할 수 있다. 물론, 한때는 이러한 문제점을 해결하기 위한 주민차원의 다양한 움직임도 있었지만, 전문성의 부족과 협상력, 홍보력의 부재로 인해 실질적인 대안을 제시하기보다는 감정적 대립으로 그치는 경우도 많았다. 또한, 건설업계의 난개발에 대한 정부차원의 커뮤니티에 대한 인식 부족은 짧은 기간에 많은 부지를 확보하고, 건물을 되도록 많이, 높이 쌓아 올리는 데만 치중하는 결과를 낳았다.

최근에는 지역의 역사와 문화, 생활환경의 중요성을 표방하는 주거환경계획이 많이 나오고 있지만 여전히 홍보수단에 그치고 있어서, 진정한 의미에서 그곳에 살고 있는 사람들이 주체가 된다기보다는 구조를 만들고 사람들을 끌어들인다는 점에서는 많이 부족하다.

어차피 '주민'이 삶을 영위할 공간을 계획하는 것이라면 그 공간의 주체가 되는 '주민'들과 함께 계획의 시작부터 끝까지 해나가는 것이 가장 이상적이라 할 수 있을 것이다. 그러나, '계획'과 관련하여 전문가와 행정측, 주민이 사용하는 언어가 서로 다르기에, 서로의 생각을 전달하고 이해하는 데에는 상당한 시간적·경제적 비용이 소요된다. 즉, 이런 문제를 해결하기 위해서는 아주 유용한 의사소통 도구가 필요한데, 바로 그것이 이 『커뮤니티 플래닝 핸드북』에서 다양하게 제시하고 있는 방법들이다. 특히 숫자가 많아 쉽게 움직이지 않는 다수인 '주민'을 계획에 참여하도록 유도하는 것도 중요한데, 그러한 방법들 또한 이 책에서 제시하고 있다.

전문가는 주민이 자신의 생활환경에 대한 이해를 높이고 적극적으로 참여할 수 있도록 하는 데 중요한 역할을 한다. 이들이 단지 자신들의 이익과 명성을 높이는 것에만 목적을 두고, 어려운 용어만을 쓴다거나 주거현실과 동떨어진 디자인과 제안만을 한다면 바람직한 커뮤니티 형성은 기대할 수 없다. 이 책에서는 커뮤니티 계획을 위해서 전문가가 수행해야 할 역할로 보조자, 촉진자를 들고 있는데, 아직 자발적 커뮤니티 형성 외에도 커뮤니티 형성에 대한 구체적 경험이 부족한 우리의 상황에서 전문가의 책임감과 역할은 더욱 커져야 한다. 아울러 구체적 실천과정 속에서 전문가는 주민과 지역 커뮤니티에 대한 인식을 높여가고 기술적 지원을 통한 과정의 축적이 따라야 할 것이다. 따라서, 지역 교육기관의 역할은 더욱 강조되어도 부족하지 않다.

행정 역시, 지역 커뮤니티를 지키고 의식을 향상시키기 위한 노력에 힘을 기울여야 한다. 이 책에 다루고 있는 것처럼 지역의 건축, 문화, 인적, 역사적 자원에 대한 체계적 관리에 보다 신중을 기하고, 외국이나 다른 지역의 외형적인 성과에 눈을 돌리기보다 스스로가 가진 자원의 가치를 알아나가고 그것을 구체적으로 활용하기 위한 사람들의 동의와 이해의 확대, 자본, 전문가들과의 네트워크를 향상시키도록 해야 한다. 이 점에 대해서도 이 책은 많은 참고가 될 것이다. 그것이 이 책이 우리에게 전하고자 하는 교훈의 핵심일 것이다.

번역작업이 여러 사람들의 손을 거치며 이루어지고, 번역수준이 미흡하여 저자의 의도를 제대로 표현하지 못한 점에 대해서는 독자 여러분의 깊은 이해를 바라는 바이다. 앞으로 더욱 읽기 좋고 이해하기 쉽도록 번역을 다듬는 시간을 마련하여 독자에게 다시 선보일 것을 약속한다

2008년 7월
번역진을 대신하여 오민근·이석현

왜 참여가 필요한가

우리들이 지역환경 만들기에 함께 참여할 때, 얻을 수 있는 장점들은 다음과 같다.

➜ **추가적 자원들**
대체로 정부는 하나의 지역에서 발생하는 모든 문제들을 해결할 충분한 방법을 가지고 있지 않다.
지역주민들은 추가자원을 가지고 올 수 있는데, 이 자원은 그들이 무엇인가에 대처해야만 하거나 꿈을 채워야 할 때 종종 필요한 것들이다.

➜ **더 나은 결정**
지역주민들은 그들 주변환경에 대한 지식과 지혜의 변함없는 최상의 자원이다. 더 나은 의사결정은 이를 이용하여 얻어진 결과이다.

➜ **커뮤니티 구축**
모든 공동작업절차와 성취는 커뮤니티 의식유대감을 형성시킨다.

➜ **법적 승인**
커뮤니티 참여는 종종 보다 나은 제도를 필요로 한다.

➜ **민주적 신뢰성**
계획에서의 커뮤니티 참여는 자신들의 삶에 영향을 미치며, 결정에 참여하는 주민 자신의 권리와 일치한다. 사회의 모든 면에서 민주화를 향한 중요한 방향의 한 부분이다.

➜ **더 쉬운 자금모음**
보조금 조성을 위한 많은 조직은 재정적 지원을 하기 전에 커뮤니티 참여의 발생을 선호하며 심지어는 요구하기도 한다.

➜ **권한 부여**
참여를 통해 지역주민들은 신뢰, 능력, 기술과 파트너십 능력을 구축할 수 있다. 이것은 그들이 개인적 또는 공동으로 새로운 도전에 맞서 싸울 수 있도록 한다.

Why get involved

➜ 더욱 적절한 결과
필요와 요구 사이의 조율은 디자인의 해결에 보다 효과적이다. 참여는 제안이 채택되기 전에 실험과 개선을 통해 자원을 더욱 잘 이용하게 되는 결과를 가져온다.

➜ 전문적 교육
지역주민들과의 밀접한 작업은 전문가들에게 커뮤니티에 대한 깊은 통찰력을 갖도록 하고, 그들에게 도움이 되는 것을 얻게 한다.
그래서 전문가들은 더욱 효과적으로 일하고 더 나은 결과를 만들 수 있게 된다.

➜ 반응하기 쉬운 환경
환경은 끊임없이 조정되고 더욱 적합하게 다듬어지는데, 이는 변화하는 사람들의 요구에 맞추어 나가기 때문이다.

➜ 대중 수요의 만족
사람들은 즐길 수 있는 최상의 것이 그들의 환경형태에 수반되기를 요구한다.

➜ 개발
주민들은 실질적으로 이용 가능한 선택수단들을 보다 잘 이해하게 되고, 부정적이기보다는 긍정적으로 생각하기 시작할 것이다.
시간낭비로 인한 마찰을 피할 수 있게 된다.

➜ 지속가능성
주민들은 자신들의 손길이 닿은 환경에 더 큰 애착심을 갖게 된다.
따라서, 주민들은 환경을 더 잘 운영하고 유지할 것이며, 반달리즘*의 가능성과 무관심, 그리고 많은 비용이 드는 변화와 같은 지속적 요구는 감소하게 된다.

* **반달리즘**(vandalism) 예술·문화의 고의적 파괴, 비문화적 야만 행위

THE **COMMUNITY PLANNING** HANDBOOK

시작하기

어떻게 커뮤니티 계획을 시작할 것인가, 어떠한 방법을 이용할 것인가 그리고 어떻게, 언제 결정할 것인가, 당신의 환경에 맞는 전반적 전략을 어떻게 그려나갈 것인가.

채택된 접근방법은 커뮤니티마다 다를 것이다. 드물지만 빨리 확정되거나 혹은 청사진으로 만들어지기도 하며, 각 장소에서는 자신들의 지역여건과 수요에 적합한 커뮤니티 계획 전략이 조심스럽게 고안된다. 그러나 거기에는 원칙, 방법, 시나리오가 있으며, 이는 보편적인 연관성을 가지기 때문에 적합한 영감과 지침을 이끌어낼 수 있다.

이 책에는 그러한 내용들이 들어 있으며, 지난 수십 년간 많은 나라에서 시행한 시범 프로젝트의 경험에 근거하고 있으나, 처음부터 완벽한 전략을 이끌어내는 것은 생각보다 쉽지 않다.

유연성은 모든 새로운 환경과 기회에 반응할 수 있게 하는 중요한 요소지만, 계획은 잠정적인 전체 전략으로서 유용한 원칙이기 때문에, 모든 사람들이 선택한 방법이 이용되고 있는 맥락과 각 단계의 목적을 이해할 수 있도록 한다.

먼저, 목표와 목적을 정하라. 그리고 그것을 달성하기 위한 전략을 고안한 뒤, 다음 중 일부분 혹은 모두를 시도하라.

- 일반 원칙19~31쪽을 보고 커뮤니티 계획의 기본철학을 이해하라.
- 방법33~139쪽을 보고 선택 가능한 범위를 확인하라.
- 시나리오145~177쪽를 자세히 보고 자신의 맥락과 관계가 있거나 영감을 제공하는지를 알아보라.
- 당신의 상황에 맞는 시나리오를 대략적으로 그려보라시나리오와 유사
- 전략계획서184쪽, 활동계획 이벤트 계획서186쪽, 혹은 활동계획서188쪽를 작성하라.
- 누가 참여할 것인지 생각하라.192쪽의 확인항목을 보라

Getting started

- 항목화된 예산을 수립하고 책임을 할당하라.
- 진행절차 계획기간을 준비하라.116쪽 진행계획 세션과 유사

일단 위 사항을 이행했다면, 당신은 이용 가능한 선택항목과 필요한 자원을 평가할 수 있는 위치에 있어야 한다.

당신의 선택이 제한된 경우에는 기존의 기부자와 함께 고정된 예산으로만 작업해야 한다. 재정적 구제와 다른 지원의 확보가 과정의 많은 부분을 차지하게 된다.

기금을 모으는 것이 쉽지만은 않으나, 그들이 위치한 또는 책임져야 할 커뮤니티에 도움이 되는 계획활동의 시작을 위한 준비에는 크게 기여할 것이다.

그리고, 비재정항목에서의 도움과 원조가 되는 '물적 지원'을 얻게 됨으로써 보다 더 큰 성과를 얻을 수 있다.

그리고 모험은 시작된다.

책의 형식

책의 형식

이 책의 형식에는 몇 가지 일반적인 원칙이 있다.

이것들은 대체로 보편적이며 어떠한 커뮤니티 계획활동에도 적용할 수 있다. 각 활동제목 뒤에는 영문을 표기하고 쉽게 찾을 수 있도록 알파벳순으로 목록화했다.

방법Methods A-Z은 주민들이 물리적 계획과 설계의 참여를 돕는 데 사용되는 방법의 선택내용을 담고 있다.

각각은 두 페이지에 걸쳐 요약되어 있어 독자가 각 방법이 보다 나은 목적추구를 위해 어떻게 작용하고 결정되는지를 이해하기 쉽도록 작성되어 있다.
- 더 많은 정보제공은 우측에 제시
- 방법의 목록은 33쪽에 제시

시나리오scenarios A-Z는 많은 방법들이 전체 전략에서 어떻게 결합될 수 있는지를 보여준다.
- 시나리오의 범위는 일반적 개발상황을 포함
- 이용된 형식은 우측 위에 제시
- 시나리오의 목록은 145쪽에 제시

부록의 '용어 해설' 199쪽은 일반적 항목을 설명한다. '방법'에 포함되지 않은 방법에 대한 제한된 정보를 포함하고 있으며 교차되는 참조사항을 제공한다.

'더 많은 정보제공'은 '출간 및 영상물' 217쪽과 '관련기관 연락처' 224쪽에 있으며, '유용한 서식' 184쪽과 '유용한 체크리스트' 190쪽는 시간절약을 위해 문서로 추가했다.

마지막으로, '이 책에 대한 의견' 237쪽에서는 향후 이 책의 편집을 개선하기 위한 당신을 포함한 독자의 의견을 수렴하고자 한다.

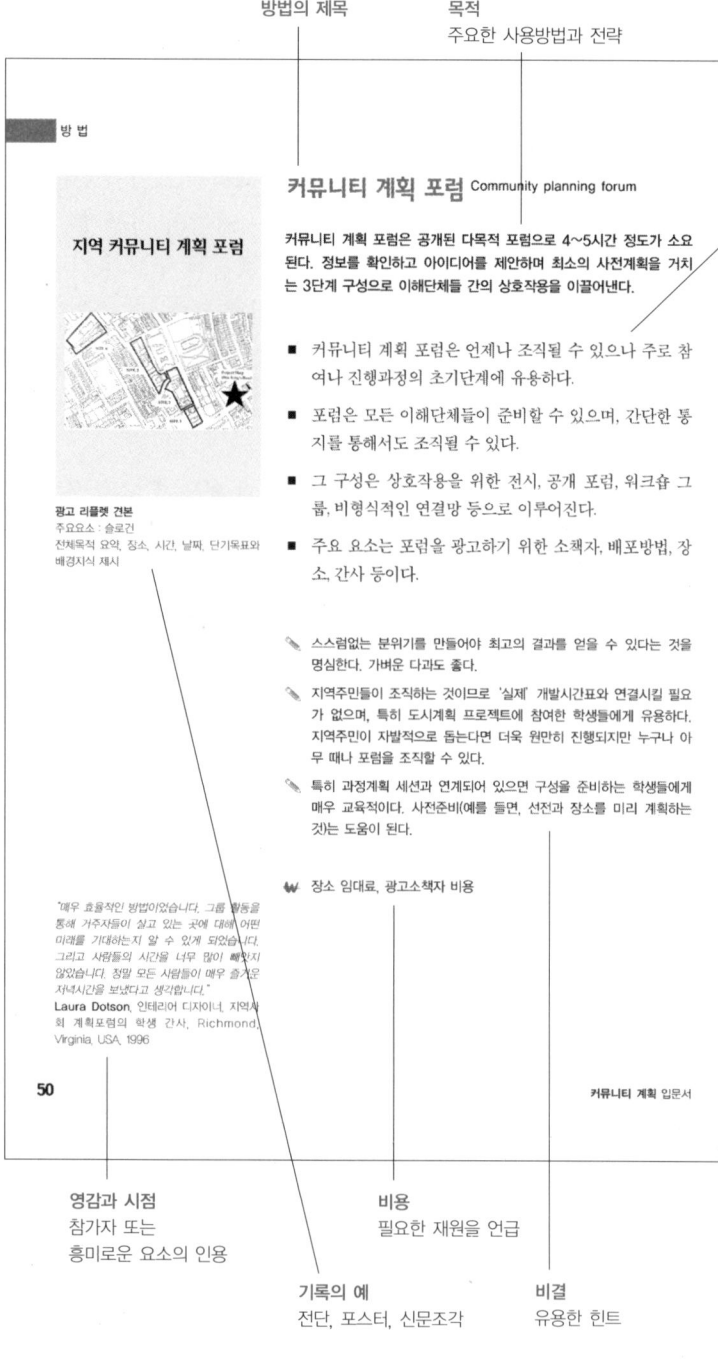

Book format

특징
방법의 중요한 특징

샘플 형식
시간표, 진행, 형식, 다른 자세한 정보

레이아웃
방의 배치, 물리적인 정리

시간표
활동의 대략적 시간

활동
연속적이며 간단한 서술

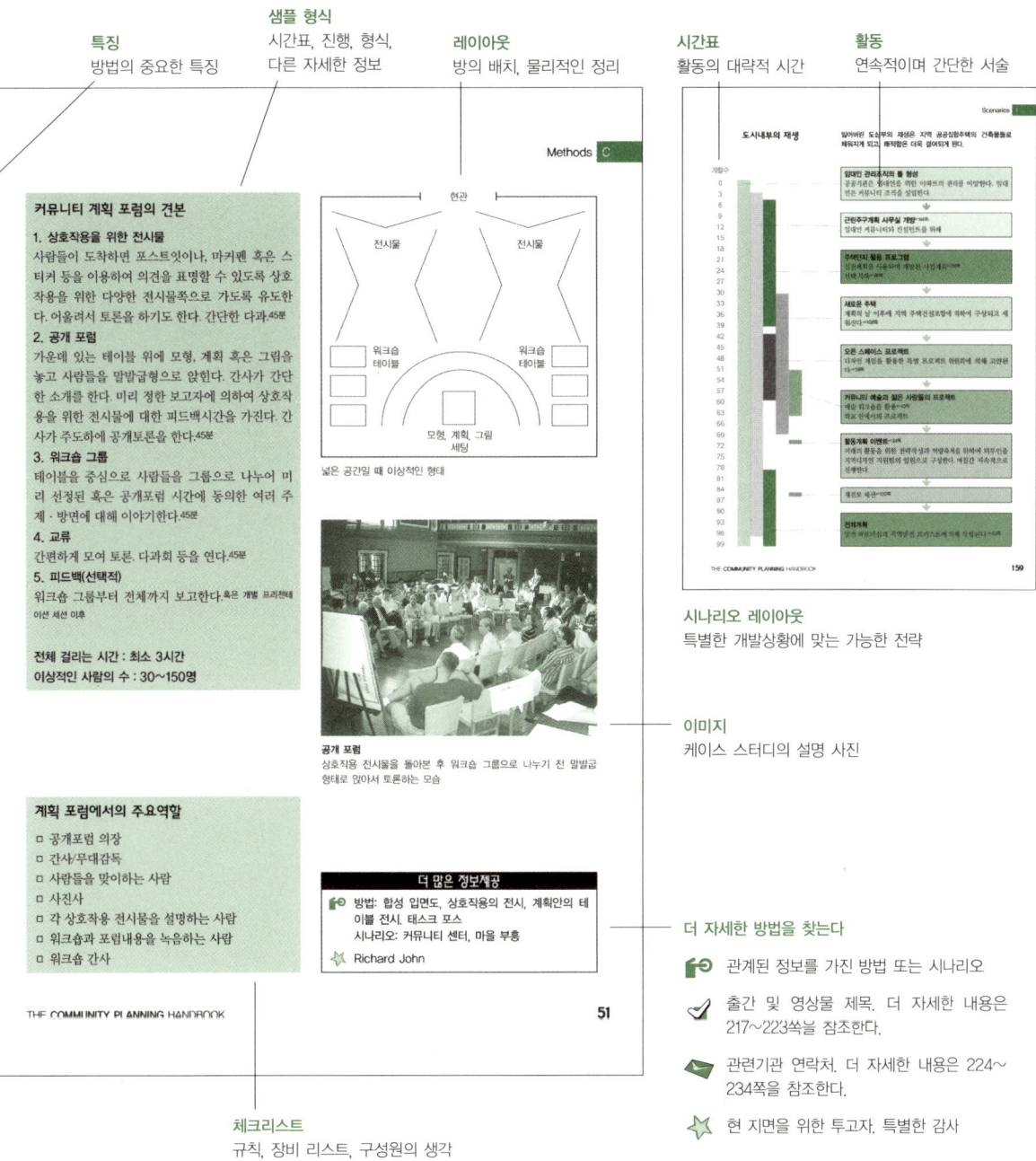

시나리오 레이아웃
특별한 개발상황에 맞는 가능한 전략

이미지
케이스 스터디의 설명 사진

체크리스트
규칙, 장비 리스트, 구성원의 생각

더 자세한 방법을 찾는다

- 관계된 정보를 가진 방법 또는 시나리오
- 출간 및 영상물 제목. 더 자세한 내용은 217~223쪽을 참조한다.
- 관련기관 연락처. 더 자세한 내용은 224~234쪽을 참조한다.
- 현 지면을 위한 투고자. 특별한 감사

THE **COMMUNITY PLANNING** HANDBOOK   17

프로젝트 단계

		시작▶	계획▶	시행▶	운영▶
커뮤니티 참여 수준	스스로 돕기(Self help) 커뮤니티 조절	커뮤니티 스스로 행동개시	커뮤니티 스스로 계획	커뮤니티 스스로 시행	커뮤니티 스스로 운영
	파트너십(Partnership) 작업 및 의사결정 공유	자치당국과 커뮤니티가 연합 행동개시	자치당국과 커뮤니티 연합 계획 및 설계	자치당국과 커뮤니티 연합 시행	자치당국과 커뮤니티 연합 운영
	협의(Consultation) 자치당국은 커뮤니티의 선택에 대한 질문	자치당국은 커뮤니티와 협의 후 행동개시	자치당국은 커뮤니티 협의 후 계획	자치당국은 커뮤니티 협의와 함께 시행	자치당국은 커뮤니티 협의와 함께 운영
	정보(Information) 대중의 관계정보의 한 흐름	자치당국의 행동개시	자치당국 스스로 계획 및 설계	자치당국 스스로 시행	자치당국 스스로 운영

참여 매트릭스

참여단계가 서로 어떻게 다른가를 나타낸 단순한 그림은 프로젝트의 다른 단계를 이해하기 쉽게 한다. 대부분의 커뮤니티 계획은 음영으로 처리된 부분에서 운영된다.

모든 부분에서 행동을 개시할 수 있지만, 중요한 요소는 진한색으로 칠해진 부분인 연합계획과 디자인이다.

실행과 운영은 서로 연계되어 수행되거나 커뮤니티 협의 후에 자치당국에 의해 수행될 것이다. ☞211쪽 '참여의 사다리'를 보라

일반 원칙

당신이 어떤 커뮤니티 계획의 접근법을 고르더라도 모든 상황에는 적용 가능한 일반적인 원리가 있다. 이 장에는 가장 중요한 몇 가지 개요를 정리했다. 선택하고 적당히 개조하라.

다른 주제를 인정하라	20
한계를 인정하라	20
책임의 변화를 인정하라	20
규칙과 경계를 인정하라	20
전문용어를 피하라	21
솔직해야 한다	21
투명해야 한다	21
이상적이지만 현실적이어야 한다	21
지역 커뮤니티의 역량을 구축하라	22
소통해야 한다	22
협력을 장려해야 한다	22
유연성	22
태도를 중시하라	22
후속작업	23
적절한 속도로 진행한다	23
해보자	23
재미있게 진행하기	23
휴먼 스케일	24
영향받을 모든 사람 참여시키기	24
커뮤니티의 모든 분야 포함시키기	24
다른 사람에게 배우기	24
과정상의 지역 주인의식	25
기세의 유지	25
방법의 결합	25
지금이 가장 적합한 때	26
개인직 시도	26
자신의 과정을 주의깊게 계획	26
지역특성에 맞는 계획	26
적절한 준비	26
결과만큼 중요한 과정	27
전문가들	27
양보다 질	27
기록과 문서	27
문화적 배경의 존중	28
지역의 지혜를 존중	28
컨트롤의 공유	28
예산의 활용	28
수준의 고려	29
훈련	29
다른 사람들의 정직함에 대한 믿음	29
적절한 전문가의 활용	30
조력자의 활용	30
지역능력의 이용	30
외부인을 이용하라. 단 신중하게	30
시각화	31
달리기 전에 먼저 걷기	31
지역에 근거한 작업	31

일반 원칙

다른 주제를 인정하라 Accept different agendas

사람들은 교육적 탐구, 이타적인 호기심, 변화에 대한 두려움, 재정획득, 고독, 전문적 의무, 흥미의 보호, 사회화와 같은 다양한 이유로 참여하고자 한다.

이것은 기본적으로 문제가 없으며, 사람들이 서로 다른 주제를 이해하는 데 도움이 될 것이다.

한계를 인정하라 Accept limitations

커뮤니티 활동계획에서 세상의 모든 문제를 풀 수는 없다. 그렇다고 이것이 보류의 이유일 수도 없다. 실용적인 향상의 결과는 거의 비슷하지만, 커뮤니티 활동계획은 보다 나은 재정적 변화를 위한 촉매제로 작용할 수 있다.

책임의 변화를 인정하라 Accept varied commitment

풍부한 에너지는 계획의 기회가 왔을 때, 확실히 참여하지 않는 사람들의 불평을 없앨 수 있다. 우리 모두는 지역환경향상을 위해 많은 시간을 보내고 있다. 누구나 삶에 있어서 자신이 중요하며, 이것은 존중되어야 한다. 만일 사람들의 참여가 없다면, 그것은 그들이 다른 곳에서 행복을 얻기 때문이다. 그들은 더 중요한 것들로 바쁘거나 또는 진행이 그들의 흥미를 끌기에 충분치 않기 때문이다.

규칙과 경계를 인정하라 Agree rules and boundaries

접근법의 선택기준은 그룹의 중요한 흥미와 공통된 이해에 있다. 특히 커뮤니티 내에는 다른 구역의 이점명백한 이해와 동의에 의한 규칙과 경계는 극히 중대하다을 얻고자 하는 시도에 대한 불안감이 있다.

이상적이지만 현실적이어야 한다
격언에 따르면
"사람이 부패한 곳은 전망이 없다"

전문용어를 피하라 Avoid jargon

일상적인 단어를 사용하라. 전문용어는 사람들을 끌어들이는 데 방해가 되며, 주로 무능력함, 무지, 혹은 오만함을 감추기 위한 연막이다.

솔직해야 한다 Be honest

어떤 활동의 본질에 대해서 숨기지 말고 솔직해야 한다. 사람들은 참여하는 것만으로도 무엇인가를 얻을 수 있다는 것을 알게 된다면(예를 들면, 육성회에 예산이 편성되어 있는 등) 더욱 열심히 참여할 것이다. 또한 가능성을 발견하게 된다면 위험을 감수하더라도 참여할 준비를 할 것이다. 만약 사람들의 참여로 기대되는 긍정적 변화가 매우 작다면 그렇다고 말해야 한다. 숨은 뜻을 만들지 말아라.

투명해야 한다 Be transparent

다양한 이벤트의 목적과 사람들의 역할은 확실하고 명쾌해야 한다. 예를 들어, 사소해 보이지만 이벤트가 '우리들 집단'의 유지만을 위한 것으로 되는 것을 막기 위한 이름표의 중요성은 아무리 강조해도 지나치지 않다.

이상적이지만 현실적이어야 한다 Be visionary yet realistic

높은 기대치를 가지지 않고서는 많은 것을 성취할 수 없다. 그러나 유토피아만을 생각하는 것은 좌절감을 안겨준다. 이상적인 목표를 설정하되 실제로 가능한 선택들간의 균형을 잡아라.

JOB VACANCY

Project worker
4 months part-time

To coordinate
community planning
event in June

Applications from local
residents especially
welcome

Details from: PO Box 5
Anytown 2246987

지역 역량의 구축
커뮤니티 계획활동의 전개에 있어서는 지역 주민의 참여가 반드시 필요하다.

일반 원칙

지역 커뮤니티의 역량을 구축하라 Build local capacity

지역 커뮤니티를 장기적으로 유지하기 위해서는 인적자원과 사회적 자산을 개발해야 한다. 지역의 기술과 역량을 발전시킬 모든 기회를 포착하라. 지역주민과 연계하여 그들의 상황을 조사하고 지역에 맞는 프로그램을 운영하여 지역자산을 관리해야 한다.

소통해야 한다 Communicate

무엇을 하고, 어떻게 참여할 수 있는지를 알리기 위해 가능한 모든 매체를 이용해야 한다. 특히 지역신문이나 대자보는 매우 좋다.

협력을 장려해야 한다 Encourage collaboration

관련된 다양한 이해단체와 재무기관과 같은 잠재적 기부자들간의 협력관계를 구축해야 한다.

유연성 Flexibility

상황에 따라 진행과정을 수정할 수 있도록 준비해야 한다. 고정된 방법이나 전략은 가급적 피한다.

태도를 중시하라 Focus on attitudes

태도와 마음가짐은 방법만큼이나 중요하다. 자기비판의식을 가지고 통제권을 양도하고, 개인적 책임을 나눌 수 있도록 고무시켜야 한다.

소통
무엇을 하고 있고, 어떻게 참여할 수 있는지 알려야 한다.

General Principles B~H

후속작업 Follow up

계획과 예산을 짜는 과정에서 일어나는 가장 주된 실패원인은 후속작업이 없는데서 비롯된다. 증거자료를 만들어 발표하고, 지역 커뮤니티 기획의 결과에 따라 행동할 수 있도록 시간과 재원을 쏟아야 한다.

적절한 속도로 진행한다 Go at the right pace

몰아치듯 진행하는 것은 문제가 발생하기 쉽다. 또한, 일정을 정하지 않고 계획을 세우면 방황할 수 있다. 경험이 풍부한 외부 조언자와 함께 하는 것은 진행속도를 빠르게 할 수 있지만, 지역사회의 역량을 저해할 수 있으므로 균형을 잘 잡아야 한다.

해보자 Go for it

커뮤니티 기획의 경험을 가진 사람들이 그들의 조언이 다른 이들에게 어떤 영향을 줄지에 관한 질문을 받을 때 가장 흔히 쓰는 말이다. 의심은 갖겠지만 모험을 후회하지는 않을 것이다.

재미있게 진행하기 Have fun

환경을 창조하고 만드는 것 자체가 핵심은 아니지만, 사람들을 만나고 즐길 수 있는 기회를 만들어 준다. 가장 흥미롭고 지속 가능한 환경은 그러한 창조를 즐기는 사람들에 의해 만들어진다. 커뮤니티 기획은 유머가 필요하다. 가능한 한 만화, 농담, 게임을 사용하라.

재미있게 진행하기
계획은 당신이 환경을 즐겁게 한다.
필리핀에서의 커뮤니티 계획(위)
영국(아래)

THE **COMMUNITY PLANNING** HANDBOOK

일반 원칙

휴먼 스케일 Human scale

관리 가능한 규모의 커뮤니티로 작업하라. 이는 일반적으로 지역사람들이 서로를 인식할 수 있는 최소한의 규모이다. 가능하다면, 큰 구역을 작은 여러 구역으로 쪼개라.

영향받을 모든 사람 참여시키기 Involve all those affected

커뮤니티 기획은 모든 분야의 사람들이 참여할 때 가장 효과적이다. 가능한 흥미로워하는 사람들을 기획과정의 초기단계에서부터 포함시켜라. 토지소유주나 기획가들과 같은 주요 주체들이 방관하고 있는 활동은 너무 진부하여 그들이 원하는 목적을 완벽히 달성하지 못한다. 시작하기 전에 냉소적인 사람을 바꾸는 데 보내는 시간은 그만큼의 가치가 있다. 초기에 확신을 갖지 못한 사람들이나 단체들이 있다면, 계속 그들에게 과정을 알려주고 나중에라도 참여할 수 있는 선택권을 주도록 하라.

커뮤니티의 모든 분야 포함시키기 Involve all sections of the community

서로 다른 연령대, 성별, 배경과 문화를 가진 사람들은 항상 다른 관점을 가지고 있다. 커뮤니티의 모든 범위가 확실히 포함되도록 하라. 이것은 많이 참여시키는 것보다 훨씬 더 중요하다.

커뮤니티의 모든 분야 포함시키기
글을 읽을 수 없는 여성은 그림이나 도형을 그린다(파키스탄, 위)
아이들은 그들 커뮤니티의 미래에 대한 아이디어를 표현한다(영국, 아래)

다른 사람에게 배우기 Learn from others

바퀴를 새롭게 발명할 필요는 없다. 정보의 가장 좋은 제공자는 그것을 전에 했던 사람이다. 당신이 모든 것을 다 안다고 생각지는 말라. 그런 사람은 아무도 없다. 새로운 접근을 열어

General Principles H~M

놓고 관련된 경험을 가진 다른 지역사람들과 소통하라. 그들을 방문해서 그 프로젝트들을 직접 보라.백문이 불여일견 경험이 많은 컨설턴트들을 두려워하지는 말라. 그러나 그들을 주의 깊게 선택하고 의뢰하라.

과정상의 지역 주인의식 Local ownership of the process

커뮤니티 기획과정은 지역민들의 것이어야 한다. 비록 컨설턴트들이나 행정기관이 조언을 하고 어떤 활동에 책임을 지고 있을지라도 지역 커뮤니티가 전체과정을 책임져야만 한다.

기세의 유지 Maintain momentum

토대제1보를 세우고 목표를 확실히 달성하기 위해서는 과정을 정기적으로 감독하라. 개발과정은 항상 길기 때문에 참여과정에는 쉬어가야 할 때도 있다. 휴식기를 가진 뒤에는 처음이 아닌 중단했던 그 지점부터 다시 시작하면 된다. 정기적인 점검기간은 커뮤니티의 관계와 추진력의 유지에 매우 가치있다.

방법의 결합 Mixture of methods

서로 다른 사람들은 다양한 관계성의 방법을 활용한 서로 다른 참여방법을 원할 것이다. 예를 들면, 어떤 이는 편지쓰는 것을 좋아할 것이고, 다른 사람들은 전시회에서 논평할 수도 있고, 워크숍 기간 동안만 참가할 수도 있다.

다른 사람에게 배우기
보는 것은 믿는 것이다 온두라스에서 농부의 한 무리가 혁신이 일어나고 있는 농장을 방문했다. 영국에서 거주자들의 한 그룹이 그들의 새로운 집이 디자인되기 전에 집의 설계를 위해 방문하고 있다.

THE COMMUNITY PLANNING HANDBOOK

일반 원칙

지금이 가장 적합한 때 Now is the right time

관련된 사람들이 시작하기 가장 좋은 때는 어떤 프로그램이 시작할 때이다. 빠를수록 좋다. 그러나 만약 프로그램이 이미 시작되었다면, 참가자들에게 가능한 한 빨리 소개해야 할 것이다. 지금 시작하라.

개인적 시도 Personal initiative

계획되고 있는 모든 커뮤니티는 사실상 오직 개인적인 시작에 의해 일어난다. 다른 사람들을 기다리지 마라. 혼자서도 시작할 수 있다.

자신의 과정을 주의깊게 계획 Plan your own process carefully

과정의 주의 깊은 계획은 꼭 필요하다. 다른 사람에게 다가갈 때 돌진하는 것은 피하라. 환경에 맞도록 과정을 계획하라. 이것은 다양한 방법들의 조합 혹은 새로운 방안의 모색을 포함한다.

지역특성에 맞는 계획 Plan for the local context

각각의 지역을 위한 특별한 전략을 개발하라. 지역의 특색과 전통을 이해하고, 그것을 계획의 시작점으로 활용하라. 지역의 다양성을 권장하라.

적절한 준비 Prepare properly

가장 성공적인 활동은 언제나 사전준비에 충분한 시간과 노력을 기울이고 관심자들과 충분한 접촉을 한 경우이다.

General Principles N~R

결과만큼 중요한 과정 Process as important as product

종종 어떠한 과정은 끝난 일에 대한 마지막 결과만큼 중요하다. 그러나 목표는 완성이라는 것을 기억하라. 참여는 중요하지만 그것이 전부는 아니다.

전문가들 Professional enablers

전문가들 그리고 관리자들은 그들 자신을 남에게 도움을 주는 이로 생각할 것이다. 그들은 서비스와 해결방법의 제공자로서 지역주민들이 목적을 보다 잘 성취할 수 있도록 돕는다.

양보다 질 Quality not quantity

완벽한 참여과정은 없다. 참여를 위한 조사는 이러한 사실을 받아들이는 것이 바람직하다. 일반적으로 최대한 많은 사람들에 의한 참가는 목적이 될 수 있다. 참가자들이 없는 것보다는 조금의 참가자들이라도 있는 것이 낫고, 참가자들의 질은 포함된 사람들의 숫자보다 더 중요하다. 종종 적은 인원에 의해 잘 조직된 이벤트는 많은 인원에 의해 덜 조직된 것보다 더 효과적이다.

기록과 문서 Record and document

참여활동을 확실히 했는가를 올바르게 기록하고 증명해야 누가 포함됐고 어떻게 했는지가 명확해진다. 쉽게 잊어버리게 되는 후반단계에서 그러한 기록들은 매우 귀중하게 쓰인다.

기록과 문서
쉽게 잊혀진다

THE COMMUNITY PLANNING HANDBOOK

일반 원칙

문화적 배경의 존중 Respect cultural context

당신이 일하는 곳의 문화적 배경에 대한 당신의 접근법이 바람직한지 정확히 확인하라. 지역의 성gender에 대한 태도, 비공식적인 생계, 사회적 그룹 만들기, 대중에게 말하기 등에 관해 숙고해야 한다.

지역의 지혜를 존중 Respect local knowledge

글을 읽을 수 있든 없든 교육수준, 부자든 가난하든, 혹은 남녀노소에 상관없이 모든 사람들은 그들 주변지역에 대한 뛰어난 이해력을 가지고 있다.

그들은 상황을 평가하고 판단하는 능력이 있으며, 그러한 능력들은 종종 교육을 받은 전문가들보다 더 훌륭하다.

컨트롤의 공유 shared control

어떠한 활동이든 참가자들의 규모는 매우 다양할 수 있다. 아주 작은 규모에서부터 큰 규모까지 모두 가능하다. 계획수행의 각 단계에서는 그 단계에 적합한 수준으로 맞추는 것이 중요하다. 그러나 이 수행과정에 있어서 중요한 것은 각 단계와 수준이 공유되고 컨트롤되어야 한다는 것이다.16쪽 참여 매트릭스 참조

예산의 활용 Spend money

효율적인 참여과정에는 시간과 노력이 필요하다. 예산범위에 맞는 방법들을 고안하고, 가능하면 사람들의 시간과 노력만을 이용해야 한다. 그러나 너무 적은 예산은 참여를 제한하여 좋은 결과를 내지 못하게 된다. 커뮤니티 계획은 매우 중요

예산의 활용
꽉 짜여진 계획보다는 어떻게 사람들을 계획과 디자인에 적절히 참여시키는가가 중요하다.
계획에서 사람들을 참여시키는 데에 비용이 부족한 것은 당연하다. 디자인은 천문학적 액수가 될 수도 있다.

한 활동임을 기억하고, 이것은 실패를 하든 성공을 하든지 간에 그들의 재원뿐만 아니라 미래세대에까지 영향을 미친다.

부적합한 장소에 적합한 것을 구축하는 데에는 천문학적인 비용이 들어간다. 커뮤니티 계획을 위해 적절하게 사용되는 비용은 그만한 가치를 지니므로 예산책정에 너그러워질 필요가 있다.

수준의 고려 Think on your feet

기본원리와 용어가 정해지고 참가자들이 이해하고 나면, 경험이 있는 참가자들은 그것을 쉽게 향상시킬 수 있는 방법을 찾아야 한다. 어떤 규칙과 지도서본서와 같은 것에 의해 강제로 느끼도록 하는 것은 피해야 한다.

훈련 Train

훈련은 다른 수준에 있는 사람들한테 매우 중요하다. 방문자들이 다른 프로젝트에 참여하도록 고무시키고, 과정에 참여하도록 해야 한다. 훈련은 당신이 하는 모든 활동 속에서 이루어져야 한다.

다른 사람들의 정직함에 대한 믿음 Trust in others' honesty

일반적으로 다른 사람들을 믿는 것부터 시작하고 이것을 반복한다. 믿음의 결여는 주로 정보의 부족에서 발생한다.

일반 원칙

시각화
마을 기관의 벤 다이어그램. 스리랑카(상)
공공광장의 변경 계획안. 체코공화국(하)

적절한 전문가의 활용 Use experts appropriately

지역민들이 필요한 훈련을 통해 전문가와 함께 친밀하고 집중적으로 일한다면 가장 좋은 결과를 가져올 것이다.

환경을 창조하고 관리하는 것은 매우 복잡하기 때문에 많은 전문가와 경험자가 필요하다. 전문가들을 두려워말라. 그들을 받아들여라. 그러나 전문가에게 의존하거나 강요당하는 것은 피하라.

비록 그들이 종종 실수를 하더라도 지역능력의 발전을 위해 전문가의 참여를 허용하라.

조력자의 활용 Use facilitators

사람들의 행동을 모으는 것은 매우 중요한 능력이다. 좋은 조력이 없게 되면, 가장 분명하고 힘있는 사람이 지배하게 된다.

특히 많은 사람들이 참여한 경우, 행사를 진행하는 사람은 뛰어난 촉진기술을 가지고 있어야만 한다. 그렇지 않은 경우 고용된 사람 중 한 사람이 그 역할을 하게 된다.

지역능력의 이용 Use local talent

외부 조력자들의 도움을 받기 전에 커뮤니티 내부의 전문성과 지역적 특성을 활용하라. 이것은 커뮤니티의 능력향상과 장기적인 지속성의 유지에 도움이 될 것이다.

외부인을 이용하라. 단 신중하게 Use outsiders, but carefully

지역 커뮤니티 계획의 주요원리는 지역민들이 가장 잘 알고 있다. 그것을 잘 정리하여 전달하면 외부인에게 신선한 관점을 제공해줄 수 있다. 지역주민과 외부인 사이에 균형을 이루는 것이 중요하다. 이것은 지역주민들이 침체되거나 이방인에 의해 위협당하고 있다는 느낌을 피하게 해준다.

General Principles U~W

시각화 Visualise

정보를 언어보다 시각적으로 표현했을 때 보다 효과적으로 사람들의 참여를 유도할 수 있다. 뛰어난 발전에 대한 반발과 저조한 발전의 상당부분은 사람들이 그것이 어떤 모습인지 이해하지 못하기 때문에 생기는 결과이다. 가능한 한 그래픽, 지도, 삽화, 만화, 그림, 몽타주와 모형을 사용하라. 그리고 과정 자체를 플립차트, 포스트잇, 색칠한 점들과 배너들로 시각화되도록 하라.

달리기 전에 먼저 걷기 Walk before you run

참여문화의 발전에는 오랜 시간이 걸린다. 처음에는 단순한 참여방법을 사용하고, 경험과 확신이 늘어남에 따라 복잡한 방법들을 사용하라.

지역에 근거한 작업 Work on location

가능하다면, 지역 커뮤니티 계획활동들이 계획된 지역에 실제의 본거지를 두도록 하라. 이는 모든 이들에게 개념과 실제 사이의 간격을 보다 쉽게 매울 수 있게 해준다.

지역에 근거한 활동
마을개선 자문회의, 케냐(상)
지역 커뮤니티 정원 디자인 워크숍, 영국(하)

THE COMMUNITY PLANNING HANDBOOK

디지털도시에서의 사람의 벽, 홍콩, 1998.

방법
Methods A-Z

물리적 계획과 기획이 포함된 사람들에게 도움이 되는 가장 효과적인 방법들의 선택

활동계획 이벤트	34	세부계획 워크숍	88
활동하는 주	36	이동 스튜디오	90
건축 센터	38	모형	92
예술 워크숍	40	근린주구계획 사무소	94
수상 제도	42	신문의 부록	96
워크숍 설명회	44	오픈 하우스 행사	98
선택목록	46	오픈 스페이스 워크숍	100
커뮤니티 디자인 센터	48	편집의 참여	102
커뮤니티 계획 포럼	50	사진 조사	104
커뮤니티 개요정리	52	계획의 원조기구	106
디자인 조력팀	54	계획의 날	108
디자인 축제	56	실천계획	110
디자인 게임	58	계획 주말	112
디자인 워크숍	60	우선권 결정	114
개발 트러스트	62	진행계획 세션	116
다이어그램	64	시찰 여행	118
전자지도	66	재검토 세션	120
합성 입면도	68	위험 평가	122
친환경 상점	70	로드 쇼	124
실행 펀드	72	시뮬레이션	126
현장 워크숍	74	거리 전시대	128
미래조사회의	76	계획안의 테이블 전시	130
게임하기	78	태스크 포스	132
아이디어 대회	80	도시디자인 스튜디오	134
상호작용의 전시	82	사용자 그룹	136
지역 디자인 보고서	84	가두연설 비디오 박스	138
지도화	86		

방법

당신을 초대합니다

- 활동계획의 날
- 커뮤니티 구축 포럼
- 디자인 축제
- 디자인 워크숍
- 미래조사회의[1]
- 세부계획 워크숍
- 오픈 스페이스 워크숍
- 실제계획 세션
- 계획 주말

활동계획 이벤트 Action planning event

활동계획 이벤트를 통해 사람들은 모든 회기중에 창조적으로 작업할 수 있으며, 신중하고 구조화된 활동계획을 수립할 수 있다. 활동계획 이벤트는 발전과정의 어느 단계에서라도 개최할 수 있으며, 관료적인 계획에 의지할 수 있는 대안을 제공한다.

- 활동계획 이벤트의 특징은 관련된 중요 단체들의 동의 하에 결정된다는 점이다. 많은 일반적인 유형(왼쪽 그림)이 있고, 새로운 구성의 개발유형은 제한하지 않는다. 이벤트는 오후, 주말, 한 주 또는 한 달간 계속될 수도 있다.

- 사전준비는 계획표, 개최지, 장소, 장비, 기술지원, 배경정보 등을 마련하는 것으로부터 시작된다.

- 이벤트가 개최되면, 종종 촉진자나 다른 곳의 촉진자 역할을 하는 단체의 도움을 받는다. 활동결과에 대한 제안도 받는다.

- 제안된 내용이 이벤트에 확실히 반영되도록 한다.

✎ 신중한 계획과 준비가 중요하다. 이벤트에 앞서 주요 이해단체로부터 연구자료와 예비상담을 받은 후에 시작하는 것이 좋다. 창조적인 촉발은 비록 기본적인 부분일지라도 항상 오랫동안 지속되는 과정의 일부분이다.

✎ 풍부한 상상력의 계획표는 중요하다. 지역축제, 기념일, 컨퍼런스 등과 같은 다른 활동과의 연계를 시도하는 것이 좋다.

✎ 일반적으로 적절한 이벤트는 최상의 예산확보에 달려 있고, 그 범위는 이해자들에 의해 유지된다.

Methods A

함께 일하는 것
지방의 거주자, 실업가, 전문가, 공무원, 정치가는 집중기간 동안 함께 창조적인 작업을 진행한다. 관습적인 경계는 무너지고, 자유로운 정신, 유머, 상상, 긍정적인 생각과 창조성이 함께한다. 사진은 이러한 에너지를 기념하기 위해 촬영된 것이다.

활동계획 이벤트의 예정표 계획

기간에 관계없음, 모든 이벤트에 공통으로 사용 가능

1 소개
여행, 브리핑, 서먹한 분위기 풀기, 착수
2 문제/관심거리
워크숍, 총회
3 해결/옵션
워크숍, 총회, 디자인 선택, 개인 또는 그룹 작업
4 통합/분석
개인 또는 그룹 작업
5 제작
보고서 집필, 사진 선택, 밑그림 그리기, 모형 제작
6 프레젠테이션
슬라이드 쇼, 필름, 공공 회의, 보고자료

더 많은 정보제공

☞ 방법: 커뮤니티 계획 포럼, 디자인 축제, 디자인 워크숍, 미래조사회의, 세부계획 워크숍, 오픈 스페이스 워크숍, 계획의 날, 실천계획, 계획 주말, 로드쇼, 태스크 포스
시나리오: 도시내부의 재생, 지역 근린주구 기획

✓ 활동계획, 활동을 위한 계획

THE COMMUNITY PLANNING HANDBOOK

> 방 법

활동하는 주 Activity week

활동하는 주는 관심의 초점을 모으고, 지역환경을 향상시킬 독창적 힘에 주의를 기울인다.
만약 그들의 활동을 연중행사 또는 행정기관의 중요한 일부 프로그램으로 만들면 더욱 효과적이다.

'환경주간'
도시를 계획하는 당신의 변화!

대중의 초점
지방의 신문사는 '환경 주간' 프로그램을 알린다. 다른 주제도 있다. '건축 주간', '도시의 디자인 주간', '보호 주간'

- 이벤트의 프로그램은 적당한 테마로 만들어진다. 첫 주는 임팩트를 주기 위한 좋은 때이다. 그것은 더 길 수도, 더 짧을 수도 있다.

- 조직과 개인들은 한 주 동안에 조직활동과 이벤트를 이끌고 프로그램을 알려나간다.

- 이 프로그램은 협력단체와 함께 지역언론을 참여시키면 보다 효율적이다.

✎ 활동하는 주를 처음 조직하는 데는 많은 노력이 필요하다. 일단 연간 이벤트가 확정되면, 사람들이 관심분야에 참여하게 되고 조직의 구성은 비교적 쉬워진다. 주된 조정작업은 프로그램의 배치로 가능하다.

✎ 만약 행정기관에 의해 지역 프로그램들이 조화롭고 종합적인 구성과 지역정보 조직을 제공받게 되면 활동은 더욱 활발해진다.

✎ 만일 이벤트를 한 주(또는 한 달, 일 년)간 진행한다면, 당신은 그 힘(세력)을 지속적으로 유지할 수 있는 끈기가 있는지 확인해야 한다.

₩ 프로그램 인쇄비, 이벤트 진행 코디네이션 비용(몇 사람의 여러 주간 비용), 개개의 활동비용은 참여하고 있는 조직에 의해 관리되어야 한다. 고정된 후원자에 대한 충분한 이유가 될 수 있다.

유용한 사례
시빅 트러스트는 '환경주간 1991'을 위해 홍보의 절반 이상을 차지하는 350,000장의 리플릿, 행동계획을 담은 50,000부의 소책자, 250,000개의 휘장, 40,000장의 창문스티커, 65,000장의 포스터, 500대의 기구와 100개의 배너를 만들었다. 3,000회 이상의 이벤트가 영국 전역에서 개최되었다. 13개 나라의 TV프로그램에서 인터뷰가 방송되었고, 적어도 2,200회의 기사가 신문에 보도되었다.

활동하는 주의 활동계획

- **시상식** : 가장 창조적인 지역 프로젝트를 진행한 단체 또는 개인
- **대회** : 관리가 잘 된 공원이나 상점, 개선사항 아이디어, 아이들을 위한 아이디어 등
- **전시** : 지역기업, 자발적인 그룹, 아티스트 등에 의한 주간테마가 있는 전시
- **가이드 투어** : 관심지역 주변 또는 야생화 보기, 조류관찰 등
- **리셉션 개최** : 앞서 시작되는 집회, 주최자, 출품자, 스폰서, 미디어 등 참여
- **강연회, 영화상영회 개최** : 주제에 대한 관심 유발
- **정리정돈** : 주변을 정리하고, 가방 등을 준비한다.
- **참관일** : 작업, 조직구성, 전문인력 등에 대해
- **사무실 열기** : 지역의 건물 또는 공원 등을 찾아본다.
- **오픈 기념식** : 보도를 위한 공식적인 이벤트, 조인식 등
- **뒤풀이** : 조직구성원을 위한 뒤풀이
- **프로젝트 개시 및 착수** : 최근 완료된 프로젝트나 새로운 계획착수를 위해 기념브로치를 만든다.
- **공공회의** : 현재의 관심, 새로운 그룹의 착수회의, 새로운 기획 등의 주제에 대해
- **리셉션 또는 조찬회의** : 회의와 함께 하는 다과회
- **스스로 진행하는 프로젝트** : 공원을 창조하고, 놀이를 구성하고, 건축물을 지어주고, 물길을 만들고, 벽화를 그리고, 연못 청소를 하는 등
- **거리 파티** : 차 없는 거리를 만든다.
- **워크숍, 포럼, 심포지엄, 토론회** : 관련 주제에 대해

※일반적인 형태의 축제활동을 추가한다 : 페이스페인팅, 음악, 댄스, 저그링, 공연, 시 낭독회, 설치전, 달리기 등등

ANYTOWN 도시의 디자인 주간
2001년 4월 2일~9일
일하기 좋은 장소 만들기
Anytown 도시 Forum에서 조정
스폰서 : Viz, 헤럴드

일시	시간	내용	담당
월	2:30	도심부 걷기 도시 계획자와 함께 최신 계획을 견학 도시 광장에서 만나기	계획부
	종일	시사회, 브로드웨이 출품경쟁작 장소 : 스페이스 갤러리	구도심 트러스트
	18:00	상금수여와 파티 브로드웨이 출품경쟁작에 대한 수여식 장소 : 스페이스 갤러리	헤럴드
목	10:00	쓰레기 청소, 장소 : 다운공원 쓰레기자루와 간식제공	다운 거주자들
	12:00	기타 등등	

전 주에 걸쳐
오픈하우스   더크 스트리트 프로젝트 사무실 둘러보기
            더크 스트리트 7, 10 : 00-17 : 00
정원만들기   골목길을 사랑하는 사람들이 버려진 공간을 커뮤니티 공유공간으로 만들도록 도와드립니다. 도구제공

더 많은 정보 제공 : 446488

프로그램 형태의 견본
주요 구성요소 : 주제, 날짜들, 활동예정표, 활동의 장소와 지도, 영향력, 더 많은 정보제공 방법, 다음 프로그램에 대한 제안도 또한 추가될 수 있다

더 많은 정보제공

📩 시나리오: 도시 보존

 Civic Trust(Environment Week), Royal Institute of British Architects(Architecture Week), Urbans Design Group(Urban Design Week)

THE **COMMUNITY PLANNING** HANDBOOK

> 방 법

촉진장려용 포스터의 견본

"당신은 단지 모든 전시들을 손으로 만지고, 놀기를 원한다. 나는 건축물들이 그렇게 흥미롭다는 것을 결코 알지 못했었다."
Janet Ullman, 거주자, 런던, 낡은건물탐사 팀, 런던, 1998.

"첫 2년간의 방문객 수가 30,000명인 것은 우리가 실제로 제공해야 하는 것에 대한 대중의 요구가 무엇인지를 보여주고 있다."
Sasha Lubetkin, 감독, 브리스톨 아키텍처 센터, 1998.

"이것은 보다 훌륭한 시민참여와 토론을 통한 구성에 대한 폭넓은 접근, 사회적·정치적 이슈와의 관계로 조직되었다."
Marjorie Allthorpe-Guyton, 비주얼아트 감독, 잉글랜드 아트 카운슬, 보고서, 1999.

건축 센터 Architecture centre

건축 센터는 사람들에게 지역건축 디자인과 지역환경 구축에 대한 설명 및 정보제공을 위해 설치된다. 자신 주변환경의 미래형태를 포함한 지역환경의 자발성에 초점을 맞춘 전시, 회의장소 등에 사용된다.

- 전시, 세미나, 사회활동을 위한 공간으로서 적당한 건물이 필요하다. 일반적으로 건축적 또는 역사적으로 관심을 끄는 건물이 될 것이다.

- 지역환경 조성과 연계된 영구적 또는 일시적인 전시물이 설치된다.

- 활동 프로그램은 흥미롭고, 자발적이며, 교육적인 경험을 제공할 수 있는 내용으로 구성된다.

✎ 모형과 전시를 위한 넓은 공간이 필요하다.

✎ 센터는 활동의 지속성을 형성할 시간을 필요로 한다. 적어도 3년 정도가 적당하다.

✎ 센터는 지역의 필요에 따라 다른 주제를 가질 수도 있다. 역사적인 지역에서는 '보존센터' 또는 '전통유산센터' 라고 지정하고 그것에 맞는 전시와 활동으로 내용을 맞추는 것이 좋다. 교육을 강조한 곳에서는 '도시교육센터' 라고 할 수 있다.

✎ 센터가 독립적으로 운영되는 것이 일의 진행에 가장 좋으며, 아마도 파트너십 벤처와 같이 분리된 형태로 시작될 것이다.

₩ 건축비, 유지비, 직원, 전시물. 건설산업과 교육지원금 후원에 대한 여유자금

건축 센터 전시물 아이디어

- **항공사진**: 지역범위의 항공사진사람들은 그들이 사는 곳의 항공사진을 좋아함
- **지역건설 연대별 지도**: 지역건설의 연도별 설명도 전시
- **지역건설 모델과 계획**: 지역건설 특징과 흥미유발을 위한 전시물
- **건축물 지도**: 전통유산 지도, 역사적인 건축물과 경관장소를 전시함
- **건축구성 모형**: 시대적 건축방법, 벽돌쌓는 방법, 창문세공 등의 모형을 전시한다.
- **발전 계획안과 아이디어**: 지역 안에 신축계획이 제안된 밑그림과 모형을 쉽게 설명한 전시물
- **전자디지털 지도**: 컴퓨터를 이용한 전시물66쪽
- **지역의 지질학적 모형**: '당신의 집 아래에는 무엇이 있을까요?' 라는 암석층 모형 테마 전시물
- **지역의 역사적인 설명도**: 지역의 발전과 전쟁피해 등을 설명한 전시물
- **가옥유형에 대한 사진**: '살기 원하는 가옥유형에 스티거 붙이기' 는 성인, 아이들과 관광객 등으로 구별하여 스티커를 붙이도록 한다.
- **지역공간 지도**: 어디쯤 사는지에 대해 핀막대를 사용하여 표시하는 전시물
- **지역공간 모형**: 일반적인 지식을 상세하고 정확하게 표현한 모형전시물그림 참조
- **지역별 조각**: 지역영역을 정하여 거리계획, 교통연결, 하수 시스템 등을 알리기 위해 조각을 들어올려 보여줌
- **장소 모형도**: 지역개발의 다른 방식으로 건설된 구획모형들을 전시, 어느 형태가 더 좋을지 생각해보기
- **위성사진**: 인공위성에서 촬영한 지역사진 전시, 인기있는 전시물임
- **기술적 방법 전시**: 어떻게 일하는지 보여줌, 배관공사, 전기, 전동기구 등
- **트레이싱 종이에 아이디어를 내기**: 지도나 설계에 대한 당신의 아이디어를 겹쳐서 그리기
- **세계지도**: 어디에서 선조들이 왔는지에 대해 핀을 꽂아 전시함

구축환경의 생생한 재현
6개월간 350개 학교의 아동들이 재생자원을 이용해 만든 시내구역의 모형 주위에서 토론이 이루어진다.

더 많은 정보제공

- **방법**: 커뮤니티 디자인 센터, 친환경 상점
  시나리오: 새로운 근린주구[2], 재생 기반, 도시 보존
- Architecture Centres Network. Hackney Building Exploratory
- Polly Hudson, Barry Shaw

방법

예술 워크숍 Art workshop

예술 워크숍은 디자인과 예술제작 활동을 통해 좋은 환경으로 향상시킬 수 있도록 도움을 준다. 예술 워크숍은 그 자체로 끝날 수도 있고 또는 더 폭넓은 재생노력의 일부분이 될 수도 있다. 커뮤니티 예술 프로젝트는 지역주민들의 창조성을 개발하는 데 도움을 주며, 특히 커뮤니티의 정체성에 대한 긍지를 가질 수 있도록 한다.

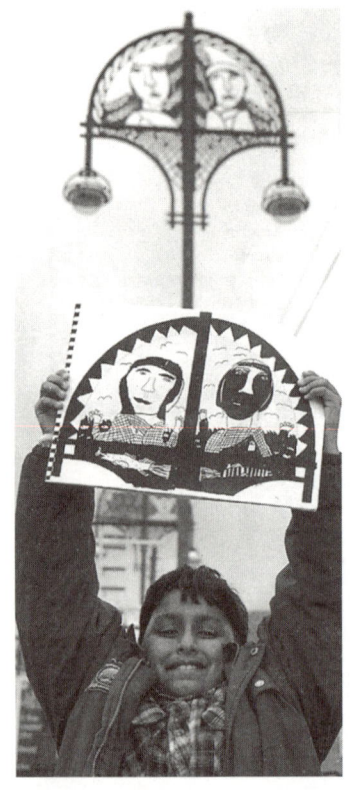

커뮤니티 예술 활동
가로등이 커뮤니티 예술가와 지역거주자들에 의해 디자인되었다.

- 아이디어는 '스튜디오 워크숍' 기간중에 지역주민이 중심이 되어 커뮤니티 예술가, 조각가와의 밀접한 활동을 통해 만들어진다. 활동할 수 있는 모든 연령, 배경, 능력을 가진 사람들이 참여할 수 있다.

- 건축가, 경관디자이너와 다른 기술적 전문가들은 디자인 아이디어를 실제로 가능하도록 만든다.

- 커뮤니티는 만들어야 할 디자인 옵션을 선택해야 한다. 보통은 공개투표 형식으로 선택된다.

- 예술제작 활동은 종종 지역주민들의 지원으로 제작되고 설치된다.

- 예술 제작활동을 기념하기 위한 축하잔치를 개최한다.

✎ 상투적인 협의방법에 끌리지 않는 사람들과 함께 개발(커뮤니티 계획)하는 것도 좋은 방법이다(예술 워크숍을 진행함으로써). 사회장벽을 허물 수 있고, 커뮤니티의 공통된 비전을 만들어 내도록 도와준다.

✎ 자발적으로 커뮤니티 단체와 함께 일할 수 있는 예술가를 찾는 것이 가장 중요하다. 예술가가 권위적이지 않으면서 지도력을 발휘하는 것은 매우 중요한 기술이다.

₩ 전문가 투입과 프로젝트 비용이 비교적 비쌀 수도 있다. 환경개선을 이루는 방법일 뿐만 아니라 문화적이고 교육적인 시도로 여길 필요가 있다. 이러한 이유로 비용은 부분적으로 교육 또는 다른 예산에 포함되기도 한다. 재활용품이나 폐품의 사용으로 비용을 줄일 수 있다.

"커뮤니티 예술활동은 사람들로부터 실제적인 아이디어를 얻기 위한 보다 쉽고 흥미로운 의사소통의 방법이다."
Waheed Saleem, Chair, Caldmore-Palfrey Youth Forum, Walsall, UK Free Form Update, 1998.

Methods A

디자인 과정
초등학생들이 스튜디오 워크숍에서 예술가와 함께 작업한다. 마분지와 가위, 그림물감으로 포장도로 모자이크를 디자인하고 있다.

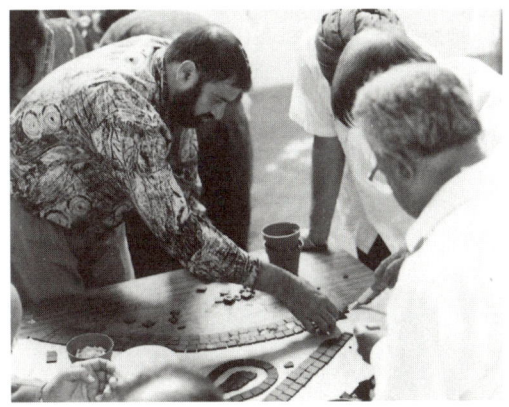

제작 과정
모자이크는 지역주민들의 손으로 만들어진다. 지역주민들은 모자이크를 만들어 본 적이 없기 때문에 예술가들과 건축가들의 도움을 받으며 제작한다.

축하잔치
지역주민들이 스스로 디자인하여 매력적으로 개선된 거리장소에서 축하잔치를 열고 있다. 서로 협조가 필요한 예술제작 작업과 비교해, 이런 시도는 지역사회의 환경개선 참여의 가시적인 모습을 제공하고, 성공적이며, 안전하고, 존중받는 장소를 만드는 데 도움을 준다.

커뮤니티 예술활동을 할 수 있는 장소

- ☐ 자전거 도로
- ☐ 다리 장식
- ☐ 커뮤니티 정원과 공원
- ☐ 분수
- ☐ 벽화
- ☐ 포장도로
- ☐ 놀이 장소
- ☐ 난간과 입구
- ☐ 학교 건물
- ☐ 조각상
- ☐ 거리 조명
- ☐ ....

더 많은 정보제공

☞ 시나리오: 버려진 공간의 재사용, 환경 예술 프로젝트, 도시내부의 재생

✉ Free Form Arts Trust, Candid Arts Trust

★ Sonia Kahn

THE **COMMUNITY PLANNING** HANDBOOK

방법

수상 제도 Award scheme

수상 제도는 활동을 격려하고, 실행방법을 지역이나 국가, 나아가 국제적으로 확산시키는 좋은 방법 중 하나이다. 이 수상 제도는 지역 커뮤니티 단체 또는 국제적인 기관 등의 어떠한 조직에서라도 실시할 수 있다.

> **수상 가치가 있는 커뮤니티 계획 프로젝트를 알고 계십니까?**
> - 참가신청서는 Anytown의 커뮤니티계획 수상제도 사서함 7에서 배포합니다.
> - 주관 : 환경기관
> - 후원 : 글래스주식회사, 대지와 풀뿌리 재단
> - 마감일 : 2002년 5월 7일까지

- 창립위원은 조직의 목적을 확립하고, 파트너와 후원자를 모은다.
- ① 주제, ② 카테고리주제가 있어도 적어놓음, ③ 참가기준, ④ 심사절차, ⑤ 상금, ⑥ 개요일정표, 중요사항 등의 내용이 적힌 참가신청서를 널리 공고하여 많은 참가를 유도한다.
- 참가단체는 심사과정 후에, 후원받은 우승단체와 주제활동내용를 알리는 데 초점을 맞쳐 수상식을 진행한다.
- 진행과정은 정확해야 하며, 시상은 원칙을 가지고 매년 정기적으로 진행한다.

> "상을 받는다는 것은 사기를 높이는 좋은 경험이다. 시상식은 최종 선발될 정도로 운이 좋은 사람들의 마음에 활기를 불어 넣는다. 시상에 실패하고 바라보는 사람들에게도 목표를 이루도록 분발시키는 역할을 하고, 우리도 '그 일을 할 수 있다'라고 생각하고 다시 시도할 수 있게 한다. 그 시상식은 더 많은 관객들 앞에서 우리가 하는 활동의 윤곽을 널리 알릴 수 있는 역할을 한다."
> 데이빗 로빈스, 디렉터, 커뮤니티 링크스, 런던, 당선연설, 1994년 1월 3일

> "세계 곳곳에서 그들의 커뮤니티에 변화를 주기 위해 믿을 수 없을 정도로 열심히 일하는 주목할 만한 사람들과 단체들이 있다. 이 모든 수상제도의 목적은 이러한 세상에 알려지지 않은 영웅들에게 보상을 하고 사람들에게 알리는 것이다."
> HRH 웨일스공, 의회장, 영국 커뮤니티 진취적 수상식, 1995.

✎ 금전적인 동기는 꼭 필요하지 않다. 사람들은 명성(영향력)을 위해 참가를 신청할 것이다. 그러기에 공개적으로 보여지는 기념패나 증명서는 매우 중요하다.

✎ 지방자치단체장 같은 고자세의 후원자가 참가단체들에 대해 관심을 가지도록 하거나 홍보하는 데 매우 도움이 된다.

✎ 정보교환을 위해 수여제도의 사례연구를 카탈로그로 개발하여 사용한다.

✎ 가능한 한 많은 심사위원을 두고, 후보자명단에 오른 조직을 방문하게 한다. 이러한 방문을 통해 지역 프로젝트와 심사위원 양쪽을 평가할 수 있을 것이다.

⚠ 지역의 수상 제도는 적은 비용으로 운영된다. 정부의 수상 제도는 복잡하고 많은 행정관리를 수반한다. 그것들은 더 좋은 결과를 얻게 되는데, 더 많은 행정적 관리는 편견이 없는 공평성의 확보를 요구하기 때문이다. 후원은 중요한 영역이다.

Methods A

anytown 숍 프론트 상

...............에게 수여함

...............로부터

수여일 : ....

anytown에서 가장 잘 개선된 숍 프론트에게 주는 올해의 상

후원 : Anytown Trust, Anytown Chamber of Commerce

지역 수상 증명서

전국적인 진취적 커뮤니티 상

커뮤니티 구축 부문

...............에게 수여함

...............로부터

수여일 : ....

가장 진취적이고 지속 가능한 커뮤니티 프로젝트를 수행한 단체를 위한 올해의 상

후원 : Princess Mary, Sir John Knevitt
주최 : The Housing Institute, Planners Network
후원 : Glass Ltd, Big Land and Grassroots Foundation

국가적인 수상 증명서

커뮤니티 프로젝트를 평가하는 심사기준의 예
- □ 필요성과 유용성
  디자인된 것이 커뮤니티에 미치는 프로젝트의 가치
- □ 커뮤니티 개입
  프로젝트의 착수와 개발에 대한 커뮤니티 역할의 성격
- □ 디자인
  디자인 방안에 대한 타당성을 채택
- □ 지속가능성
  기간이 지나도 지속될 수 있는 프로젝트의 역량

소식을 알림
시상단체로 선정되거나, 단지 시상단체로 고려된 것만으로 프로젝트에 자금과 다른 지원을 받을 수 있는 홍보가 가능하다.

더 많은 정보제공
- 시나리오: 재생 기반, 도시 보존
- Business in the Community

THE COMMUNITY PLANNING HANDBOOK

방 법

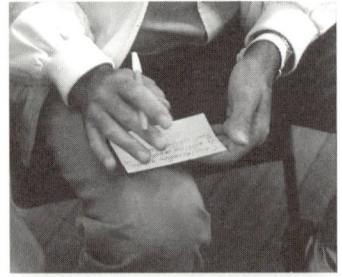

워크숍 설명회 Briefing workshop

워크숍 설명회는 프로젝트의 의제와 개요를 수립하기 위한 작업과정의 보다 간편하고 쉬운 체계이다. 그것은 동시에 가능하다.
- 프로젝트를 사람들에게 소개한다.
- 중요 이슈를 확립할 수 있다.
- 동기와 사람들의 참여를 얻는다.
- 재능과 경험의 유용성을 확립한다.
- 다음 단계의 필요성을 확인한다.

이러한 것들은 프로젝트의 시작 또는 활동계획 이벤트에 유용하며, 대중적인 출범식과 같은 역할을 한다.

■ 프로젝트의 잠재적인 활동가를 워크숍에 참석하도록 권유한다. 워크숍은 대략 1시간 30분 정도 진행된다. 유사한 워크숍은 다른 이익단체직원, 지도자들, 젊은사람들 등와 함께 하거나 다른 주제주택, 직업, 열린공간 등로 개최될 수 있다.

■ 워크숍은 적합한 환경을 만들고자 계획하고 있는 개인 또는 더 많은 개개인에 의해 활발해진다. 예는 우측에

■ 설명회의 기록은 출석한 사람들이 하도록 한다. 그들이 주안점을 만들고, 중요한 쟁점에 합의하도록 한다.

■ 별도로 동의하지 않는 한 사람들의 기록은 확인할 수 없다.

중요한 단계들
① 개인은 카드나 포스트잇에 자신들의 다양한 생각들을 적는다.
② 소그룹들이 탁자나 바닥에 둘러앉아 분류한다.
③ 결과에 대해 발표한다.
④ 종합토론을 하고, 다음 단계를 위한 계획을 세운다.

✎ 만약 사람들이 시작도 못하고 쩔쩔매고 있으면, "그냥 처음 생각나는 것을 쓰세요, 머리에서 생각나는 대로, 크든 작든 상관없어요"라고 편하게 말해준다.

✎ 토론에서 나온 주안점들을 적은 모든 기록은 포스트잇이나 차트에 적어서 정리한다.

✎ 모든 참가자들에게 내용을 정리하고 알려주는 것은 진행을 따라 올 수 있도록 한다.

₩ 진행자[3] 비용, 장소임대, 워크숍 기록 정리 타이핑 비용(워크숍 하루에 한 사람 승인)

워크숍 설명회 형식 – 대부분의 문맥을 다룬 견본

1. **입문** : 이벤트의 목적을 진행자가 설명한다. 모든 참가자는 자기소개를 하고, 각각의 관심에 대해 간단히 설명한다. 문서작성자와 차트관리자의 역할도 함께 한다. 소요시간 : 15분

2. **개인의 다양한 생각을 적어보기** : 참가자 모두에게는 3개의 다른 색깔의 포스트잇이나 카드가 주어진다. 질문에 대한 대답이 요구되는데, 어떤 주제에 대해서는 3가지 대답을 써야 한다. 3가지 질문은 다음과 같다.

   | 어떠한 문제가 있나요? | 당신이 희망하는 것은 무엇입니까? | 당신의 희망을 어떻게 이룰 수 있을까요? |

   각각의 포스트잇에는 한 가지 대답만을 쓸 수 있다. 한 사람이 할 수 있는 대답의 수를 정할 수 있는데, 이것은 모든 대답이 모아지면 정리하기 편하도록 제한을 두는 것이다. 사람들이 글자를 모른다면 상징으로 표시해도 된다. 소요시간: 15분

3. **분류하기** : 사람들을 3개의 작은 하위그룹으로 나눈다. 각 하위그룹은 한 색깔의 포스트잇을 각각 큰 종이 위에 정렬하고 큰 제목을 붙여 분류한다. 도움이 된다면 그림, 도표, 사진 등을 사용한다. 소요시간 : 20분

4. **발표하기** : 각 하위그룹은 카테고리를 분류 찾아낸 조사결과를 전체의 그룹에게 설명한다. 소요시간 : 20분

5. **토론** : 결과와 다음 단계에 대해 토론을 진행한다. 중요한 선의안과 즉각적인 행동을 확인한다. 소요시간: 20분

※ 만약 워크숍이 더 큰 '활동계획 이벤트'의 일부분이라면, 워크숍 보고서를 전체회의에 제출해야 한다.
※ 총 소요시간 : 1시간 30분
※ 이상적인 구성원 수 : 9~24명. 더 많은 사람들을 구성할 경우, 분류(카테고리별)에 따라 더 많은 하위집단으로 나누거나, 쉽게 분류하여 팀을 만든다.(위 사진 참조)

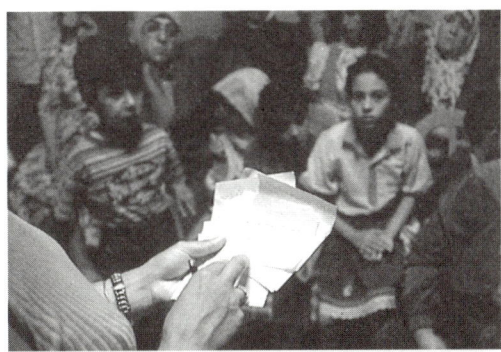

분류를 쉽게 한다
촉진자팀은 포스트잇에 적힌 대답들을 차례대로 읽고, 그것을 벽에 붙인 카테고리별 종이판에 배열한다.
참가자 수가 많을 경우에는 왼쪽 개요의 진행(아래) 중에서 하나를 선택할 수 있다.

워크숍 설명회에 필요한 용품들

☐ 참석자 확인표
☐ 워크숍 주제가 적힌 현수막
☐ 구체적으로 보여줄 자료 - 지도, 사진, 계획표 등
☐ 플립차트 또는 벽에 붙일 종이
☐ 마커펜 또는 분필
☐ 필기도구
☐ 3가지 색상의 포스트잇 또는 메모지 크기의 종이나 카드
☐ 스카치 테이프 또는 압정, 블루택-접착성을 가진 물질

더 많은 정보제공

방법: 디자인 워크숍
시나리오: 커뮤니티 센터, 주택개발

> 방법

선택목록 Choice catalogue

선택목록은 미리 짜여진 구성범위 안에서 디자인을 선택하는 방법을 알려준다. 특히, 유용한 항목의 선택범위를 사람들에게 알려주고, 많은 사람들이 함께 선택할 수 있도록 하는 데 도움이 된다.

장착물과 내부시설의 선택항목
목록은 미래의 광범위한 주거개발의 거주자에게 사용된다.
표준선택은 실질적인 비용효과를 가지고 있지는 않다.
거주자들은 각 항목에서 400점까지의 가치를 선택할 수 있다.

- 선택목록은 주택설계에서 위생설비까지 단계별로 정해진 디자인의 선택에 사용된다.

- 이용 가능한 항목의 선택은 거주민의 소그룹과 전문가와의 상담으로 결정한다.

- 선택항목은 사진 또는 단순한 그림형태의 보기 편한 단순한 메뉴 형식으로 제공한다. 필요하다면 선택방법도 간단한 계산방식을 사용하면 된다.

- 사람들은 목록을 기준으로 선택하게 된다. 이것은 워크숍의 진행과정에서 개인 또는 그룹에 의해 사용될 것이다.

✎ 선택목록은 대규모 주택개발에서 거주자 개개인의 취향에 맞는 선택을 가능하게 한다. 여기서 사람들의 선택을 기록하기 위해 컴퓨터를 이용한다.

✎ 일반적인 디자인의 논쟁에서 사람들의 의견을 알아내는 방법으로 사용될 수 있다. 또한 특정한 선택에 대한 사람들의 의견을 알아볼 수 있다.

✎ 전문가와의 상담비용이 든다. 주요비용은 인쇄, 배포, 그래픽 비용에 사용된다. 초기단계에서 거주민이 만족할 수 있는 계획과 관리로, 전반적으로 자본비용이 증가하지 않는 대규모 주거계획을 가능하게 한다. 사람들이 원하지 않는 몇몇 항목에 대한 공급을 줄이는 것만으로도 비용을 절약할 수 있다.

당신은 당신의 주택이 어떻게 보이는 것이 좋습니까?

설명
1. 당신이 좋아하는 이미지에서부터 좋아하지 않는 이미지까지를 순서대로 선택합니다.
2. 그룹에서 당신의 선택항목에 대해 서로 이야기를 나누어 봅시다.
3. 그룹 내에서 가장 좋아하는 이미지부터 좋아하지 않는 이미지를 순서대로 정해 봅시다.

주택 이미지 선택항목
미래거주자들이 희망하는 주거형태를 선택할 수 있는 메뉴 형식이다. 건축가에게 간단히 설명하기가 쉽다. 활용 가능한 선택사항들을 반영한 이미지를 선택한다.

당신이 원하는 방의 배치는 어떤 것입니까?

설명
1. 당신이 좋아하는 항목을 고릅니다.
2. 좋아하는 항목에 점수를 매기고, 매긴 점수를 합산하여 총점수란에 적습니다.
3. 총점수가 41 이하일 때까지 조정합니다.
또는
3. 당신의 주택에 드는 비용은 대략 00만원을 제곱한 총점수가 될 것입니다.

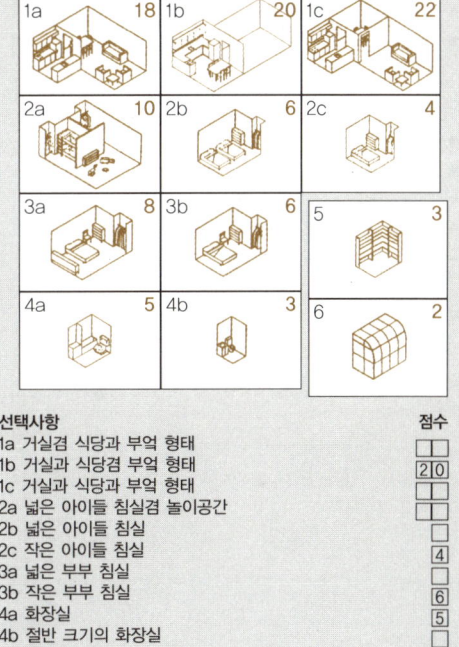

선택사항 | 점수
1a 거실겸 식당과 부엌 형태 | □
1b 거실과 식당겸 부엌 형태 | 20
1c 거실과 식당과 부엌 형태 | □
2a 넓은 아이들 침실겸 놀이공간 | □
2b 넓은 아이들 침실 | □
2c 작은 아이들 침실 | 4
3a 넓은 부부 침실 | 6
3b 작은 부부 침실 | 5
4a 화장실 | □
4b 절반 크기의 화장실 | □
5 창고 | 3
6 온실 | □
총점수 | 38

방 배치 선택사항 등
방 배치형태를 고를 수 있는 선택메뉴

선택항목의 용도

- □ 화장실 설치방법
- □ 현관 앞 구성
- □ 주거 이미지
- □ 주택유형
- □ 조명등 설치방법, 형태선택 등
- □ 공간설계
- □ 보안장비

더 많은 정보제공

- 시나리오: 주택개발
- 사람들이 원하는 집짓기, 참가형 디자인
- North Carolina State University. Wilkinson Hindle Hallsall Lloyd
- Bill Halldall, Henry Scanoff

방법

당신은…
- 커뮤니티 단체입니까?
- 입주자조합입니까?
- 거주자조합입니까?
- 소수민족단체입니까?
- 여성단체입니까?

당신이 원하는 것은…
- 눈에 거슬리는 것이 정돈되기를 원하십니까?
- 커뮤니티 홀을 짓고 싶습니까?
- 여성보호소를 세우고 싶습니까?
- 놀이지역을 개발하고 싶습니까?
- 버려진 땅에 꽃과 나무를 심고 싶습니까?

우리는 제공할 수 있습니다.
- 건축가
- 계획자
- 측량사
- 생태환경전문가
- 도움을 줄 수 있는 기금조성방법과 조직들
- 출판물과 비디오 자료들

연락처 :
Anytown 커뮤니티 기술지원센터
01234 666444

커뮤니티 단체에게 제공하는 무료서비스는 Anytown시의회, 환경부와 Jet plc에서 지원하고 있습니다.

"커뮤니티 건축가와 기존 건축가가 다른점은 커뮤니티 건축가는 커뮤니티 활동을 위해 하루에 4시간 - 일주일에 7일, 20시간 정도 - 을 할애한다는 것입니다. 그 건축가는 커뮤니티 활동에서 전율과 생명력을 느낍니다. 현장에서 건축가의 존재는 필수적인 것입니다. 그 존재는 건축가를 위하는 것뿐만 아니라 바로 커뮤니티 전체를 위한 자산입니다."
Rod Hackney, 커뮤니티 건축가, 건축가 저널, 1985년 2월 20일

커뮤니티 디자인 센터 Community design centre

커뮤니티 디자인 센터는 커뮤니티 단체에게 그들의 환경을 계획하고 활동할 수 있도록 기술적인 도움을 주는 장소이다. 커뮤니티 디자인 센터는 주변에서 볼 수 있는 보건소와 같은 역할을 한다. 센터는 사람들에게 환경 프로젝트에 대한 디자인과 방법을 제공하는데, 특히 열악한 커뮤니티 단체에 귀중한 도움이 된다.

- 커뮤니티 디자인 센터는 환경관리[4]에 요구되는 전문성을 가진 사람들을 직원으로 두게 된다. 센터는 '커뮤니티 기술지원센터'로 알려져 있다.

- 센터는 지역의 자발적 단체 혹은 개인에게 환경관리 전반에 걸친 서비스를 제공한다. 단체가 서비스에 대한 보수를 지불할 여유가 있거나, 이익이 따르는 프로젝트 입찰에서 수수료가 발생할 경우 외에는 서비스 비용에 대해 구애받지 않는다.

- 센터는 독립된 자선기관의 형태가 될 것이다. 일반적으로 정부, 지방자치단체, 대학교 등의 자선기금이나 민간 후원단체에 의해 기금조성이 이루어진다. 센터가 기금조성이 되지 않는 경우는 어려움에 처하기도 한다. 독립된 컨설턴트 사업은 재원이 없을 경우를 대비해 재원을 마련해 줄 수 있다.

✎ 자금조달은 늘 해결해야만 하는 골칫거리이다. 무료서비스 지원사업과 마찬가지로 수익사업의 추진이 센터가 가장 지속적으로 활동할 수 있도록 하는 방법이다.

✎ 센터의 지출경비는 사무실 유지비용과 고용된 직원의 수에 좌우된다. 예를 들면, 시설이 좋은 센터가 상근직으로 일하는 5명의 전문직원에게 지급하는 경비는 년간 20만 달러(한화 약 2억 원, 1인당 4천만 원 정도)가 든다. 그에 반해 한 센터의 경우 자원봉사자나 현지 주재원에 의해 운영되고, 공공시설을 무료임대하여 사용하고 있어서 비용이 거의 들지 않는다.

커뮤니티 디자인 센터 서비스 – 지역요구에 맞는 서비스 제공

- 활동계획
- 미술공예 및 시각매체 등 제공
- 커뮤니티 아트
- 공모전 개최
- 건설공사 감독
- 건축물과 경관 디자인
- 고용창출
- 건축물과 경관에 대한 타당성 연구
- 기금조성
- 건축물과 경관에 대한 유지보수
- 조직의 설립과 발전방안
- 계획안에 대한 전문가의견 제공 및 옹호
- 묘목원 조성 및 유지방안
- 소유지 관리 및 개발
- 건물의 결함보수
- 전략계획 수립
- 환경관리, 환경디자인[5]에 대한 교육훈련
- ....

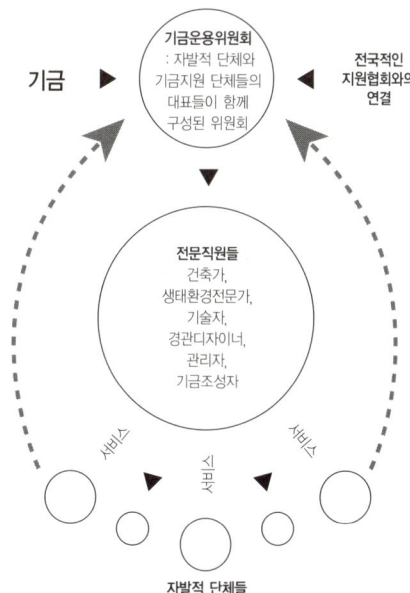

기금지원자와 커뮤니티 디자인 센터를 이용하는 그룹의 대표자들로 구성된 위원회에 의해 운영되는 커뮤니티 디자인 센터의 구성도

전문기술을 제공
환경관리에 대한 기술과 경험을 제공하며, 지역 커뮤니티와 밀착된 중추적 역할을 담당한다.

더 많은 정보제공

- 방법: 친환경 상점, 근린주구계획 사무실, 도시디자인 스튜디오
  시나리오: 버려진 공간의 재사용, 재생 기반, 빈민촌의 개선, 도시 보존
- Association for Community Design
  Association for Community Technical Aid

방법

지역 커뮤니티 계획 포럼

광고 리플렛 견본
주요소 : 슬로건
전체목적 요약, 장소, 시간, 날짜, 단기목표와
배경지식 제시

커뮤니티 계획 포럼 Community planning forum

커뮤니티 계획 포럼은 공개된 다목적 포럼으로 4~5시간 정도가 소요된다. 정보를 확인하고 아이디어를 제안하며 최소의 사전계획을 거치는 3단계 구성으로 이해단체들 간의 상호작용을 이끌어낸다.

- 커뮤니티 계획 포럼은 언제나 조직될 수 있으나 주로 참여나 진행과정의 초기단계에 유용하다.
- 포럼은 모든 이해단체들이 준비할 수 있으며, 간단한 통지를 통해서도 조직될 수 있다.
- 그 구성은 상호작용을 위한 전시, 공개 포럼, 워크숍 그룹, 비형식적인 연결망 등으로 이루어진다.
- 주요 요소는 포럼을 광고하기 위한 소책자, 배포방법, 장소, 간사 등이다.

✎ 스스럼없는 분위기를 만들어야 최고의 결과를 얻을 수 있다는 것을 명심한다. 가벼운 다과도 좋다.

✎ 지역주민들이 조직하는 것이므로 '실제' 개발시간표와 연결시킬 필요가 없으며, 특히 도시계획 프로젝트에 참여한 학생들에게 유용하다. 지역주민이 자발적으로 돕는다면 더욱 원만히 진행되지만 누구나 아무 때나 포럼을 조직할 수 있다.

✎ 특히 과정계획 세션과 연계되어 있으면 구성을 준비하는 학생들에게 매우 교육적이다. 사전준비(예를 들면, 선전과 장소를 미리 계획하는 것)는 도움이 된다.

₩ 장소 임대료, 광고소책자 비용

"매우 효율적인 방법이었습니다. 그룹 활동을 통해 거주자들이 살고 있는 곳에 대해 어떤 미래를 기대하는지 알 수 있게 되었습니다. 그리고 사람들의 시간을 너무 많이 빼앗지 않았습니다. 정말 모든 사람들이 매우 즐거운 저녁시간을 보냈다고 생각합니다."
Laura Dotson, 인테리어 디자이너, 지역사회 계획포럼의 학생 간사, Richmond, Virginia, USA, 1996.

커뮤니티 계획 포럼의 견본

1. 상호작용을 위한 전시물
사람들이 도착하면 포스트잇이나, 마커펜 혹은 스티커 등을 이용하여 의견을 표명할 수 있도록 상호작용을 위한 다양한 전시물쪽으로 가도록 유도한다. 어울려서 토론을 하기도 한다. 간단한 다과. 45분

2. 공개 포럼
가운데 있는 테이블 위에 모형, 계획 혹은 그림을 놓고 사람들을 말발굽형으로 앉힌다. 간사가 간단한 소개를 한다. 미리 정한 보고자에 의하여 상호작용을 위한 전시물에 대한 피드백시간을 가진다. 간사가 주도하에 공개토론을 한다. 45분

3. 워크숍 그룹
테이블을 중심으로 사람들을 그룹으로 나누어 미리 선정된 혹은 공개포럼 시간에 동의한 여러 주제·방면에 대해 이야기한다. 45분

4. 교류
간편하게 모여 토론. 다과회 등을 연다. 45분

5. 피드백(선택적)
워크숍 그룹부터 전체까지 보고한다. 혹은 개별 프레젠테이션 세션 이후

전체 걸리는 시간 : 최소 3시간
이상적인 사람의 수 : 30~150명

넓은 공간일 때 이상적인 형태

공개 포럼
상호작용 전시물을 돌아본 후 워크숍 그룹으로 나누기 전 말발굽 형태로 앉아서 토론하는 모습

계획 포럼에서의 주요역할

- □ 공개포럼 의장
- □ 간사/무대감독
- □ 사람들을 맞이하는 사람
- □ 사진사
- □ 각 상호작용 전시물을 설명하는 사람
- □ 워크숍과 포럼내용을 녹음하는 사람
- □ 워크숍 간사

더 많은 정보제공

방법: 합성 입면도, 상호작용의 전시, 계획안의 테이블 전시. 태스크 포스
시나리오: 커뮤니티 센터, 마을 부흥

Richard John

방법

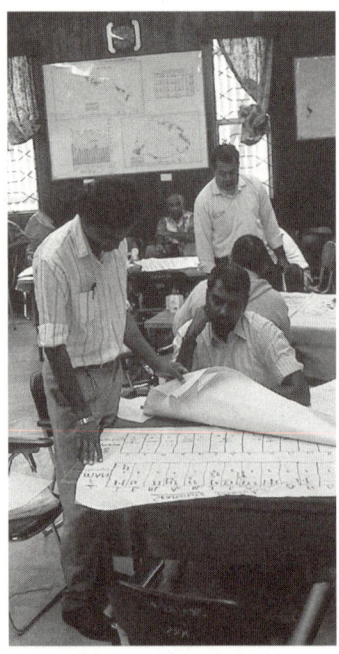

대화의 축적
공공사무소는 다양한 정보수집방법을 사용하고, 커뮤니티 분석으로부터 얻어진 정보를 분석한다.

커뮤니티 개요정리 Community profiling

커뮤니티 개요정리는 지역 커뮤니티의 활발한 참여를 통해 지역 커뮤니티의 생리, 필요로 하는 것들, 보유하고 있는 자산에 대한 상황을 파악할 수 있도록 한다. 합의를 이끌어 내기 위한 지역 커뮤니티 계획과정의 첫 단계에서 유용하다.

- 지역 커뮤니티가 스스로에 대한 이해를 높일 수 있는 여러 가지 방법들이 사용된다.
- 여러 가지 방법들을 그룹 작업과 그룹 상호작용기술에 대한 자료수집, 프레젠테이션 기술 등과 결합시킨다.
- 흥미를 돋우고, 문맹이거나 말을 못하는 사람들도 쉽게 접할 수 있도록 하기 위한 방법에 초점을 맞춘다.
- 결과는 공공장소에 게시한다. 보고서에는 되도록 지역주민의 말, 글, 사진들을 많이 싣는다.

✎ 특히 조작된 결과나 부정적인 결과를 피하기 위한 조력이 중요하다. 힘이 세거나 거친 사람들이 분위기를 장악하는 것을 방지하기 위한 방법도 필요하다. 촉진자들은 항상 귀담아 듣고 이해해야 한다. 쉴 때에도 지역의 역학관계에 대한 정보를 얻을 수 있다.

✎ 주의를 기울이고 세션을 달리하면 여성과 다른 대표집단의 견해를 알 수 있다.

✎ 비공식적인 관찰은 지역적 역학관계에 대한 정보를 얻을 수 있는 좋은 방법이다.

₩ 외부 컨설턴트에 의한 기존 분석방법과 비교해 높은 비용효과가 있다. 주요 비용은 촉진자에 대한 비용이다.

"이 방법의 장점은 같이 일할 수 있는 사람들의 수가 다양하다는 것과 모든 사람이 필요로 하는 결과를 얻을 수 있다는 것입니다."
Pat Jefferson, Carlisle City Council Tidelines newsletter, Solway Firth Partnership, 1997.

커뮤니티 개요정리의 방법

- **행동도표**
  매일 혹은 매주 사람들의 행동을 계획한다. 지역 커뮤니티의 노동부서, 역할, 책임을 이해하는 데 유용하다.
- **건물조사**
  건물보수상태를 기록
- **외부관계**
  개요정리에 있어 외부단체의 역할과 영향을 파악
- **성 워크숍**
  상황을 파악하고 필요한 것의 우선순위를 알기 위해 여성혹은 남성을 위한 분리된 세션을 개최
- **전통적 개요정리**
  지역 커뮤니티의 과거와 현재를 바탕으로 주요 행사나 신앙, 경향을 알아보고 목록을 작성
- **가정 생계 분석**
  수입과 경제적 후원의 원천을 소비패턴과 비교하고 재정상황이 안 좋았던 시기의 해결방안을 살핌
- **편안한 산책**
  그룹으로 편하게 산책하다가 사람들이 말하는 주제를 함께 이야기함
- **지도만들기**
  자원과 같은 여러 가지 특징을 보여주는 지도 그리기
- **단체 검토**
  기존 그룹과 단체의 역할, 구성원, 계획, 가능성을 타진하기 위해 검토한다.
- **개인사**
  개인의 삶에 대한 자세한 설명을 녹음, 특정주제를 강조하도록 할 수도 있다.
- **문제나무**
  나무그림을 이용하여 지역 커뮤니티의 쟁점과 문제들의 상호관계를 분석한다.
- **역할극**
  시나리오에 따라 다른 사람의 역할을 해본다.
- **계절달력**
  일하는 패턴, 생산 등 일 년 동안 일어나는 변화를 알아본다.
- **반 구조적인 인터뷰**
  전통적인 공개토론에서 정해진 질문사항 대신 유동적인 질문 리스트를 사용한다. 다른 형태도 포함. 개인, 그룹, 포커스 집단, 주요 제보자
- **시뮬레이션**
  실제 사건의 영향을 이해하기 위해 사건이나 활동을 해본다.
- **기술조사**
  지역 커뮤니티의 기술이나 실력을 평가
- **도보 형식**
  토지사용지역 등의 주요특징을 관찰하고 기록하기 위해 해당지역의 이력계획을 가지고 걷기
- **참살이(well-being) 혹은 재산 순위매기기**
  충점분류를 사용하여 각 세대의 참살이 수준을 평가

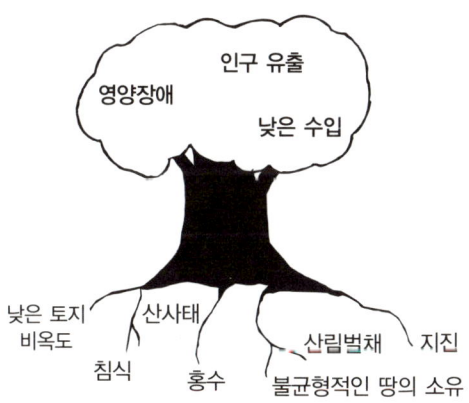

문제나무
복잡한 문제를 분석하기 위해 사용된 단순한 그림

더 많은 정보제공

- 방법: 다이어그램, 게임하기, 지도화, 시찰 여행, 시뮬레이션
  시나리오. 커뮤니티 센터, 마을 두름
- 참여 학습 및 행동
- Roger Bellers Nick Hall

> 방 법

팀원의 가방은?

- ☐ 사진기
- ☐ 사진기, 노트북, 펜 등을 넣을 수 있는 주머니가 많이 달린 옷
- ☐ 그림 도구
- ☐ 특별 프레젠테이션 준비도구들 - 필요하다면
- ☐ 포켓 노트북
- ☐ 총체적인 사실과 숫자들 혹은 관련있는 그림자료
- ☐ ....
- ☐ ....

디자인 조력팀 Design assistance team

디자인 조력팀은 지역을 방문하고 관계되는 과정예를 들면, 주말계획에 참여하는 여러 관련된 분야의 전문가들로 구성된다. 이들은 새롭고 독창적인 관점을 제시한다.

- 지역주민이나 지역행정기관이 조력팀을 초대하여 간단한 설명을 한다. 이때 단순하게 듣고 조언할 수도 있고, 촉진자로서의 역할을 할 수도 있다.
- 팀은 여러 전문분야로 이루어져 있으며, 팀장이 이끈다.
- 팀 구성원은 주로 독립성을 위해서 경비지출분만 지급한다. 만약 보수가 지급된다면 지급체계를 명확하게 해야 한다.
- 조력팀은 보통 활동을 마무리하기 전에 권고사항을 정리한 보고서를 제출한다.

독립 전문가
팀원들이 지역의 토지소유주와 선택사항에 대한 의견을 나누고 있다.

✎ 내용과 과정진행에 유익한 사전 브리핑은 필수적이다.
✎ 강력한 리더십은 일을 진행시키는 데 꼭 필요하다. 집중할 수 있도록 팀원에게 역할을 부여하라(오른쪽 참조).
✎ 팀원들의 이해와 공헌한 흔적을 남기기 위하여 각 팀원에게 3가지 영역에서 핵심사항의 형식을 표준화할 수 있도록 구체적인 예시핵심내용와 권고사항을 알려줘야 한다.
✎ 3가지 영역 : 배경, 쟁점, 권고사항
✎ 팀원들이 전체활동에 확실히 전념할 수 있도록 하고 확인하라.

₩ 출장, 숙소, 식사, 사진, 각종 장비

"외부 사람들에게 감사의 마음을 느끼고 있습니다. 처음부터 정말 다정했어요. 마치 하나의 대가족같은 기분이었습니다."
지역주민, Ore Valley Action Planning Weekend, 1997

조력팀의 역할

활동을 촉진시키고 보고서를 준비하기 위한 준비과정에서 역할을 한다. 같이 할 수 있는 일들을 한 사람이 맡을 수 있다. 매번 모든 역할이 필요하지는 않으므로 필요한 것만을 선택하면 된다.

- □ **연락책**: 필요한 사람들의 이름과 전화번호를 관리
- □ **조정자**: 다른 워크숍들을 연계시키기 위해 연락
- □ **사후 조정자**: 후속조치가 일어나는지 확인하고 발표
- □ **사진사**: 중요한 일들을 사진으로 남긴다. 슬라이드, 프린트
- □ **보고서 편집자**: 자료와 사진을 의뢰하고 모아서 편집
- □ **보고서 부편집자**: 자료편집을 보조하고 편집자를 도움
- □ **슬라이드 쇼 편집자**: 프레젠테이션을 위해 슬라이드를 선별
- □ **음향편집자**: 중요한 세션을 녹음하고 분류
- □ **행사담당자**: 많은 사람들이 여러 일을 하도록 조정
- □ **팀장**: 리더십을 발휘, 일을 진행하고 책임을 짐
- □ **팀 촉진자**: 그룹의 원동력을 잘 살펴보고 팀장에게 보고
- □ **워크숍 촉진자**: 워크숍당 한 명 정도가 필요하며 워크숍의 세션이 잘 진행되도록 한다.
- □ **워크숍 서기**: 각 워크숍의 내용을 정리한 것을 최종보고서 형태로 준비

팀 통합과정

공개 워크숍 혹은 계획 후 여러 제안을 정리하는 과정예시

1. 역할과 책임 결정모임
팀에서 할 일을 결정하고, 기본 틀과 분배된 역할을 보고한다.

2. 개별 팀 과제
모든 워크숍은 사전에 정해진 핵심사항으로 요약하고 규정된 기본형태로 분석한다. 각종 제안들도 기본형태로 작성하며 한 문단으로 요약한다.

3. 팀원이 참여하는 편집
펜과 포스트잇을 이용하여 벽에 붙인 문서와 그림들에 대해 의견을 낸다.

4. 전체가 참여하는 편집
지역주민과 같이 팀원이 아닌 사람들도 의견을 낸다.

5. 검토 세션
공개 워크숍 세션으로 빠진 사항이나 논의거리를 토의한다.

6. 최종 편집 및 제출
팀별로 한다.

총 걸리는 시간 : 하루

더 많은 정보제공

- 방법: 편집의 참여, 계획의 날, 계획 주말
  시나리오: 산업 유산의 재사용, 지역 근린주구 기획
- ✓ 활동계획, 창조적 디자인, 커뮤니티를 위한 조력팀

기획 조력팀을 만들기 위해 필요한 전문기술

필요한 기술과 전문지식을 아래의 항목 중에서 선택하시오.

□ 건축	□ 지역사회 발전	□ 환경	□ 경제 및 재정
□ 역사보존	□ 신문, 방송	□ 조경 디자인	□ 법률
□ 경영	□ 계획입안	□ 자산개발	□ 사회학
□ 도시계획	□	□	□ ....

글을 잘 쓰는 사람, 그림을 잘 그리는 사람, 기획을 잘 하는 사람, 분석을 잘 하는 사람, 팀활동을 잘 하는 사람들이 있으면 도움이 된다.

> 방법

디자인 축제 Design fest

디자인 축제는 여러 전문분야로 이루어진 기획팀이 그들의 생각을 전개하고 사람들 앞에서 발표할 기회를 가짐으로써 지역의 미래에 대한 창조적인 개념을 형성시킨다. 디자인 축제는 논쟁거리에 대한 토론을 활성화시키고 발전적인 해결책을 찾을 수 있는 좋은 방법이다.

- 주최측은 다룰 주제를 선정하고 개요를 정한다. 창의적인 생각으로부터 시작하여 실질적 해결책을 찾기 위해 주로 특이하고 흥미로운 지역이 선정된다.

- 여러 전문분야로 이루어진 기획팀을 선정하고 간략하게 설명한다. 기획팀에는 주로 건축이나 여러 분야의 전문가뿐만 아니라 학생들도 참여한다.

- 기획팀은 테마에 맞는 공공전시회와 함께 집중적인 공공 기획 워크숍혹은 토론회을 주관한다. 테마와 팀의 기획안이 발표될 때 그에 대한 반응을 보고 사람들이 자신들의 것으로 발전시킬 수 있도록 장려한다.

- 워크숍 직후 유명한 패널들이 아이디어를 발표하고 토론하는 시사성 있는 공공 심포지엄을 개최한다.

- 결과를 공식 발표하고 배포한다.

✎ 대학의 건축과에 계획학교가 조직되었을 때 가장 이상적이다. 학생들은 팀에 참가하여 전시자료를 준비하고, 사람들과 설문을 조사하고 기획 쟁점에 대한 사람들의 이해를 도움으로써 많은 것을 배운다.

₩ 잘 만들어진 성공적인 디자인 축제에는 4만 달러 정도 들며 후원방법에는 여러 가지가 있다.

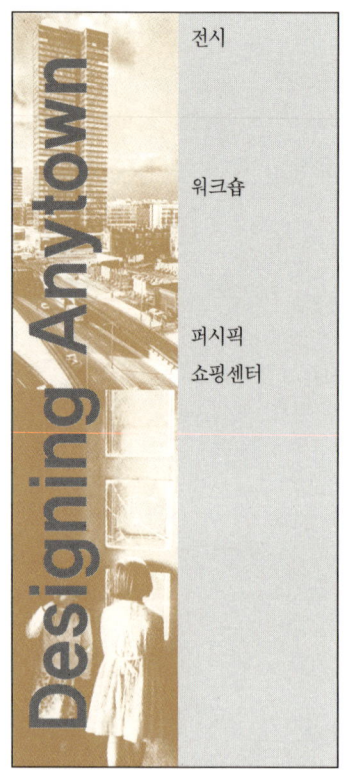

포스터 견본
주요요소, 테마, 로고-시작 이미지, 상세활동, 기획자, 후원-자세한 정보

"토요일 저녁 마감이 다가오면 미쳐갔죠. 어떤 그림은 한 번에 6명이 함께 그렸고, 모형은 한꺼번에 붙였고, 프레젠테이션용 슬라이드는 일요일 심포지엄 때 찍었죠."
홍콩 보고서 포스터 기획, 1998

Methods D

공공기획
큰 쇼핑몰 안에 세워진 세 개의 작은 칸막이에서 여러 분야의 전문가로 이루어진 기획팀들이 아이디어를 내고 있다. 사람들은 위의 발코니에서 팀이 작업하는 모습을 보고, 전시품을 둘러보고, 칸막이 바깥쪽에 붙여진 전시품을 평가하고 있다. 네번째 칸막이(그림 왼쪽 위)에서는 팀원과 인터뷰하고 자신들의 아이디어를 제안하고 발전시키고 있다. 각 팀들은 복사나 다른 기기들을 사용할 수 있는 개인 자료 공간을 사용한다(보이지 않음). 발코니에 있는 사람들에게 잘 보이도록 간결하고 명확한 그림 프레젠테이션 자료를 만든다. 워크숍은 하루에서 5, 6일 정도 걸릴 수도 있다. 그 후 그림으로 슬라이드를 만들고 제안되었던 모든 아이디어를 공공 심포지엄에서 발표하고 토론한다.

더 많은 정보제공
방법: 디자인 워크숍, 상호작용의 전시
Chinese University of Hong Kong(Department of Architecture)
Jack Sidener

THE **COMMUNITY PLANNING** HANDBOOK

방 법

디자인 게임 Design game

디자인 게임은 조각그림 맞추기와 같다. 이는 사람들이 어떤 장소나 내부공간의 디자인 옵션을 시각적으로 살펴볼 수 있게 하는 매우 유용한 방법이다. 특히 공원과 방의 공간배치 디자인과 토지사용 계획시 유용하다. 디자인 게임은 단독 혹은 전체참여 과정의 한 부분으로 사용된다.

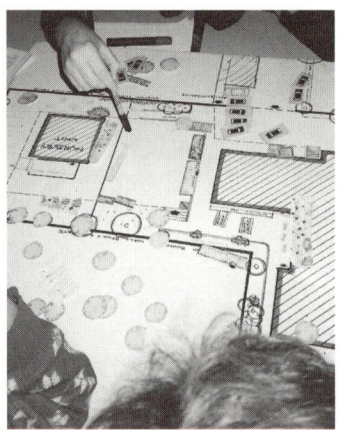

움직일 수 있는 조각들
지역주민들이 만족할만한 디자인이 나올 때까지 조각들을 움직이고 있다.

- 어떤 장소나 방에 흰 종이를 준비한다.
- 안에 넣을 수 있도록 항목들을 표시한 조각들을 잘라 같은 척도로 만든다. 조각의 재료는 원하는 대로 새롭게 만들 수 있도록 가까이에 둔다.
- 개인과 집단은 만족할만한 디자인이 나올 때까지 조각들을 움직이고 사진을 찍어둔다.
- 다른 사람이나 그룹이 만든 배치도를 토론, 분석하여 스케치 디자인과 비용산정의 기초자료로 이용한다.

✎ 조각들은 보드지에 펠트펜을 사용하며 주로 이차원으로 그려진 그림들이다. 3차원 조각이 훨씬 낫지만 많은 시간이 걸린다.

✎ 조각에 대한 자본과 수익비용을 기재하면 더욱 현실적인 디자인과정이 될 수 있다.

✎ 조각들은 눈으로 보는 것만으로도 설명이 가능하나 디자인 사진을 추가하면 보다 이해하기 쉽다는 것을 명심해야 한다. 여러 단체의 디자인 사진의 제시나 공고는 차후단계에 매우 유용하다.

💰 디자인 표본에 따라 다르다. 매우 저렴할 수도 있다.

"디자인 게임이 우리의 접근방식 중 가장 활기찼습니다. 재미있게 만들어졌고 실제로도 그러했습니다. 디자인 게임은 덜 위압적이면서도 더 편하게 접근하도록 했습니다. 그림으로 게임을 하는 것은 어떤 장소를 위한 도시 디자인 원칙과 지역주민의 선호도 등을 말로 하는 것보다 훨씬 나았습니다."
Robert Brown, Architect Urban Design Quarterly, January 1998.

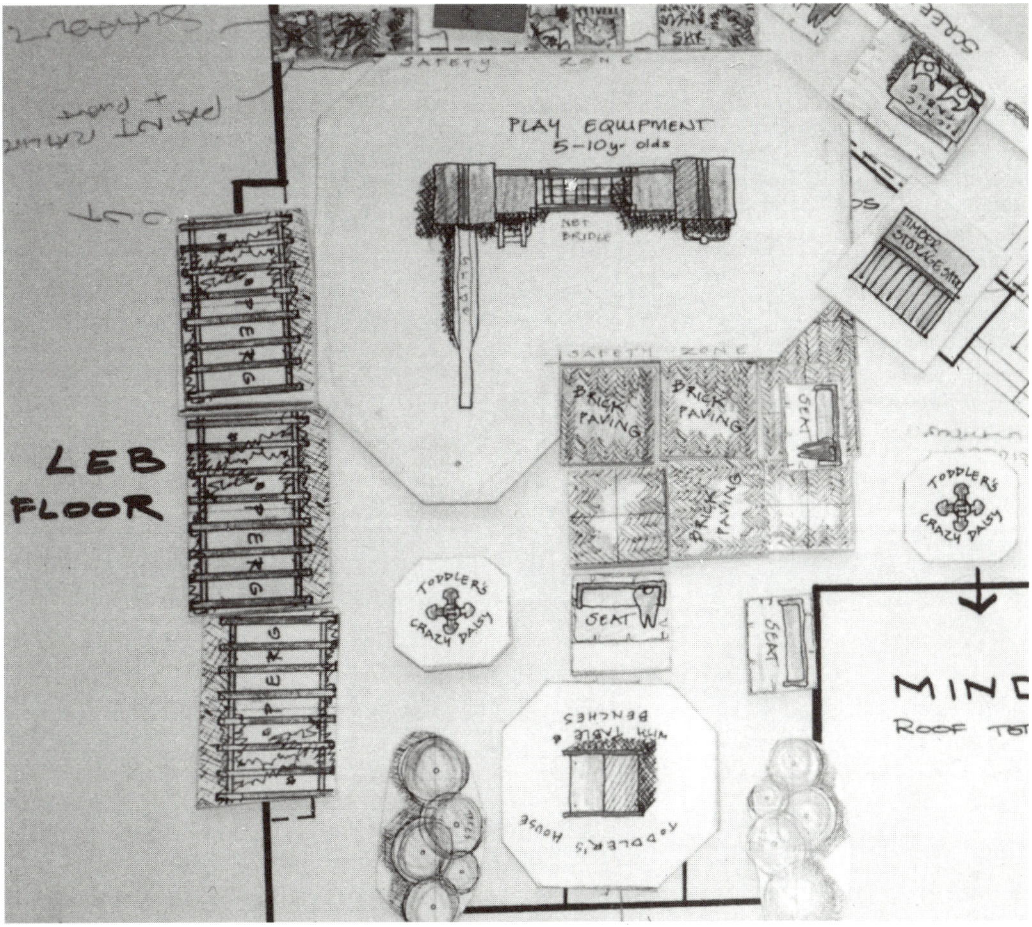

Methods D

공원 디자인
공원에 대한 거주집단의 디자인으로 울타리, 어린이들의 놀이시설, 식물 등의 배치를 보여주고 있다.

비교 선택
각기 다른 집단이 준비한 배치도에 대해 토론하고 있다.

더 많은 정보제공
방법: 실천계획 시나리오: 도시내부의 재생
커뮤니티 계획과 발전에 좋은 연습가이드가 된다. 참여형 디자인
Alexandra Rook, Dee Stamp, Michael Parkes, Henry Sanoff

THE COMMUNITY PLANNING HANDBOOK

방법

손을 잡고
거주민과 건축가는 함께 주택단지의 향상을 위해 고민한다.

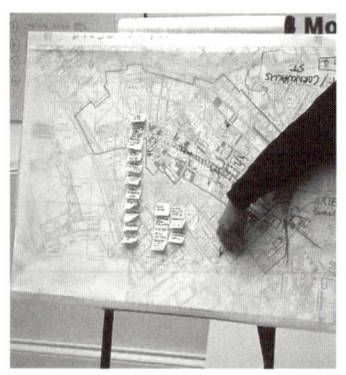

보고서의 설명
참가자들은 워크숍 전원회의의 결과를 설명한다.

"다소 격렬한 브레인스토밍 워크숍은 다양한 배경으로 처음 모인 사람들의 마음에 중심을 찾도록 하고, 감춰진 창조성을 촉진시켜 생산력을 최대로 높여낼 수 있다."
Jack Sidener, 홍콩의 중국대학 건축과 교수. 워크숍 개요.

디자인 워크숍 Design workshop

디자인 워크숍은 전문가와 비전문가가 실제로 참여하며 창의적으로 계획과 디자인 아이디어를 발전시킬 수 있는 세션이다. 디자인워크숍은 주로 계획의 날이나 다른 활동계획 이벤트의 일부분으로 열린다.

- 사람들은 테이블에 모여 계획이나 수정 가능한 모델을 놓고 함께 작업한다. 각 그룹은 각기 다른 지역이나 다른 척도의 지역에 대해 작업할 수 있다. 교통, 오픈 스페이스 주거공간과 같은 주제를 각 그룹에 배분하며, 그룹의 크기는 다양하나 8~10명 정도가 적당하다.

- 모든 사람은 모델을 그리거나 수정함으로써 자신의 아이디어를 전개한다. 각 그룹은 조력자, 서기, 지도 그리는 사람지도나 계획에 표시하는 사람 등이 필요하다.

- 같이 일한 적이 없는 경우에는 주로 일반적인 워크숍 순서에 따른다. 좀더 세분화된 견본을 고른다

✎ 적은 준비만으로도 가능하기 때문에 계획활용은 모형보다 더 적합하다. 일반적으로 사람들은 그러한 작업을 시작했을 때에 계획이 너무나도 쉽게 이해된다는 것을 발견하며 놀라게 된다. 진행자가 이전에 디자인 워크숍이나 디자인 지식에 대한 경험을 가지고 있다면 더욱 도움이 될 것이다.

✎ 디자인 워크숍은 사람들이 워크숍의 시작부터 브리핑까지 끝낼 수 있다면 최상의 작업이 된다.

✎ 그들은 사람들이 "아이디어가 없는 것은 너무 크나, 아이디어가 없는 것은 너무 작다"라고 말하고 있다는 것을 알게 된다. 마지막에는 모든 사람들이 이해를 할 것이고, 잘 정돈된 프레젠테이션 작업에 도움이 될 것이다.

♛ 계획과 준비, 진행자의 경비, 물자(보는 상자, 조명)

Methods D

창조적 작업
참가자는 도심 근린주구를 위한 선택사항들을 알아보기 위해 계획도 위의 반투명 종이를 사용하거나, 미니 포스트잇, 펠트펜을 사용한다. 대부분의 참가자는 디자인 경험이 없다.

디자인 워크숍 형식

1. **정돈** 사람들은 워크숍 그룹을 선택하고 계획과 모델을 가지고 테이블 주위에 앉는다. 5분

2. **소개** 사람들이 간단히 자기소개를 한다. 10분

3. **시작** 진행자는 미니 포스트잇 또는 카드, 계획이 쓰여진 공간에 아이디어를 써가며 사람들에게 질문한다. 15분
   - 문제는 어디에 있습니까?
   - 기회는 어디에 있습니까?
   - 무엇이 발생했을 때 당신이 원하는 것은 어디에 있습니까?

4. **디자인 아이디어** 사람들은 그들이 하고 있는 것에 대해 토의하고 컬러펜으로 아이디어 스케치를 한다. 다른 의견을 분리된 투명지에 그린다. 50분

5. **개요의 준비** 개요 드로잉은 중요제안에 맞추어 미리 준비한다. 10분

총 소요시간 : 90분
아이디어 멤버 : 워크숍당 8~10명

디자인 워크숍 준비

테이블 위
- 구역의 기본계획
- 중첩된 투명지큰 종이와 A4철
- 미니 포스트잇 또는 작은 카드
- 볼펜과 연필한 사람에 하나씩
- 선이 그어진 A4

한쪽에는
- 플립차트와 마커펜
- 핀을 꽂을 공간접착제와 핀이 필요
- 출석부
- 사진 놓을 자리

모형을 사용한다면
- 이동부품의 기본모형
- 여분의 하드 보드시 또는 폴리에스틸렌
- 가위
- 포트스잇과 각테일 스틱칵테일의 올리브 등을 찍는 꼬챙이

더 많은 정보제공

👉 방법: 활동계획 이벤트, 워크숍 설명회, 계획의 날, 실천계획, 계획 주말

방 법

개발 트러스트 Development trust

개발 트러스트는 지역재생과 개발 프로젝트를 맡을 지역 커뮤니티에게 메커니즘조직, 구조을 제공한다. 개발 트러스트는 지역 커뮤니티의 자체계획을 다듬고 실행에 있어 요구되는 장기간의 지속적인 노력이 가능하도록 한다.

- 개발 트러스트는 지역재건을 위해 일하는 지역 커뮤니티의 단위기구이다. 이곳에서는 특별한 프로젝트나 경제, 환경, 문화, 사회적 구상 등을 다룬다.

- 개발 트러스트는 지역 주민들에 의한 자체 관리조직을 가진 독립된 조직체이다. 비영리단체이며 공적부문과 사적부문 그리고 자선사업부문의 자원을 끌어올 수 있는 자선단체의 위상을 가진 경우가 많다.

- 행정기구는 개발 트러스트가 자산을 소유하고 관리하며, 직원을 고용하고 효율적인 프로젝트 관리능력을 개발할 수 있도록 구성된다.

✎ 초기자본은 중앙정부와 지역의 재건예산으로부터 보조금을 확보하는 것이 가장 좋다. 자본확보의 주된 과제는 확실한 자산을 구축하고 헌신적인 지지자를 확보하며, 보조금이 중단되기 전에 수익창출능력을 키우는 것이다. 자선사업의 위상을 잃지 않으면서 수입을 올리기 위해서는 주로 투자회사와 연계하는 방법이 많이 사용된다.

✎ 지역이 우선시 하는 것에 기초하여 명확한 주안점을 가지는 것은 지역의 지지를 얻기 위해 중요하다. 이런 점을 반영할 명칭과 슬로건, 스타일을 정하라.

₩ 관리자의 비용, 부지, 사무실 유지비. 여러 직원을 두고 프로젝트 기본자금을 가지면 좋다. 연 20만 달러 정도가 적당하며, 자원봉사자들과 함께 시작하고 준비해야 한다.

Anytown 환경 트러스트

- 회원이 되세요
- 자원봉사자가 되세요
- 지역 프로젝트를 시작하세요
- 당신의 전문지식을 필요로 합니다
- 용구를 기부하세요
- 공간을 빌려주세요
- 회원을 도와주세요
- 프로젝트를 후원해주세요
- 유언장에 서명해주세요

환경 개선
부동산 관리
지역시설
재건 전문지식
환경 교육

환경을 개선할 수 있도록 도와드립니다.

선전 광고물 견본
주요 사항 : 단체의 이름, 활동 내역, 참여방법, 목표를 요약한 슬로건

"개발 트러스트의 강점은 공공 영역, 사적 영역, 자원봉사 영역 그리고 지역사회 영역에서 전문지식과 열정을 함께 불러일으켜 다양한 능력과 창조성을 보여줄 수 있다는 것입니다."
David Wilcox, 개발 트러스트와 파트너십을 위한 안내서, 1998.

Methods D

전형적인 개발 트러스트 활동

- □ 지원대책지원안 관리
- □ 작업공간 구축 및 관리
- □ 지역계획 발전
- □ 환경교육 프로그램
- □ 훈련 프로그램 유지
- □ 대회 조직
- □ 이벤트 조직
- □ 역사적 건물 보존
- □ 지역개발 진작
- □ 스포츠 및 여가시설 공급
- □ 어린이 보육센터 운영
- □ 수상제도 운영
- □ 자료센터 운영
- □ 예술기관 설립 및 관리
- □ 지역기업 설립
- □ 지역단체 후원
- □ 소규모사업 지원

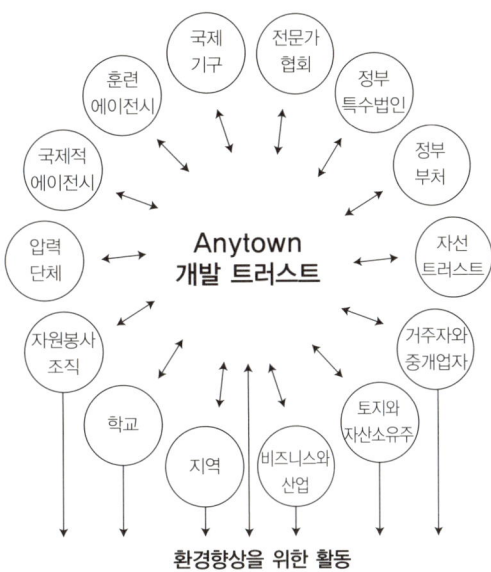

환경향상을 위한 활동

개념
환경개선을 위해 지역주민들이 행동할 수 있도록 공공부문, 사적부문, 그리고 자원부문에 포함된 국가, 지방, 지역기관을 함께 묶는다.

전형적인 민주적 관리구조
지역에 대한 책임감을 느낄 수 있도록 이사회는 대부분 지역주민들로 구성된다. 임기는 2년이며 해마다 선발된다.

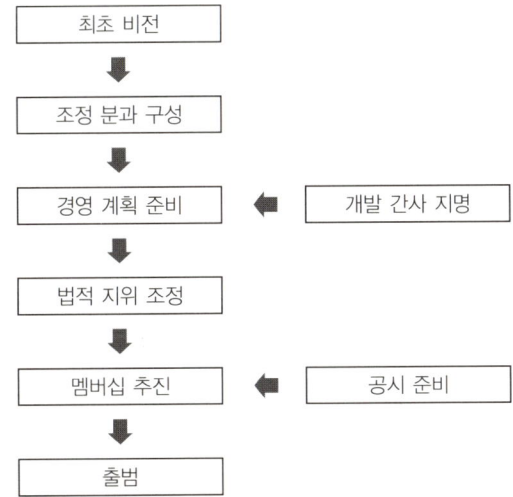

정비
주요 단계. 적어도 1년 정도 걸린다.

더 많은 정보제공

- 시나리오: 도시내부의 재생, 지역 근린주구 기획, 도시 보존
- Development Trusts Association
- The Guide to Development Trusts and Partnership

THE **COMMUNITY PLANNING** HANDBOOK

> 방 법

벤 다이어그램
마을 시설들 사이의 관계를 보여줌

마인드 맵(Mind map)
추세와 연관관계에 대해 어떻게 인식하는지 보여줌

다이어그램 Diagrams

다이어그램개념도과 차트는 계획진행에 있어 각 단계의 정보수집, 토의, 전시와 같은 시각적 표현에 매우 효과적이다.

- 개인 또는 그룹은 정보수집과 분석의 기본으로 다이어그램 구조를 사용한다. 특별히 복잡한 이슈 또는 과정에 적당한 타입의 다이어그램을 사용하면 알기 쉽게 표현할 수 있다.

- 다이어그램은 이슈의 토의에 초점을 제공한다. 글을 읽거나 못 읽거나에 상관없이 그리고 창조적 사고의 훈련에 도움이 된다.

- 다이어그램은 정보의 정리와 보고, 이슈의 결정, 제작과 관찰의 결정을 위해 사용된다.

- 다이어그램의 제작은 워크숍의 한 부분 형태 또는 그들이 하고자 하는 활동기획과정의 한 부분이다. 그룹 다이어그램 제작과정은 그룹 지도화mapping 진행과정과 비슷하다.지도화

✎ 다이어그램이 땅에 그려져 있다면 기록을 위해 사진을 찍거나 그림을 그려라.

✎ 지식이 풍부한 사람이 참여하도록 하라. 또한 최대한 많은 사람들이 참여하도록 하라. 촉진자는 지나치게 간섭하지 말고 앉아서 잘 지켜봐야 한다.

✎ 글자는 최소화하라. 색깔 코드, 기호 그리고 가능한 한 지역 특유의 자료를 이용하라.

₩ 비용은 거의 들지 않는다. 간사 비용과 좋은 프레젠테이션을 위한 재료비가 필요하다.

Methods D

일반적인 다이어그램의 형태와 활용

- **달력** 계절적 변화를 이해하기 위해 사용된다. 예를 들어, 재배, 관광사업, 강우
- **순서도** 어떤 활동과 활동 사이에 연결된 구성요소를 보여준다. 각각이 미치는 영향을 이해할 수 있다.
- **매트릭스** 입출력 회로망, matrix 두 변수를 비교할 수 있는 격자모양. 선택사항과 우선순위를 평가하기 위해 사용된다.
- **미니맵** 소지도 추세와 연관관계에 대해 어떻게 인식하는지 보여준다. 모두의 전망을 발전시키기 위한 총체적인 브레인스토밍을 위해 사용된다.
- **네트워크 알람도** 사람들, 기관 혹은 여러 장소들 사이의 흐름과 연관성을 보여준다. 제도적 관계에서 강점과 약점을 강조하는 데 사용된다.
- **조직차트** 사람들의 책임을 보여준다. 조직이 일하는바를 이해하는 데 사용된다.
- **원 그림** 원을 다른 크기로 나눈다. 인구구조, 통근거리 등을 보여준다.
- **자세한 시간표** 사건들을 시간순으로 나열. 역사적 추세를 이해하기 위해 사용된다.
- **일정표** 매일의 업무와 여러 행동들을 분석한다.
- **벤 다이어그램** 여러 조직의 역할과 조직 간의 관계를 나타내는 다른 크기의 원을 이용한다.

달력
매월 사람들의 행동을 그림으로 보여줌으로써 작업 패턴의 계절적 변화를 보여줌

매트릭스(입출력 회로망)
여러 특징들을 점수화하기 위해 돌을 놓음으로써 다양한 나무 종의 가치를 평가

네트워크 알람도
마을끼리의 흐름과 연결을 그림으로 작성하는 데 필요한 기관의 변화를 확인

더 많은 정보제공

- 방법: 커뮤니티 개요정리, 지도화
- 참가형 학습과 행동

방법

디지털시대의 참여
컴퓨터상에서 당신의 이웃에게 무슨 일이 일어나는지 알아보고 당신의 의견을 알리도록 하라.

전자지도 Electronic Map

전자지도는 사람들에게 지역을 탐험할 수 있게 하고 특히 소프트웨어로 만들어진 컴퓨터 단말기에서 코멘트를 볼 수 있도록 한다. 이것은 사람들이 제안을 가시화하고, 그들의 의견을 알릴 수 있도록 하는 무한한 가능성을 가지고 있다.

- 전자지도는 데스트 탑 컴퓨터나 터치스크린 모니터에서 가동되는 소프트웨어로 만들어진다.
- 항공사진, 지도, 비디오 클립, 사운드, 사진과 3D 시뮬레이션의 결합과 같은 다양한 시점으로 지역 이미지를 만들 수 있다.
- 사람들은 도서관, 카페, 문화센터의 컴퓨터 단말기에서 지도를 탐험할 수 있으며 의견도 달 수 있다.
- 지도는 진행되는 정보 서비스와 컨설팅 과정에 지속적으로 적용된다.

✎ 인터넷을 통한 접근, 다른 지역의 지도를 연결할 수 있는 무한한 가능성을 가지고 있다.

✎ 지도를 만들기 위한 컨텐츠의 수집은 탐험과 참여과정의 일부가 된다.

기술적 정보

SQL 인터페이스가 있는 지리위치 데이터베이스 엔진에 근거한다. 축척으로 설계할 수 있고 모듈방식의 디자인은 지도의 무한한 확장과 적용을 가능하게 한다. 메모리가 부족하면 업무의 효율성이 떨어진다. 보통 데스크 탑으로 작업하며, Mac과 PC 형식 둘다 가능하다.

✺ 스크래치로부터 소프트웨어를 개발하는 데까지는 8만 달러 이상의 비용이 들 수 있다. 그러니 가능한 한 빨리 몇 백 달러로 라이센스가 있는 소프트웨어를 구입하도록 한다. 그러면 지도를 위해 자료를 수집하기 위한 비용이 줄어들 것이다. 만약 이미 사용할 수 있는 프로그램을 사용한다면 약 만 오천 달러 혹은 그 이하가 들 것이다.

전자지도 탐험하기 : 단계별 예

1. **조감도.** 스크린 상에서 항공사진으로 시작하라. 당신이 관심 있는 장소로 이동하고 가까이 보기 위해 커서 키를 사용하라.

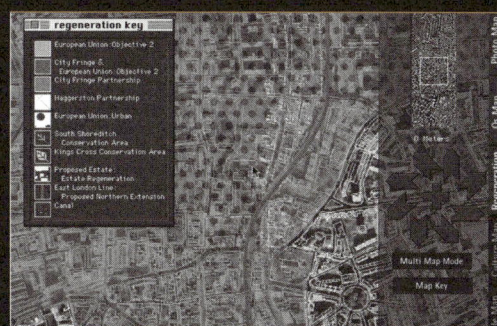

2. **지도 레이어.** 항공사진 위에 지도를 겹치게 하거나 그들을 분리해서 보라. 지도는 보이는 바와 같이 재생기획, 문화시설, 제안된 새 건물을 포함하고 있을 수 있다.

3. **거리상에서의 출구.** 당신이 보고 싶은 곳을 클릭하고 스크린을 확대하라. 그것은 사진, 그림, 몽타주 사진이나 가능한 모형일 수 있다. 클릭해서 움직일 수 있다.

4. **비디오 클립.** 비디오 클립으로 라이브 활동을 보라. 이것은 PPT, 예술작업, 사람들과의 인터뷰, 거리 풍경, 공연 등일 수 있다.

5. **코멘트.** 다른 사람들이 생각하는 것을 보고 들어라. 글자를 넣거나 말을 통해 당신의 의견을 더하라.

더 많은 정보 제공

- 시나리오: 새로운 근린주구
- Architecture Foundation
- Example based on a map of Hackney, London by Muf Architects and ShoeVegas for Hackney Council

방법

벽면에 부착
거주민들이 벽면에 부착된 합성 입면도에 붙어 있는 포스트잇에 기록하고 있다.

자세한 설명

합성 입면도 Elevation montage

합성 입면도는 건물 사진을 모아 거리의 파사드를 보여준다. 그것은 사람들이 건물의 구성을 이해하고 연구하는 데 도움을 준다.

- 거리 입면도는 여러 장의 개인별 사진들을 모아 만들 수 있다. 양쪽 거리를 만들 수도 있고 계획의 한 면만을 만들 수도 있다.

- 사람들에게 포스트잇이나 카드로 코멘트를 달아달라는 간단한 설명이 주어지며 관련된 섹션 아래 그것들을 놓아둔다. 좋아하는 것 / 싫어하는 것 / 보고 싶은 것

- 설치된 포스트잇이나 카드는 참가자 사이에 대화와 이후에 진행되는 토론과 분석에 유용한 정보를 제공한다.

✎ 테이블 위에 설치된 전시물은 계획상 양쪽 거리를 볼 수 있게 만든다. 양쪽의 분리가 가능하다면 벽에 전시물을 설치하는 것이 효과적이다.

✎ 유용한 토의가 전시장 주변에서 행해질 수 있다. 노트(한 장씩 떼어 쓰게 된 메모장)나 녹음기를 지니고 있어라.

✎ 워크숍 초반에 실마리를 풀 때와 워크숍 진행중에 모든 참가자들을 위한 가시적인 자극으로 매우 유용하다.

⚠ 과정과 결과물을 촬영하라. 프레젠테이션 시간(하루에 2명)

68　　　　　　　　　　　　　　　　　　　　　커뮤니티 계획 입문서

Methods E

합성 입면도의 이점

- 워크숍 초반에 실마리를 푸는 데 좋다.

- 참가자와 디자인 전문가들이 그들이 다룰 환경을 가시적으로 이해할 수 있다.

- 그룹 토론에서 말하는 데 확신을 가지도록 한다.

- 사용 후에는 전시의 일부분으로 남겨둘 수 있다.

단점

- 다른 방법과 비교해 준비하는 데 돈이 많이 들기 때문에 비용에 비해 효과적이지 않을 수도 있다.

합성 입면도 작업의 비결

▶ 걸림돌이 없다면 모든 사진을 찍을 때 건물라인과 같은 거리에 서라. 그때 당신은 건물에 더욱 가까이서 움직여야 한다.

▶ 계획에 필요하다면, 긴 테이블에 입면도를 설치하는 것이 가장 좋다. 벽에 설치한다면, 한 입면도가 위 아래로 있을 것이다.

▶ 크기를 조절할 수 있는 디지털 맵핑은 입면도에 맞게 계획을 조절하는 데 유용하다.

▶ 사진이 건물라인 위에 직접 놓인다면 계획은 더 이해하기 쉽게 된다.

▶ 지붕 높이에서 다소 연결이 잘못되어 있을지라도 상점간판을 읽을 정도로 사진이 연결되면 입면도는 보다 쉽게 이해된다.

테이블에 설치
도시디자인 제안을 만드는 것을 목적으로 둔 워크숍 사진합성

더 많은 정보제공
방법: 상호작용의 전시, 오픈 하우스 행사, 사진 조사
Julie Withers, Kathryn Anderson, Roger Evans Associates

방법

친환경 상점 Environment shop

지역 친환경 상점은 정보를 보급시키고 대화를 만들어내는 지속적인 방법을 제공한다. 그것은 독립회사나 지역재생 에이전시, 커뮤니티 센터의 일부분으로 운영된다.

- 창이 크고 주목을 끌 수 있는 장소의 상점건물이 이상적이다. 아마 사무실 뒤나 위 또는 상품진열대나 건물의 남는 공간이 사용된다.

- 상점은 지역개발과 프로젝트 정보의 전시, 환경적 개선에 유용한 자료의 판매를 결합한다.

- 상점은 지역사람들에게 그들의 환경을 어떻게 개선할 수 있는지에 관한 요구의 첫번째 거점을 제공한다. 그리고 지역재생 에이전시나 커뮤니티 센터의 공공장소나 리셉션 장소가 될 수 있다.

✎ 상점을 준비하는 데 시간이 걸릴 수도 있고 복잡할지도 모르지만, 일단 설립되면 자원봉사자에 의해 운영될 수 있다. 작은 규모의 물품으로 시작해서 차츰 확대해 나간다.

✎ 일단 세워지고 운영되면, 손쉽게 상점의 품목들을 지역축제나 시장, 회의에 가지고 나갈 수 있다.

✎ 만일 '환경상점'이 지역의 이름에 맞지 않는다면 '재생상점', '보존상점' 등으로 해보라.

₩ 물품과 전시설비를 구입하는 자본이 가장 필요하다. '판매나 반품' 시기에는 많은 품목을 정리할 수 있지만, 보다 체계적인 경영관리가 필요하다. 환경상점이 수입을 거둘지라도 많은 이익을 낼 수 있을 거라고는 기대하지 말라. 그것은 지역자원으로써 가치를 가지며 전시를 통해 에이전시는 효과를 얻을 수 있다. 만일 잘 운영된다면 사람들의 자율적 관리를 통해 에이전시 직원의 부담을 훨씬 줄일 수 있다.

우리 친환경 상점을 방문하세요

당신의 환경을 어떻게 개선할 수 있는지에 관한 정보와 조언

책 · 티셔츠 · 리플렛 ·
포스터 · 선물 · 게시판 ·
엽서 · 가이드 · 창문
스티커 · 자원 자료 ·
비디오 · 교육 자료

Anytown 20 High Street
월~토, 오전 10시~오후 5시 개장

이동 상점

지역 이벤트에서 상품을 진열할 수 있습니다.
자세한 사항은 문의바랍니다.

프로모션 리플렛 견본

Methods E

상점 인테리어
이웃의 조감도사진, 게시판 위에는 지역 프로젝트 전시물, 대여나 판매를 위한 출판물, 앉을 곳 (모든 가게가 이곳처럼 세련되고 단정할 필요는 없음)

친환경 상점 물품

책, 팸플릿, 비디오, 매뉴얼, 엽서, 모형, 티셔츠다음 사항과 관계된

☐ **건물** – 그 지역의 고유한 건물과 건축에 관한 방법에 대한 정보
☐ **일반 상품** – 사람들의 관심을 끌 수 있는 것예를 들어, 환경친화 티셔츠, 지역 공예품
☐ **지역의 관심** – 지역환경의 과거, 현재, 미래에 관한 품목
☐ **일반적인 재생** – 커뮤니티 재생에 관한 방법 자료
☐ **방문자 정보** – 이 지역에 온 방문자를 위한 특별한 품목
☐ ....

친환경 상점의 특징

☐ **지역의 조감도사진** 이슈를 논의하는 데 매우 유용하고 항상 인기가 있으며, 특히 밤에 불을 켜 두면 거리에서도 볼 수 있다.
☐ 구직 광고, 대회, 이벤트를 위한 **커뮤니티 게시판**
☐ 정기간행물을 위한 **잡지 선반**
☐ 지역개발의 **모형**
☐ 지역재생 프로젝트 정보를 위한 **프로젝트 정보 게시판**
☐ 프로젝트에 접하도록 하고 물품을 구입하게 하기 위한 **리셉션 책상**
☐ 판매가 아닌 물품들을 위한 **참고 도서관**
☐ 읽고 토론할 수 있는 **좌석이 비치되어 있는 곳**
☐ 상품을 프로모션할 **윈도우 전시**
☐ 지역활동에 관한 포스터를 끊임없이 붙이는 **창문 게시판**
☐ ....

친환경 상점의 이점

- 지역 유통환경 추가
- 사용자들이 에이진시를 도와 그들이 제공힐 수 있는 것을 전시함으로써 보다 친숙해질 수 있도록 한다.
- 개발자들에 의존하기보다 스스로 하도록 돕는다.
- 지역 출판사들을 위한 아울렛을 제공한다.
- 지역 환경 이슈와 프로젝트들의 자료를 정리해 준다.
- 커뮤니티 개발 단체를 위한 수입처장기

더 많은 정보제공

☞ 방법: 건축 센터. 커뮤니티 디자인 센터, 근린주구 계획 사무실
시나리오: 도시 보존

☆ 사진 : Edinburgh World Heritage Trust

THE **COMMUNITY PLANNING** HANDBOOK

방법

커뮤니티 프로젝트를
시작하는 데
전문적 조언이 필요하십니까

그러나

비용은 들지 않습니다.

바로 연락하세요.

커뮤니티 프로젝트 펀드
Anytown High Street 건축연구회
000 111 22222

실행 펀드 Feasibility fund

실행 펀드는 전문가들이 가능한 프로젝트에 관한 타당성을 조사하는 데 필요한 자금을 지역단체에 제공한다. 그것들은 이제 막 시작된 지역의 기획에 있어 자본의 기금과 후원을 프로젝트의 장으로 끌어들이는 매우 효율적인 방법이다.

- 펀드는 전문기관이나 다른 적합한 지역, 국가 단체에 의해 설립된다. 후원은 회사, 지자체, 정부 부서나 자선단체들이 포함된다.

- 계획안을 알리고 펀드의 지원을 위해 커뮤니티 단체들을 초대한다.

- 교부금이 수여되면 타당성 조사가 행해진다. 아이디어가 실행 가능한지, 최고의 선택과 비용은 얼마인지에 관한 연구를 실시한다.

- 프로젝트가 자본을 끌어오는 데 성공한다면, 교부금은 조직체를 구성하는 데 다시 지불된다.

"초기 단계에서 첫발을 딛는 아이와 같이 도움의 손길이 필요했던 우리는 오늘날 스스로 걸을 수 있을 정도로 성장했다."
Ce;este Mre. Wamdswprtj Black Elderly Project, UK, RIBA Report, 1995.

"펀드는 스스로를 위해 무언가를 만들면서 대화를 갖고자 하는 커뮤니티의 커지는 요구를 만족시킨다."
Lan Finlay, Chair, RIBA, Community Projects Fund, Report 1986.

유용한 정보
RIBA가 운영하는 실현 가능한 펀드는 2백만 4천 달러 이하의 경비로 12년간 150개의 프로젝트를 위해 1억 6천만 달러를 만들어 냈다.

✎ 교부금이 크다고 효과적이진 않다. 프로젝트의 특성에 따라, 1,500~5,000달러 정도면 보통 단체의 전문적인 연구에 충분한 비용이다. 펀드는 전체비용 내지는 일부분이 제공될 수 있다.

✎ 돈은 다른 이점도 있다. 교부금의 수여는 커뮤니티 단체들에게 자신감과 신뢰를 제공하여 큰 고무감을 가져온다.

✎ 수상계획은 좋은 실천경험을 교환하기 위한 케이스 스터디 자료를 만드는 유용한 방법이다.

⚠ 펀드를 수립하고 실행하는 몇 년 간은 펀딩의 초기보증이 필요하다. 일단 수립되어 운영되면 매우 높은 비율로 환불할 수 있다.

Methods F

실행 펀드 – 자금지원을 받는 프로젝트 유형

☐ **커뮤니티 센터** 새 건물이나 개선된 건물. 도시나 교외지역
☐ **커뮤니티 계획** 한 구역이나 근린주구를 위한 계획. 아마도 이미 존재하고 있는 것들에 대한 대안이 된다.
☐ **교육 설비** 학교, 탁아소, 유산센터, 아트센터
☐ **촉진** 작업공간 창조나 설비개선
☐ **주거** 부동산, 자가 구조 계획, 임대를 위한 새 주거의 혁신이나 개선
☐ **조망** 공공장소의 개선 : 놀이터, 공원, 거리풍경, 도시농업, 예술작업
☐ **레저 설비** 스포츠 홀, 청소년 클럽, 문화센터

신청서 양식

기입하기 전 펀드 가이드라인을 읽어주세요.

• 단체 명 _____
• 단체 유형커뮤니티 단체, 자선단체 등
_____
• 연락처
_____
• 조직이 있는가? 그렇다면 복사본 첨부
_____
• 단체와 활동의 간단한 기술
_____
• 단체가 포함된 커뮤니티는 어떠한가?
_____
• 포함된 사람 수? 고용인력 ☐
• 위원회 관리 ☐   자원봉사 ☐
• 기타특이점 _____
• 프로젝트 명 _____
• 왜 이 프로젝트를 수행하고자 하는가?
_____
• 프로젝트는 누구에게 이득이 가는가?
_____
• 타당성 조사는 무엇을 다룰 것인가?
_____
• 연구비용 _____
• 주체이름과 연락처
_____
• 연구를 위한 다른 수입방안
_____

건물이나 장소 사진과 최근 연보고서나 보도기사 복사본을 제출하여 주십시오.

Anytown 문화센터 타당성 조사

희망건축과 기획자들의 Anytown 포럼을 위해 준비됨

목차
개요
배경역사
제안
장소상태
디자인 선택
법과 계획
조직
활동 일정표
비용
펀딩 출처
부록 : 보도 스크랩 / 조사결과

이 연구는 커뮤니티 프로젝트를 위한 National Feasibility Fund기 후 인함

타당성 조사 표지 견본
좋은 타당성 조사는 프로젝트를 실현하기 위한 가장 효과적인 요소 중 하나이다.

더 많은 정보제공

- 시나리오: 커뮤니티 센터, 재생 기반
- Community Architecture Group

THE **COMMUNITY PLANNING** HANDBOOK

방법

현장 워크숍 Field workshop

현장 워크숍은 지역 커뮤니티의 시작에 있어 필요한 정보가 거의 없는 곳에서 활동계획을 그리는 방법이다. 그것은 특히 개발도상국의 재난 예방작업에 적합하다.

- 현장 워크숍은 소수의 지역활동가와 밀접히 작업하는 기술전문가팀이 함께 한다.

- 몇 일 또는 몇 주간 진행되는 활동 프로그램을 위해 커뮤니티 개요정리, 위험평가와 계획만들기 방법들을 사전에 준비한다. 이 프로그램은 모든 분야의 진행과 맞아야 하지만, 경우에 따라서는 결과가 세워지고 개발이 진행되는 등 모든 면에서 다양해야 한다.

- 목표는 커뮤니티의 성향, 직면한 문제와 가능한 해결책에 대한 일반적인 이해를 개발하는 것이다.

- 기술팀은 주 활동기간이 끝나면 얼마 후에 전체 커뮤니티에 충고할 사항을 알려준다.

✎ 기술팀 멤버들은 지역문화에 민감할 필요가 있다. 사진을 찍거나 인터뷰 녹취를 하기 전에는 허가를 받아야 한다.

₩ 사전에 현장 워크숍을 주의 깊게 계획하기 위해서는 자금의 효과적인 사용이 필수적이다. 비용이 많이 소요될 필요는 없다. 주요 비용은 사람들의 시간과 팀을 위한 숙박과 여행비가 될 것이다.

일반적인 시각 포함시키기
그룹 작업, 자유산책, 모형 만들기, 지도 그리기

현장 워크숍 형식의 사례

예: 태풍으로 고통받고 있는 마을

첫째 날
8:00~8:10	**주위환기**	음악, 댄스
8:10~10:00	**소개**	참가자 각자 소개, 목표와 과정 설명
10:00~12:00	**개인사**	몇몇 참가자들은 개인사를 이야기한다.
12:00~13:00	**역사적 이력**	일정표에 기입된 주요행사
14:00~16:00	**지도 그리기**	종이 위에 그려진 큰 마을 지도
16:00~17:00	**사진 게임**	개인이 찍은 모든 건물사진
18:30~21:00	**사교모임**	음악과 저녁식사
21:00~23:00	**복습시간**	그날의 활동을 점검한다. 필요하다면 계획을 수정한다.

둘째 날
7:00~8:00		첫째 날 **점검**
9:30~12:00	**인터뷰**	주요 공공인물은 그들의 역할을 설명하고 질문에 답한다.
09:00~13:00	**모형 만들기**	언덕, 강, 계곡, 다른 주요 그룹, 특징이 있는 마을모형 만들기
09:00~13:00	**지도 만들기**	각각 다른 유형의 집이 있는 그룹 B 지도만들기예를 들어, 콘크리트, 대나무, 진흙, 목재
14:00~16:00	**시뮬레이션 연습**	사람들의 반응을 이해하기 위한 가상 재앙예를 들어, 태풍
16:30~17:30	**손해분류**	손해 정도를 분류하기 위해 모형과 지도가 사용된다.전체 피괴, 지붕 손상, 부분적 손해 등
19:00~21:00	**복습과 계획**	활동과 과정점검, 스케줄을 수정할 수 있다.

셋째 날
08:30~12:00	**답사**	전날 복습을 통해서 확인된 건물이나 장소를 답사한다.
09:00~12:00	**인터뷰**	주요 공무원, 정치인과 함께
13:00~16:00	**리뷰 시간**	연구팀과 진행자를 위해 / 매트릭스를 사용해 구성된 충분한 정보와 과정이 리뷰된다.
13:00~20:00	**건설 워크숍**	구조적 문제를 파악하기 위한 지역 목공에 의해 세워진 집의 축적도. 연구팀 질의·토론
15:00~19:00	**성 워크숍**	참가자를 남자와 여자 그룹으로 나눔. 다른 역할과 책임 분석
19:00~19:30	**자유 산책**	연구팀과 진행자를 위해 실시

넷째 날
9:00~13:00	**인터뷰**	주요 특징에 대한 심층질문
9:00~13:00	**건설 워크숍**	계속
9:00~13:00	**성 워크숍**	계속
14:30~16:00	**요약 시간**	연구팀에 의한 활동리뷰
14:30~16:00	**다음 단계 워크숍**	그룹은 충고사항 항목을 준비한다.
19:00~24:00	**사교모임**	저녁식사와 음악

다섯째~아홉째 날
전일	**연구와 분석**	연구팀은 보고서와 프레젠테이션을 준비한다.

10일
20:00~22:00	**프레젠테이션**	연구팀은 공개 커뮤니티 모임에 제안을 제시한다.

이상적인 수:
연구팀 4, 진행자 2, 지역 20~50

더 많은 정보제공

☞ 방법: 시뮬레이션
　시니리오: 빈민촌의 개선

✓ 위험감소

★ Roger Bellers, Nick Hall

THE **COMMUNITY PLANNING** HANDBOOK

> 방 법

시간의 흐름
참가자들은 벽에 큰 종이를 붙이고 주요행사를 적으면서 개인, 커뮤니티와 세계의 역사를 만든다. 이것은 역사를 가시화시키며 패턴을 개발하고 과거의 의미를 이해하도록 한다.

"난 그렇게 세련되고 논리정연한 방식으로 표현된 훌륭한 아이디어를 들어본 적이 없다. 벤치마크가 뭔지는 잘 모르겠지만 내가 보기엔 가장 유용하고 명확한 활동이다."
Dennis Alter, Chairman & CEO, Advanta Corporation, Future Search Website intro, 1999.

"미래조사의 장은 크고 다양한 그룹에 대한 우리의 생각을 변화시킨다. 이 미팅에서 대부분의 사람들이 동료들과 같이 상호 관심을 가지고 작업을 한다면, 문화, 계층, 성별, 인종, 권력, 지위가 연결될 수 있다는 것을 알게 된다."
Marvin Weisbord and Sandra Janoff
Future Search Website intro, 1999.

미래조사회의 Future search conference

미래조사회의는 매우 구조화된 행사이며 보통 2, 3일 정도 지속되고 커뮤니티 구성원들이나 '주주'들이 미래에 대한 비전을 공유하도록 한다. 그것은 특정부문보다는 일반적인 화제들을 다루는 데에 더 적합하다.

- 가능한 가장 넓은 관심영역을 대표하는 사람들이나 '주주' 그룹이 보통 2, 3일 정도 한 조에 참여한다.
- 한 조에 이상적인 수는 64명인데, 이것은 8명씩 8그룹으로 쪼개지기 때문이다. 수가 더 많다면 회의는 동시에 운영될 수 있다. 의제는 '앞으로 5년에서 20년까의 _____의 미래' 등으로 한다.
- 매우 정교한 5단계 과정이 채택된다. 오른쪽 샘플 시간표에서 요약한 대로 이것으로 사람들은 글로벌하게 생각하고 미래에 집중하며, 공통의 지표를 알아내고 공공의무를 실천으로 이끌어낼 수 있게 된다.
- 사람들은 작게 운영되는 워크숍이나 큰 그룹에서, 개인적으로 임무를 수행한다.
- 결과는 플립차트에 공개되어 기록된다.

✎ 경험이 많은 진행자 한 명이 사전에 행사를 기획하는 것은 향후 열정적인 진행에 플러스가 된다. 회의는 보다 확대되고 긴 과정으로 나누어져야 한다.

✎ 참가하지 않는 관찰자(방관자)는 제외시켜라. 이러한 사람들을 활동에서 멀어지게 하라.

♛ 개최지, 식사와 촉진비. 일반적으로 4천에서 6천, 8천에서 만 6천 달러 정도가 일반적이다.

미래조사회의 시간표

스스로 디자인하기 위해 기본적으로 사용할 수 있는 샘플

첫째날

13:00~18:00 소개

과거 돌아보기
참가자들은 개인, 커뮤니티와 세계의 역사에서 주요한 행사들을 탐험하며 그것들을 세 개의 시간라인 위에 나타낸다.

현재 탐험하기
커뮤니티에 영향을 주는 경향이 탐험을 통해 마인드 맵으로 그려진다. 그룹은 그들이 무엇을 자랑스러워하고 무엇을 유감스러워하는지를 공유한다.

둘째날

9:00~12:00 현재를 계속 탐험하기

12:00~18:00 **이상적 미래 창조하기**
소규모로 비전을 개발하고 실행하기

공통적 입장 확인하기
처음에는 작은 단위에서 차츰 전체로 확대하여 비전을 공유한다. 모두 확인된 비전을 실행하기 위한 프로젝트

셋째날

9:00~13:00 **실행계획 만들기**
스스로 선택한 실행팀에 의해 계획된 프로젝트. 실행을 위한 공공서약책임

이상적인 수 :
64명 8개 테이블 당 8명

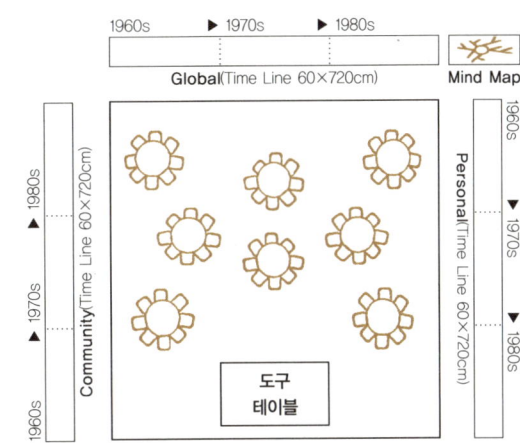

이상적인 방의 배치
각각 8개씩의 의자와 테이블, 도구 테이블(마커펜, 노트 등), 마인드 맵과 3개의 진행일정을 그려 벽에 붙일 큰 종이

마인드 맵핑
현재의 특징과 연결고리들은 벽의 큰 지도에 컬러 펜으로 그려진다. 그 후 참가자들은 가장 중요하다고 생각하는 것들 위에 색깔 있는 점스티커를 붙인다. 이것은 모든 사람들이 같은 화제에 대해 집중해서 이야기할 수 있도록 한다.(☞64쪽 마인드 맵에 관한 자세한 내용)

더 많은 정보제공

- 시나리오: 전체 정착전략
- 미래조사(강력히 추천하는 샘플 작업일지와 체크리스트 포함)
- New Economics Foundation. Future Search Network

> 방법

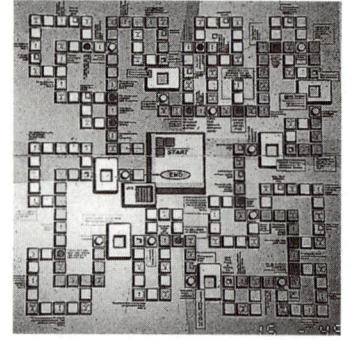

보드 게임
주거개발 과정에 대한 발견의 한 방법. 게임에 장애물, 교환이 사용되고, 진행자들은 협상을 통해 계획과정을 진행해 나간다. 계획 워크숍은 시작에서부터 서먹함을 깨고 움직일 수 있도록 한다.(자세한 내용은 34쪽 도시 활동계획 이벤트를 참조)

게임하기 Gaming

게임은 사람들이 계획과정과 다른 사람들의 관점을 이해하도록 하는 좋은 방법이다. 또한 사람들이 즐겁게 협업하도록 한다. 이것은 특히 커뮤니티 계획활동의 초기단계에서 유용하며, 사람들의 특별한 도전을 위한 사전준비에 유용하다.

- 게임은 현실을 고려한 시나리오의 기획이나 특별한 기술을 가르치기 위해서 고안된다.
- 게임은 보통 그룹으로 행해지고 진행자나 이전에 게임을 해본 사람들의 도움을 받는다. 많은 게임은 사람들이 마치 다른 사람처럼 행동하게 하는 역할을 필요로 한다.
- 보통 인식이 넓어졌다는 것 이외의 특별한 성과는 없지만, 진행자는 앞으로 필요한 예비 디자인의 제안이나 의제를 만들 수도 있다.

- 재현할 때, 다른 사람의 흉내를 내어 적당한 모자를 쓰거나 사람의 이름이나 타이틀이 있는 배지를 다는 등으로 사람들이 편안함을 느낄 수 있도록 한다.
- 사람들이 다른 사람의 역할을 해보게 하라. 예를 들어, 계획가는 가난한 어린이가 되어 볼 수 있다. 여성 세입자는 남성 주거관리자의 역할을 해 볼 수도 있다.
- 가끔은 사람들에게 진지한 조언의 역할을 하도록 하면 보다 흥미롭게 될 수도 있다. 즉, 진짜 계획가의 조언을 통해 계획가가 되어보는 거주자 게임도 있다.
- 게임은 좋은 활력소이고 부끄러움을 극복하도록 한다.
- 진행자의 비용이 들며, 게임을 개발하고 만들어내는 것은 예술작업이며 많은 시간을 요구하므로 비쌀 수도 있다.

극장
주민을 그들의 환경에 대한 대화에 끌어들이기 위해 고안된 부동산에 관한 행사에서 힘있는 건축가가 입주를 결정한 주민을 만나고 있다.

도시디자인 역할게임의 형식

역할게임의 구성은 사람들에게 다가올 새해에 일어날지 모르는 계획문제들을 탐험하도록 한다.

1. 화제포착
진행자는 게임을 소개하고 사람들이 게임에 집중하도록 하고, 한 문제나 장소에 동의하도록 한다. 예: 지방운송 개선. 10분

2. 관심분야 리스트
모든 분야사람들의 관심분야나 영향을 받는 것들, 화제를 플립차트에 기입한다. 예: 보행자, 버스운전사, 운송계획가, 자전거 타는 사람들 등. 5분

3. 역할의 분배
모든 사람은 그들의 명찰에 쓰여진 역할을 받는다.

4. 욕망이나 근심거리의 목록
사람들은 주어진 역할에서 어떤 사람이 무엇을 원하는가에 대해 생각한다. 10분

5. 발표
가능하면 모든 사람들이 차례로 가시적인 설명으로 전체 그룹에게 자신의 관점을 발표한다. 20분

6. 교제
사람들이 자유롭게 섞여 어울리기 시작한다. 30분

7. 다시 보고하기
모든 사람은 그들이 무엇을 달성했는지를 모든 그룹에게 다시 보고한다.

8. 다음 단계
앞으로 어떻게 할 것인가에 대한 일반적인 토론 15분

운영시간 : 100분
이상적인 수 : 워크숍당 10~20명

게임 유형

보드 게임
계획과 디자인 시나리오를 모의로 실험하기 위해 인기 있는 보드 게임을 채택한다.

사진 분석
사람들에게 사진에서 본 것들을 말하게 하고 노트를 비교하게 한다.

가상의 이야기
인식되지 않는 부분을 탐험하는 방법으로써 현실이나 상상의 이야기를 암송해 본다.

극장
현실적 삶의 특성을 나타내거나 모의로 토론을 실험하기 위해 연극을 한다.

다른 사람의 역할 해보기
계획설명회에서 공공사무관을 흉내내어 말하고 있는 지역주민. 실습은 그들 지역에 대한 호의적인 설명을 통해 주민들의 소통이 원활히 되도록 계획한다.

더 많은 정보제공

- 방법: 시뮬레이션
- 도시 활동계획, 참여 학습과 활동
- Urban design game format devised by Drew Mackie

THE **COMMUNITY PLANNING** HANDBOOK

방법

아이디어 대회 Ideas competition

아이디어 대회는 창조적인 생각을 모의로 실험하거나 하여 관심에 탄력을 붙게 하는 좋은 방법이다. 그것은 모든 사람이 아이디어를 내놓을 수 있게 하는 좋은 기회를 가질 수 있으며, 전문가들만이 아이디어를 내놓을 수도 있다.

- 아이디어 대회는 보통 개발 과정의 시작단계에서나 제안된 계획에 대한 반대가 있을 때 열린다. 그것은 간단하고 즉시 끝날 수도 있지만 매우 복잡할 수도 있다.

- 작용내용의 확정, 형식과 최종기한, 심사절차, 배경의 적합성과 관계성을 명확히 하고 개요를 작성한다. 비용은 지역을 개선하기 위한 일반적인 아이디어를 만들어 내기 위한 것일 수도 있고, 특정장소나 건물, 문제점들을 개선하기 위한 제안이 될 수도 있다.

- 패널에 의한 내지는 공공 투표 시스템오른쪽 박스 보기을 사용해 심사하는 방법이 있다.

- 우승자들의 명단은 업무수행이 탄력을 받도록 널리 홍보한다.

✎ 관객이 참가자를 심사하도록 하는 것은 사람들에게 발표수준을 높이고 우승자들에 대한 신뢰를 더해 주게 된다. 당신이 한 패널(한 부분)을 심사하게 된다면, 전문가들에게 좌지우지되지 않도록 하라.

✎ 결과물은 비전문가들도 사용할 수 있고 보관하기 쉬운 형식으로 하되 최대 A4나 A3로 하라. 모형이나 큰 패널은 전시하기는 좋지만 보관이 어려우므로 적절히 촬영해 둔다. 시작할 때부터 출판에 대해 생각하라.

♕ 지역을 대상으로 한 간단한 대회는 매우 저렴하게 진행할 수 있다. 높은 수준의 대회는 상당한 시간과 비용이 필요할 것이다. 특히, 행정비, 홍보비, 포상, 출판비와 결과, 협찬 등에 많은 비용이 든다.

ANYTOWN 2050

Anytown 공모의 전망

Anytown의 환경을 향상시키기 위해 최상의 아이디어를 모으기 위한 공모가 열립니다.

2050년도에 적합한 당신이 사는 거리, 이웃, 중심가는 어떻게 만들어야 할까요?

우리 마을을 향상시키기 위한 창조적인 전망을 어떻게 만들어야 할까요?

우승상금 100만원 이상

구분

8세 이하, 8~11, 12~17, 18~24, 25세 이상

단어, 그림, 사진 1장(A3), 이름, 주소, 연령(뒷면), 그 외의 항목을 자유롭게 기술

참가는 5월 6일까지
Jumbo, 20 High Street로

Hexagon에서 5월 7일, 8일 일주일간 심사 및 전시를 실시

최상의 아이디어는 지역신문의 특별호로 출판됩니다.

주최 : Anytown포럼(Darwin plc)

공개 아이디어 대회
진행전단의 견본

공공 심사 규칙의 예

안내 데스크에서 등록하고 스티커를 받으시오. 한 사람이 각 단계의 항목에서 세 번 투표를 합니다.
- ● 빨강색=첫번째 선택(3점)
- ● 노란색=두번째 선택(2점)
- ● 파란색=세번째 선택(1점)

참가자들은 위에 스티커를 붙이시오.
오후 7시까지 가장 많은 점수를 받은 참가자가 우승합니다.
오후 7시 30분에 시장이 상을 수여합니다.

공공에서, 공공에 의해서 심사
보행자들은 판자울타리 위에 붙은 사용되지 않는 공간활용에 대한 제안들 중 그들이 선호하는 것에 스티커를 붙인다.

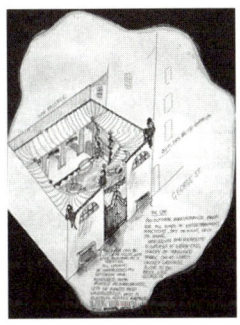 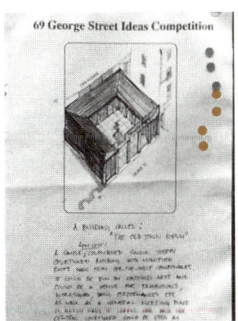

표준 형식
참가자들이 준비된 조감도 위에 그들의 제안을 그리도록 하는 것은 의견의 비교에는 도움이 되지만 상상력을 제한할 수도 있다.

2-stage 대회 형식

대중에게 개방된 대회와 전문가팀을 위한 비공개 대회를 결합한 매우 정교한 2-stage 대회의 일정표의 예

1월 준비
상호 교차체계의 형식, 계획

2월 인쇄
개요와 자료 홍보

4월 착수
널리 홍보하고 관심을 보이는 이들에게 세부개요와 조건을 발송

7월 stage 1 마감
stage 1은 아이들뿐만 아니라 전문가들을 포함한 모든 사람에게 개방한다.

8월 공공 전시
일반시민이나 패널에 의해 심사, 소규모 시상

9월 stage 2 발표
우승자에 한하여 향후 계획을 개발하기 위한 예산을 제공한다.

11월 stage 2 마감

12월 공공 전시
대중이나 패널에 의해 심사 후 우승자 발표

5월 출판
우승자에게 출판의 기회를 제공

더 많은 정보제공

 시나리오: 버려진 공간의 재사용. 재생 기반

Architecture Foundation, Royal Institute of British Architects

방법

참가자를 위한 도구
포스트잇, 작은 점 스티커(여러 가지 색상),
여러 색상의 매직펜과 볼펜

상호작용의 전시 Interactive display

상호작용의 전시는 사람들이 스스로의 책임 아래 진행할 수 있는 전시 방법으로, 이슈나 토론에 관여할 수 있으며 전시 준비단계에서의 변경이나 추가를 가능하게 한다

- 상호작용의 전시는 워크숍, 전시, 컨퍼런스 또는 포럼의 한 부분으로 활용할 수 있다.

- 전시의 범위는 간단한 온라인 질문에서부터 복합적인 발전제안의 모델까지도 가능하다.

- 사람들의 의견이 진열되어 있어 일정 기간 동안 의견이 모아지면 효력을 발휘한다. 사람들이 낸 의견의 비약적인 발전은 전시기간이 끝난 후에 시작된다.

- 신중한 디자인은 자세한 정보를 제공해야 한다. 사람들의 반응을 적어두고 그들의 방법은 이후에 적용될 수 있다.

플립차트(윗부분을 고리 따위로 철한 도해 설명용 차트) 의견 종이
책보다 좀더 가시적이다

- 사람들이 손쉽게 실행할 수 있게 도와라. 일단 사람들의 응답이 목소리를 내기 시작하면 그 힘으로 과정이 발전한다.

- 가게 앞이나 거리 위에서의 진행은 다른 분야의 사람들을 참여시킬 수 있다(거리 전시대).

- 사진 디스플레이 – 또는 다른 방법들 사용하기, 자료 녹음하기 – 그것들이 없어지기 전에 하라.

- 간단한 전시는 짧은 시간에 기획되고 준비되며, 예술품과 도구, 간단한 장비만 있으면 된다. 그러나 그래픽디자이너와 전시디자이너를 고용하는 데는 상당한 비용이 든다. 하지만 그들의 역량은 다양한 디자인 아이디어를 얻는 데 엄청난 효과를 발휘한다.

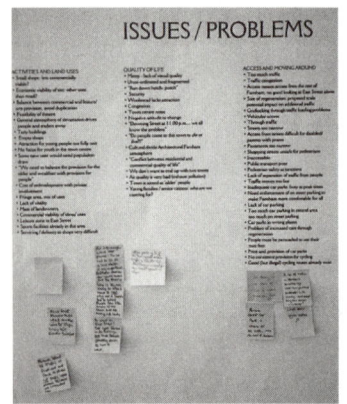

쌓여가는 의견들

Methods

작은 점 스티커로 전시하기 좋거나 나쁜 빌딩과 공간에 대해 투표한다.

포스트잇 보드 아이디어

보드 상단부의 네 개의 공란에 사람들은 포스트잇을 붙일 수 있다. 또는 압정과 종이로 스크랩할 수 있음

- 지역의 어떤 점이 좋은가?
- 지역의 어떤 점이 나쁜가?
- 어떤 개선방안이 필요한가?
- 도움이 되기 위해 무엇을 할 수 있는가?

포스트잇 보드
의견은 간단한 질문에 의해 촉진된다.

상호작용의 전시 아이디어

싫은 것과 나쁜 것 그외 생각들을 글로 써라. 적당한 표제와 더불어 빈 종이를 크게 붙여 놓아라. 왼쪽 사진 그리고 그들의 응답을 포스트잇에 적어 그 위에 붙이게 한다.

좋은 것, 싫은 것 그 외의 생각들을 시각적으로 나타내라. 사람들에게 그들이 가장 좋아하거나 다소 좋아하는 건물의 사진 위에 포스트잇과 작은 점 스티커로 표시해 줄 것을 요청하라.

제안에 관한 코멘트. 계획과 드로잉이 연계된 카드를 준비하고 그 위에 점 스티커 또는 포스트잇을 붙여 발전적 제안과 선택사항에 대한 사람들의 의견을 얻어라. ☞ 130쪽 계획안의 테이블 전시

일반적인 생각들. 전반적인 의견을 얻기 위해서는 플립차트와 코멘트 북을 활용하라.

더 많은 정보제공

👉 방법: 커뮤니티 계획 포럼, 합성 입면도, 오픈 하우스 행사, 거리 전시대, 계획안의 테이블 전시
시나리오: 커뮤니티 센터. 전체 정착전략

방법

지역 디자인 보고서 Local design statement

지역 디자인 보고서는 지역 사람들이 지역의 새로운 발전을 위한 지침을 제공받을 수 있도록 하는 하나의 방법이다. 그들은 지역계획 정책을 합병할 수 있고, 계획진행의 초기단계에 지역사람들을 위해 긍정적인 방향으로 자본의 투입을 가능하게 한다. 그것은 특히 무계획적인 개발로 인해 지역적 특색이 사라진 지역에 유용하다.

- 지역 디자인 보고서는 지역 자원봉사자들로 구성된 특별한 형태의 단체에 의해 작성되고, 지역계획가나 정부기관의 원조를 받는다.

- 단체는 홍보, 워크숍 개최, 의견청취를 위한 보고서의 회람 등을 통해 가능한 많은 사람들의 관심을 끌어들인다.

- 이 보고서는 향후 개발자들에게 경관배치와 정착패턴, 건물구조, 교통상황 등 지역특징에 기반한 지침의 역할도 한다.

- 지역계획 당국은 보고서를 채택하여, 영국의 '보충계획안내' 처럼 개발업자가 제시한 계획안의 승낙 또는 거부의 판단에 활용할 수 있다.

✎ 보고서에 의해 지정된 구역은 모든 사람들이 인정하는 최상의 마을 또는 근린주구관계 수준의 작업진행이 아니라면 변경될 수 있다. 가능하다면 지역의 더 큰 확장을 멈추고, 지역의 디자인 개요를 적용하라.

💰 보고서의 인쇄에 필요한 직접경비는 지역의 숙련 정도와 서비스의 사용에 따라 5천 달러 정도가 소요된다.(보다 정교한 인쇄물까지 포함하면) 특별한 발전압력을 받는 지역에서는 제본을 위한 추가예산이 필요하다.

Any Village 디자인 보고서

제작 : Any Village 디자인 그룹
승인 : 계획추가 안내자료 Any 지구협의회

목차
1. Any Village 소개
2. 간단한 경위
3. 커뮤니티의 강점
4. 경제와 교역
5. 경관과 야생생물
6. 구성원
7. 건축유형 및 형태
8. 보호관리구역
9. 구역경계
10. 고속도로와 보도
11. 스트리트 퍼니쳐
12. 수목

후원 : 국제근린주구협회

지역 디자인 보고서 표지 견본
내용과 형식은 지역의 요구에 따라 변경이 가능하다.

"당신은 이전과는 완전히 다른 방법으로 마을을 보았다. 지붕의 끝과 소량의 타맥과 자갈을 진지하게 보기 시작했다. 그것은 매우 흥미로우며 당신은 많은 것을 배운다. 그것이 폭넓은 시각을 갖는 가장 좋은 연습이다."
david unsworth, carmel village design group, Village Views video, 1996.

Methods L

진행과정 다시보기
마을사람들은 지역특징 워크숍의 준비기간에 사진과 설명자료를 재검토한다.

지역 디자인 보고서과정 샘플

1. 디자인팀 창설
지역의 소규모 주민 그룹이 핸드북을 읽고 계획당국과 함께 토론하고 공고를 준비한다. 1개월

2. 공개적으로
홍보를 시작한다. 더 많은 참가자를 끌어들여라. 워크숍을 준비한다. 1개월

3. 지역특징 워크숍
모두에게 열려있는 이벤트를 하루 정도 개최하라. 주요한 단계

　a. 지도화
　그룹에서 기본지도 위의 보도, 구역, 랜드마크의 기호해설을 확인하라.

　b. 사신으로 눌러보기
　구역특징을 포착하여 사진을 찍는다. 사진이 펼쳐지는 동안 점심을 먹는다.

　c. 특징평가
　서로의 그룹들은 그 구역의 특징있는 사진과 지도를 사용하여 발표준비를 한다.

　d. 발표와 토론
　그룹들은 일반적으로 현재 그들의 과제와 지역의 특징, 다음 단계에 대해 토론한다.

4. 디자인 보고서의 준비
디자인팀을 늘려 조사한 것을 다듬고 완성한다. 보고서 초안을 만들고 그것에 관해 상의한다.

5. 지역계획 당국의 의견청취
초안을 계획자들과 계획부서의 동의하에 통과시킨다. 2개월

6. 보고서의 인쇄
보고서를 인쇄하고 폭넓게 배포한다. 그것을 인쇄하고 이용할 수 있도록 한다. 2개월

총 시행기간 : 최소 9개월
최대 18개월까지 시행할 수 있다.

더 많은 정보제공

방법: 지도화, 편집의 참여, 사진 조사
시니리오: 마을 부흥

마을 디자인, 마을 풍경

Countryside Agency

THE **COMMUNITY PLANNING** HANDBOOK

방 법

다른 관점
같은 공간의 지도를 하나는 여성이, 다른 하나는 남성이 그렸다. 그것이 어느 것인지 추측해 보아라.(지도는 원본을 보고 다시 그린 것이다)

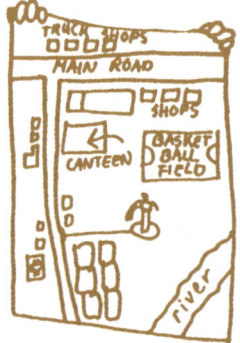

지도화 Mapping

지도화는 언어를 사용하지 않고 그들의 지역을 어떻게 보는지 발견하게 하는 유효한 수법이다. 또한 자료를 모을 수 있는 좋은 방법이기도 하다. 그리고 특정장소에 사용하기 위해 제작된 데이터를 다른 식으로 적용할 수 있으며, 복합적인 부지계획을 위한 논쟁을 고무시킨다.

- 개인 혹은 그룹은 그들의 구역 또는 도시의 지도를 펜과 종이를 사용하거나, 창의적으로 모래의 선, 직물, 분필 또는 다른 재료로 그린다.

- 구성 또는 주제는 사람들의 생각에 초점을 맞추는 것이 일반적이다. 예를 들면, 어떤 사람은 랜드마크, 지역의 변두리, 싫어하는 장소들을 보기 위하여 그곳을 자주 방문하게 된다.

- 이 지도는 다른 관점의 이해를 기본으로 토의하고 분석한다. 그리고 계획을 실행한다.

- 지도에 표시하고 토론하는 것은 미래의 기준을 만들기 위해서이다.

기호와 색상 사용하기
지도제작의 다양한 측면은 커뮤니티의 역량을 향상시켜 천재지변에 대처하여 충격을 완화시킬 계획의 작성에 도움이 된다. 자연재해의 충격을 줄이기 위한 계획을 커뮤니티 역량의 관점으로 다양하게 지도화한다.

✎ 글을 읽지 못하는 참가자라면 문자보다는 오히려 기호가 더 좋다.

✎ 단계를 파악하기 위해서 투명지를 사용하는 것은 각 단계에서 다른 정보를 얻는 데 유용하다.

✎ 다른 시간에 똑같은 지도를 만드는 것은 진행을 점검하는 좋은 방법이다.

✎ 만들어져 있거나 남겨진 지도들을 공공기관에 공급해주는 것은 토론을 위한 좋은 방법이다. 특히 학교가 좋다. 아이들은 지도를 매우 좋아한다.

✎ 지도는 매우 흡입력이 있다. 약간의 생각과 더불어 영구적인 전시가 될 수 있고, 심지어 우편엽서로도 활용될 수 있다.

✎ 사용되는 재료와 진행비용에만 의존하라. 더 이상의 경비는 불필요하다.

그룹의 지도제작 과정

1. **목적** 지도가 무엇을 어떻게 보여주어야 하는지를 결정하라. 예를 들어, 토지사용, 위험요소, 자원, 유동성, 사회 편의시설 그것이 최상의 전시방법이다.

2. **사람** 지역을 잘 아는 사람들을 모으고 그들의 지식을 함께 나눈다. 개인적으로 할지 그룹으로 할지를 결정한다.

3. **공간과 물리적인 것들** 적합한 공간을 선택하고 바닥, 책상, 벽 재료를 선택한다. 스티커, 돌, 인지, 연필, 펠트펜, 분필

4. **지도만들기** 진행자는 시작을 알리고 뒤로 물러난다.

5. **토론** 지도를 발표한다. 지도를 만들었던 경험을 비교하고 토론한다. 기록된 토의는 플립차트나 기록부를 만든다.

6. **기록** 나중에 사용할 수 있게 A4용지에 지도를 그리거나 사진을 찍는다.

7 **계획** 제안된 개발의 시작에 지도를 사용한다.

실행시간 : 1~2시간
과정은 도식화하는 과정이다.
지도라는 단어를 도표로 대신한다.

지도의 유형과 사용

활동지도
사람들이 하는 일과 방문하는 장소를 보여준다.

예술지도
엽서 등을 만들거나 전시나 기획 등의 예술작업에 활용한다.

위험요소(사건, 사고) 지도
자연, 환경재해의 취약점과 공장의 위험요소를 확인하며 보여준다. 재해완화를 위해 사용한다.

토지사용과 자원지도
어디에서 일어나고 있는지를 보여준다.

심리지도
사람들이 그들의 지역을 어떻게 인지하는지를 보여준다. 지리적으로 정확한 것과는 대조적으로 인지력에 대한 통찰력을 알아본다.

커뮤니티 지도제작
땅에 분필을 사용하여 마을의 지도를 만든다. 커뮤니티 지도제작은 그들의 관점만을 표현하기 때문에 정확성이 다소 떨어진다.

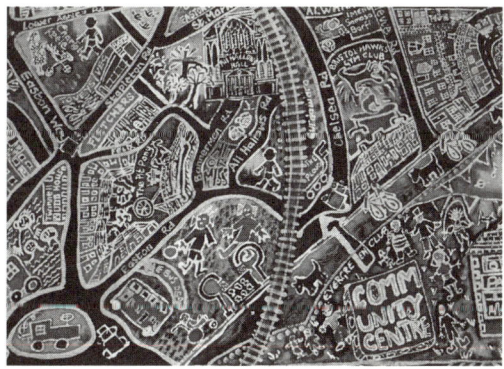

예술지도
지역지도의 한 부분을 엽서로 만들어 사용한다.

더 많은 정보제공

- 방법: 지역 디자인 보고서, 위험 평가
  시나리오: 마을 부흥
- 위험감소. 4B. 상소에서 상소로
- Common Ground
- Drawings taken form 4B

방법

작업하는 구조화된 그룹
참가자들은 종이로 된 큰 시트 위의 차트가 완성되면 벽에 전시한다.

세부계획 워크숍 Microplanning workshop

세부계획 워크숍은 주거환경을 향상시키기 위한 개발계획 만들기의 포괄적인 행동기획 절차이며, 주로 개발도상국들을 위해 사용한다. 이 워크숍은 일반적으로 최소의 준비와 재료, 학습을 필요로하는 집중적인 워크숍에 기초를 둔다.

- 세부계획 워크숍의 진행에는 여러 날 동안 전문가와 진행자로 구성된 작은 팀을 8~12개의 커뮤니티를 대표하는 작업에 참가시킨다.

- 연속적인 활동들은 세부계획과정 샘플 참조(오른쪽) 작업계획과 개발계획이 마무리될 때까지 계속되어야 한다.

- 과정을 종이로 된 큰 시트 위에 도표로 정리하고, 체계적으로 기록하여 보관한다.

- 진행의 관리와 다음 단계의 계획을 위해 워크숍은 매년 반복된다.

✎ 진행자는 모든 참가자가 확신을 가지도록 해야 한다. 그들 자신의 행사이기 전에 그러한 활동을 이해시키기 위해 워크숍에 참가해야 한다.

✎ 필요 이상의 규제를 기피하는 지역민들을 위해, 행정사무실보다는 커뮤니티 안에서 워크숍을 하는 것이 바람직하다.

✎ 경직된 차트형식으로 다루지 마라. 만일 작업에 적절치 않다면 변경해야 한다.

₩ 비용은 주최자와 참가자의 시간을 제외하면 아주 적다.

필요한 사람들

☐ **커뮤니티 대표**
현지주민의 대표 8~12명

☐ **사업의 집행관리**
정부의 관리들이 학습의 자료를 제공한다.

☐ **계획관리**
지역관리들이 결정에 수반되는 책임을 진다.

☐ **전문가**
기술적 전문가.예를 들어, 건강, 기술, 사회개발 규모에 맞게 충분히

☐ **단체의 간사**
직접적 절차. 학자나 전문지식인

☐ **워크숍의 운영자들**
참가자로부터 선발하여 작은 워크숍 그룹보통 3그룹 필요을 운영한다.

Methods M

세부계획과정 샘플

1단계 : 문제 확인하기

a. 사전 답사(조사) - 지역의 조사
b. 문제목록을 준비한다.

문제점	왜	누구에게	어디서
___	___	___	___

c. 문제의 우선순위 매기기

합의를 얻은 문제 요약 목록
1 _____
2 _____

2단계 : 전략항목을 확인하기

a. 가능한 전략목록 아마도 적은 그룹에서

문제점	단기전략	장기전략
___	___	___

b. 다른 그룹의 과제와 비교한다

전 략	모두 찬성	두 팀 찬성	한 팀 찬성
___	☐	☐	☐
___	☐	☐	☐

c. 전략순서의 합의점

동의된 요약목록

문제점	전 략
___	___
___	___

3단계 : 필요한 계획활동

a. 각각의 전략을 수립하기 위해 필요한 행동목록을 작성한다. 항목을 고려, 높거나 낮은 비용문제

전 략

필요한 활동	고비용	저비용
___	☐	☐
___	☐	☐

b. 합의된 항목을 협상하고 선택한다.

전 략

합의된 필요한 활동
1 _____
2 _____

4단계 : 업무의 배치

a. 서로의 활동을 확인하기 위한 일의 목록이 필요하다.

활동

할일	누가	무엇을	언제	왜
___	___	___	___	___

b. 개선점을 찾아낸다
계획작성, 장, 스케치

5단계 : 관찰과 평가

이 단계는 그 주, 월 또는 몇 년 후에 진행한다. 또한 시작단계에서부터 재검토를 위한 모든 활동이 사전에 계획된다.

a. 각 활동의 상태를 설명하라.

계획된 활동	진행과정
___	___

b. 학습하기

계획된 활동	필요한 활동교정	학습한 훈련
___	___	___

실행시간 : 2~5일

더 많은 정보제공

📖 시나리오: 빈민촌의 개선
✓ 커뮤니티 활동계획. 도시를 위한 활동계획
✉ Centre for Development and Emergency Practice(CENDEP)
⭐ Nabeel Hamdi

방법

자동차 수송계획
폭스바겐 벤은 전시재료의 운반에 사용되고 기획지원 서비스의 한 부분으로 커뮤니티에 모형제작 장비를 수송한다

이동 스튜디오 Mobile Unit

이동 스튜디오는 커뮤니티 계획활동을 위해 필요한 기술적인 원조의 공급을 보다 용이하게 한다.
그들은 특별히 커뮤니티 안에서 일하는 데 있어 부족한 설비 또는 다른 비슷한 지역에서의 일련의 이벤트 기획에 유용하다.

- 이동 스튜디오의 밴으로 활용할 수 있는 범위는 디자인 스튜디오를 완벽히 갖춘 이동주택이나 이동전시가 가능하도록 개조한 트레일러 등이다.
- 차량의 선택은 그 목적에 따라, 또는 일반도로 이외의 장소에서 사용능력을 필요로 하는지에 따라 정해진다.
- 차량은 완벽한 시설을 갖추고 활동계획을 위한 필수장비가 필요하다. 이동 스튜디오 설비 참조(오른쪽)
- 적절한 그래픽으로 이미지를 만드는 것은 외부의 홍보에 유용하다.

✎ 유용한 기술적 공급원일 뿐만 아니라 품위있고 신뢰할만한 감각을 창조할 수 있다. 또한 존재의 가치를 만들 수 있다. 게다가 확실하고 유용한 기술적 공급원이 된다.

✎ 새로운 과학기술은 서류제작을 줄인다. 이러한 설비가 필요하며 어쨌든 필요조건을 바꿔야 한다. 결국엔 비싼 장난감처럼 될 수 있으므로 신중히 계획해야 한다.

₩ 개조비용에 따라 달라질 수 있다. 유지관리의 비용이 지속적으로 필요하며, 보험을 고려해야 한다. 건물 임대비용과 여행경비는 들지 않는다.

이동 스튜디오 설비

- 컴퓨터모뎀과 휴대전화를 갖춘
- 암실사진 인화를 위한
- 그림판
- 전시 구획조직 외부에서의 전시
- 플립차트
- 과학기술 문헌의 도서관
- 가벼운 상자
- 종이 자르는 칼 또는 제단기
- 복사기
- 프린터큰 드로잉을 위해
- 필기도구 수납장노트, 포스트잇 등
- 그림과 사진을 위한 보존서고
- 화장실과 세면대
- 비디오 플레이어
- ....

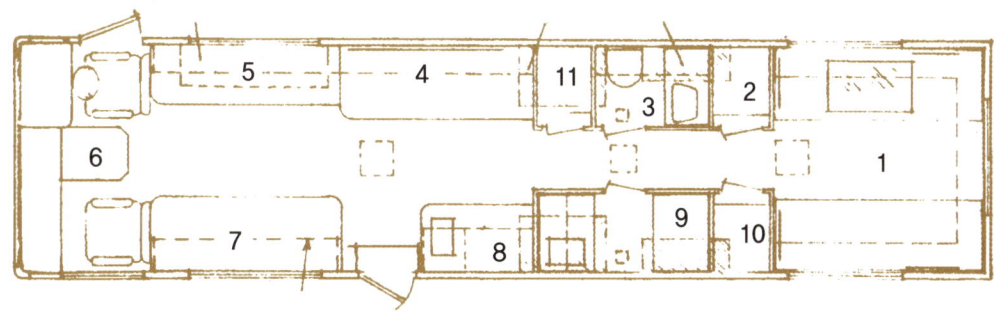

1. 드로잉 센터
2. 수납장 보관소
3. 화장실
4. 복원 공간
5. 컴퓨터 센터
6. 운전석
7. 타이핑 공간
8. 부엌
9. 암실
10. 수납장 보관소
11. 비품 보관소

이동 디자인 스튜디오
일반적인 12미터의 레크레이션 차로 개조하여 시골지역에서의 커뮤니티 계획의 워크숍을 위한 디자인 스튜디오로 사용된다.

더 많은 정보제공

- 시나리오: 새로운 근린주구
- Ball State University
- Tony Costello

THE **COMMUNITY PLANNING** HANDBOOK

방 법

모형 Models

모형은 사람들을 계획과 디자인에 친숙하게 하는 가장 효과적인 방법 중 하나이다.
특히 흥미를 유발시키고 아이디어를 내보이며 사람들의 3차원적 사고를 도와주기 위해 특별히 사용한다.

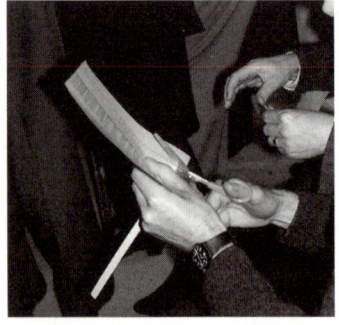

모형만들기
건물과 도시가 어떻게 함께 배치되는지를 이해하기 위한 좋은 방법이다.

- 모형은 폭넓은 재료의 다양성으로부터 만들어진다. 따라서 매우 정밀하고 실행가능성을 목표로 간단하고 실증적이어야 한다. 모형의 선택은 목적과 자원, 그리고 사용 가능한 시간에 따라 좌우될 것이다.

- 모형은 주변의 움직이는 부분에 따라 옵션을 보여주며 제안의 대체 등에 적용할 수 있다.

- 모형의 구조는 매우 교육적이고 재미있으며 디자인 과정과 계획의 한 부분으로 그룹 안에서 행할 수 있다.

✏️ 훌륭한 발표모형은 제안에는 좋지만, 일반적으로 수정하기 어렵고 창조성을 억제한다. 시작부터 신중하게 구성해야 하며 선택항목을 잘 고려해야 한다. 일반적으로는 손쉽게 사용 가능한 재료를 이용하여 간단히 자르고 틀, 수정, 색상을 여기저기로 옮길 수 있다. 시작단계에서 기본적인 지도를 붙이거나 견고한 보드 위에 계획을 짜는 것은 좋은 방법이며, 그것으로 그들이 얻고자 하는 적절한 규모가 파악될 것이다.

✏️ 모형은 전시회나 워크숍, 건축센터와 같은 현장을 위한 이상적인 장식이다.

₩ 만약 모형제작에 자투리 재료가 사용된다면 비용은 적게 든다. 모형을 이용한 프레젠테이션은 비싼 비용이 든다. 특히 중요한 비용은 시간이다. 근린주구상황의 모형에 획기적인 지불방법중 하나는 도장된 블록과 조각으로 섬세하게 개선된 건물을 만들고 그 경비를 건물주로부터 얻어내는 것이다.

Methods M

근린주구 모형
빌딩을 나무 블록으로 만들고 나무로 만든 장식 판자 위에 붙인다. 밖에서 전시하고 손질하기에 좋다. 매우 튼튼하고 이것을 만들기 위한 워크숍이 별도로 필요하다.

거리 모형
빌딩을 보드지로 접어 만들고 기본 보드 위에 붙인다. 매우 유연하지만 단단하지는 못하다. 디자인 워크숍과 상호작용 전시회에 매우 유용하다.

주택 모형
보드지를 사용한 큰 규모의 모형은 세밀한 부분까지 섬세하게 만들어 사람들을 빠져들게 만든다.

실내 모형
사람들의 방 배치에 도움을 주기 위해 제작된 간단한 보드지 모형이다. 이것은 시각장애인들을 위한 새로운 센터가 시각장애인들에 의하여 디자인되도록 하는 행사에 사용되었다.

> **더 많은 정보제공**
> 방법: 실천계획
> 시나리오: 커뮤니티 센터, 주택개발

THE **COMMUNITY PLANNING** HANDBOOK

> 방법

지역적 표현
건축가들은 주택단지의 아파트 안에 사무실을 두고 건물을 재건한다.

근린주구계획 사무실 Neighbourhood planing office

근린주구계획의 사무실들은 커뮤니티 계획활동의 중요한 지역거점을 제공하고, 기획의 향상과 유지를 원활히 할 수 있게 한다. 근린주구마다 한 곳은 있는 것이 이상적이며, 그러한 사무실들은 황폐한 지역 또는 많은 건축활동에 특히 유용하다.

- 근린주구 사무실은 되도록이면 건물의 도로변과 같이 주목을 끄는 곳에 위치하는 것이 좋다.
- 그곳은 지역을 위한 워크숍 또는 건축논의와 계획의 초기거점, 지역을 다루는 모든 전문가들을 위한 업무기반을 제공한다.
- 창의적 향상을 추구하는 혁신적 진행이 가능하도록 프로젝트 관리능력이 있는 사람들을 배치하는 것이 좋다.

- 근린주구계획 사무실은 흔히 독립법인 형태로 운영되거나 협력된다면 업무수행에 가장 적절하다. 전적으로 커뮤니티를 관리하거나 독자적인 권한으로 지휘하는 것은 피해야 한다.
- 타지역의 향상에 자극을 받은 예비 프로젝트로, 황폐한 건물을 보수하고 그 안에 사무실의 기반을 잡는 것이 효과적이다.
- 친환경 상점, 커뮤니티 디자인센터 또는 건축센터를 근린주구계획 사무실과 겸하게 되면 보다 많은 역할을 수행할 수 있다.
- 월급, 대여, 난방, 전기, 가구, 설비비용은 일반적인 문의로 처리하고 관리에는 비전문가와 기술스탭 그리고 자원봉사자들을 활용하면 줄일 수 있다. 매년 3천~6천 달러까지 든다.

시범 프로젝트
근린계획 사무실로 그리고 거리앞 개선의 예시로 사용된 점포의 전후 모습

Methods N

근린주구계획 사무실의 정보 시스템

- 커뮤니티 이력 정보
- 발전계획
- 지역의 역사
- 현지조직과의 교섭
- 지도 : 다양한 스케일
- 사진 : 미래, 현재, 과거
- 계획의 적용
- 프로젝트 파일 : 가나다 순
- 재산 파일 : 건물 또는 부지
- 법정의 계획들
- ....

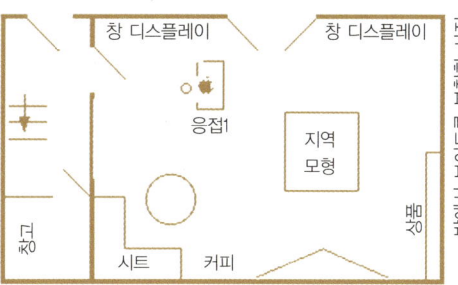

지하 : 상점, 전시실

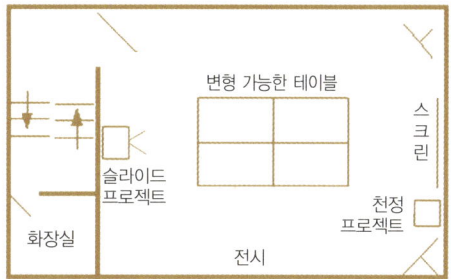

1층 : 회의실

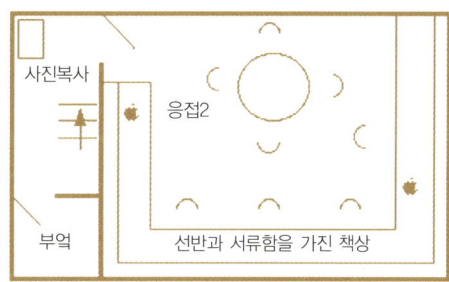

2층 : 작업실

주거의 자원
지역의 거주자들은 그들의 주택 디자인 작업을 확인하기 위해 제품 카달로그를 둘러본다

전문적 기반
건축가들은 직업훈련을 받은 사람들과 자원봉사자들과 함께 사무실에 주 1회 진단실을 열어 거주자들에게 도움을 준다.

배치의 예시
배치의 궁극적 목적은 근린주구계획 사무소를 공적인 상점과 전시 공간, 반공개적인 회의실과 개인적인 사무실을 포함하는 최적의 공간으로 만들기 위해서이다. 적합한 크기는 최소한 한 층이 114평방미터 정도이다. 모든 설비가 지하층에 있다면 더욱 좋다. 자재를 구할 수 없다면 공간 안에 있는 것으로 만든다.

더 많은 정보제공

👉 방법: 건축 센터, 커뮤니티 디자인 센터, 친환경 상점
시나리오: 지역 근린주구 기획

THE **COMMUNITY PLANNING** HANDBOOK

> 방 법

계획을 위한 공공이력
부록의 표지와 페이지 내부의 지역분석을 보여주는 삽화

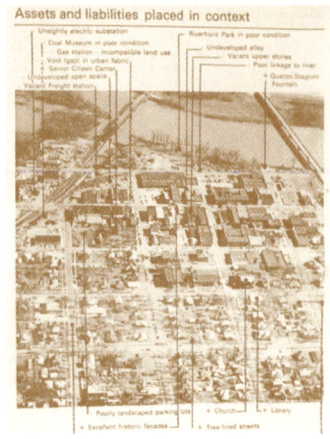

신문의 부록 Newspaper supplement

신문의 부록은 계획내용과 많은 사람들의 디자인 아이디어를 확산시키고, 대중적인 논쟁을 야기시키는 가장 효과적인 방법 중 하나이다.
이것들을 활동계획행사로부터 제출된 제안, 특히 전후의 다른 보도내용과 합하면 보다 유용하다.

- 주된 작업은 커뮤니티 기획을 증진시키는 이들과 지역 신문의 편집자, 저널리스트 사이에서 이루어진다.
- 표준의 신문보도는 신문기사, 특집기사, 통신, 합법적 벽보, 외부기고가 사이의 공론활동과 논쟁을 야기시킨다.
- 특별부록은 계획의 제안이나 커뮤니티 활동계획에 대한 깊이 있는 보도에 활용한다.
- 기사의 지면, 독자여론조사와 특집기사를 따라 기획된다.

✎ 부록구성을 위해 디자인팀은 편집자를 설득해야 한다. 이 부록의 활용으로 건축가들과 기획자들에게 연락하기가 수월해져 신문의 비용을 줄일 것이다. 학생들에게는 교육적으로 유용한 경험을 안겨준다.

✎ 학교에 배포하고 특별한 청중을 위한 여분의 복사물을 준비하라.

₩ 만약 신문이 상업적 투자와 통합광고를 부록에 포함시키면 무료도 가능할 것이다. 특히 여분의 복사물을 원한다면 보조금이 필요하다. 전체비용은 특집기사의 인쇄비용까지 포함할 때 가장 저렴하다. 흑백의 8페이지짜리 보조물의 기본적인 가격은 6,500장에 대략 650 달러이다.

"신문은 계획과 디자인 프로세스에 관한 시민의식을 향상시킬 수 있다. 그러나 계획기록과 특별한 공표를 위한 한정된 어투로 인해 외부의 '광고지'로 여겨질 수 있는 단점은 피해야 한다."
Ball 주립대학 건축과 교수, **Anthony Costelb**, 작은마을, Jan/Feb 1983.

커뮤니티 계획 입문서

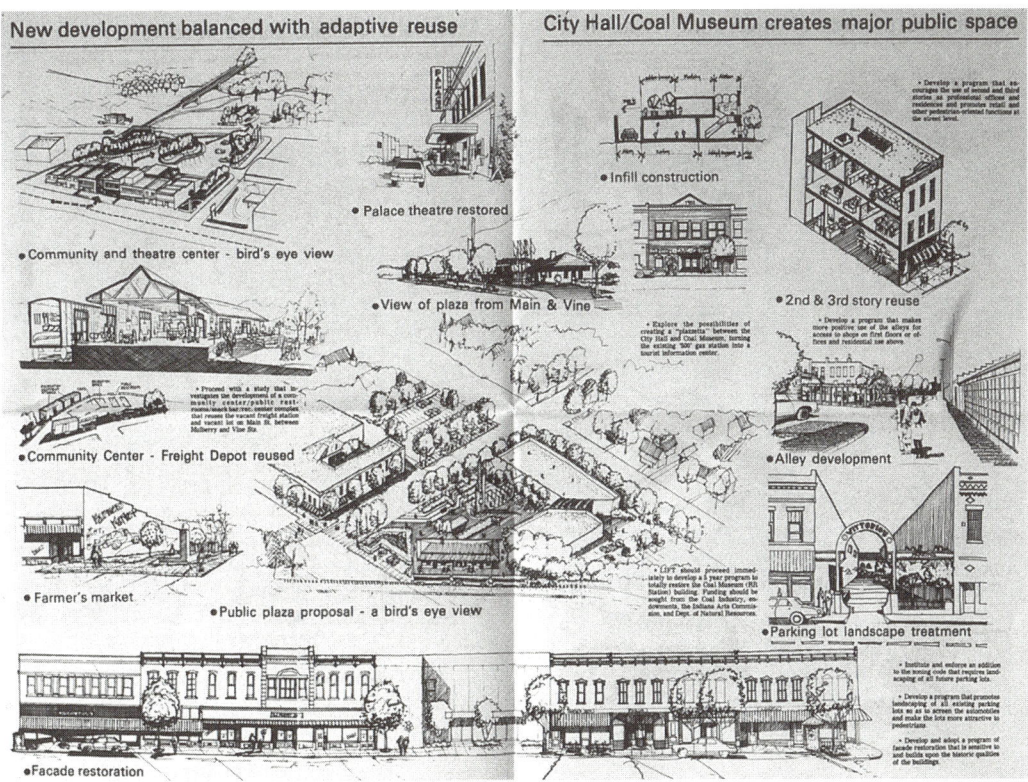

명확한 그래픽

위의 두 페이지는 계획주말의 3일 동안에 만들어진 여덟 페이지의 특별부록으로 배포되었다. 디자인 팀에 의해 공공발표 몇 시간 전에 제작되어 마지막 날 지역신문을 통해 배포된다.

주요특징 : 간결한 문장, 선명하고 이해하기 쉬운 도판, 간단한 결론

부록의 이점

저렴한 비용 특별한 자료를 만들어 배포하는 것에 비해 비용이 저렴하다.

적용범위 매우 많은 사람들이 본다. 대부분의 지역에서

확실함 컨설턴트에 의해 만들어진 보고서보다 더 신뢰를 둔다.

친근함 특별히 만든 기획보고서보다 덜 위압적인 느낌이다.

구성 큰 구성의 드로잉이 적당한 규모에서 출판된다.

신속함 매우 빠르게 출판되고 분배된다. 워크숍 결과가 다음날 배포될 수도 있다.

기술 신문 편집기술을 숙달시킬 수 있다.

더 많은 정보제공

- 방법: 디자인 조력팀, 편집의 참여, 계획 주말
  시나리오: 새로운 근린수구
- Ball State University
- Anthony Costello

방 법

방문하는 사람들은 안으로
보행자 사인은 지역의 미래를 위한 빈 가게에서 하는 오픈 하우스 행사로 행인들을 끌어들인다.

오픈 하우스 행사 Open house event

오픈 하우스 행사는 편한 마음으로 보다 많은 대중의 의견과 확실한 반응을 볼 수 있는 개발추진의 기획에 활용된다. 이것은 워크숍보다는 덜 구조적이고 전통적인 전시보다는 더 비형식적이다.

- 오픈 하우스 행사는 모든 디자인 분야와 개발진행의 장소에서 열릴 수 있다.

- 현장에는 수많은 제안 디스플레이와 대화식의 전시기술 계획과 적절성을 보며이 나열되어 있다. 구성원들은 많은 질문을 던질 것이고, 비형식적인 토론에 열중할 것이다.

- 모여진 자료들은 향후에 분석되어 보다 나은 개발기획에 사용될 것이다.

✎ 초기 개발제안이나 선택항목에 대한 대중적 반응을 살피는 척도로서 좋은 방법이다. 디자인 워크숍이나 계획의 날의 제안으로 공공참여를 이끌어내는 데 특히 유용하다.

✎ 도안의 표현 등에 애써 고심할 필요는 없으나, 중요한 요점의 핵심과 획득된 반응의 결정 등에는 주의가 필요하다. 여유가 있다면 전문적 전시디자인 기술이 있는 편이 더 가치있다.

✎ 빈 점포보다는 유명한 현장이 작업하기 좋은 조건이다.

₩ 현장의 사용료, 전시소재, 직원의 시간, 디자인 시간(하루에 세 명)

"나는 12년간 고문으로 있었으나 이전처럼 실행에 참여할 수는 없었다. 우리는 위험한 개발조정보다도 우리 마을을 위해 할 수 있는 모든 것을 해야할 것이다."
Waverley Borough Couacil 대표. 1997년 오픈 하우스 행사와 디자인 워크숍 후에

Methods O

더 많은 정보제공

방법: 합성 입면도, 상호작용의 전시, 계획안의 테이블 전시
시나리오: 커뮤니티 센터, 버려진 공간의 재사용, 도시내부의 재생, 새로운 근린주구, 마을 중심부 개선, 전체 정착전략

편안한 분위기
사람들은 전시물 사이를 자유롭게 움직이고 구성원이 되어 토의를 나눈다.

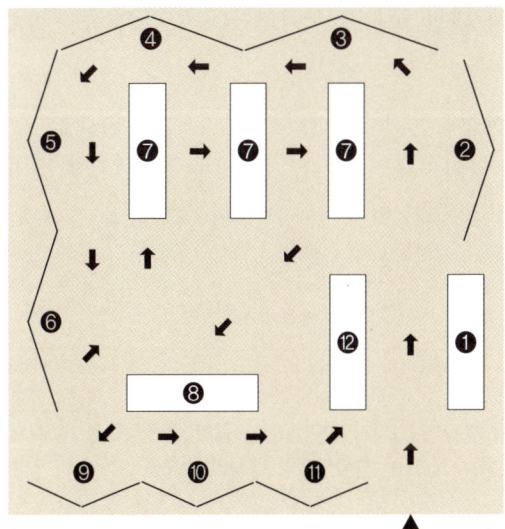

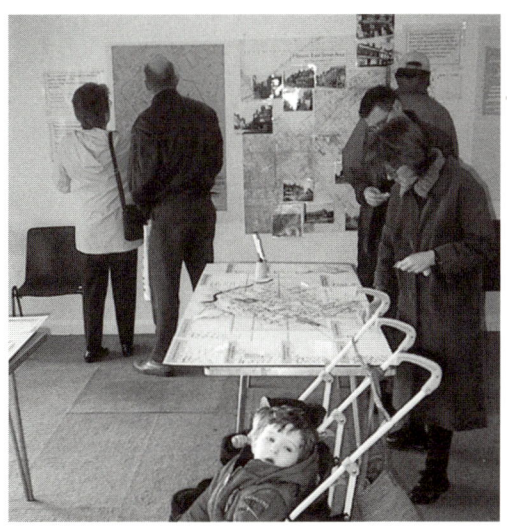

행사장의 설비배치의 예

1. **입구책상** 포스트잇과 펜, 점 스티커를 놓는다. 빨강 : 싫음, 노랑 : 보통, 녹색 : 좋음
2. **환영 패널** 행사 시도의 목적과 경위를 읽는다.
3. **참가자 정보** 당신의 집, 직업, 연령층, 관계된 사항을 보여주기 위해 패널 위에 점 스티커를 붙인다.
4. **화제, 목적, 행동이 필요** 이러한 목록에 추가된 요점을 만들어 포스트잇을 사용한다.
5. **좋아하고 싫어하는 것** 건물과 공간에서 좋아하거나 싫어하는 것을 지도 위에 스티커를 붙인다.
6. **전망** 지역 비전의 스케치에 대한 코멘트를 포스트잇에 적는다. 가급적 전후를 비교해서
7. **전시계획 테이블** 이미 나온 제안 위에 당신이 알고 있는 것을 추가하기 위해 점 스티커를 사용한다. ☞전시계획 테이블
8. **당신 것을 내라** 기본계획 위에 깔린 투명지 위에 펠트펜으로 당신의 아이니어를 스케치한다.
9. **다음은 어떻게** 의견에 대해 읽는다.
10. **도움** 도움을 원한다면 보조원에게 사인을 보낸다.
11. **코멘트** 아직 하고 싶은 평가가 있다면 플립차트 위에 쓴다.
12. **보다 나은 정보** 만일 당신이 발전을 위한 보다 나은 정보를 받길 원한다면 당신의 이름과 주소를 쓴다.

THE **COMMUNITY PLANNING** HANDBOOK

방법

오픈 스페이스 워크숍 Open space workshop

오픈 스페이스 워크숍은 많은 준비가 필요 없는 주제토론 프로그램을 만들어 보려는 사람들에게 자유로운 구성을 제공해 준다. 오픈 스페이스 워크숍은 일반적인 정치적 이슈에 대한 열정을 고취시키고, 긴급하게 행동을 취해야 하는 문제의 해결에 특히 유용하다.

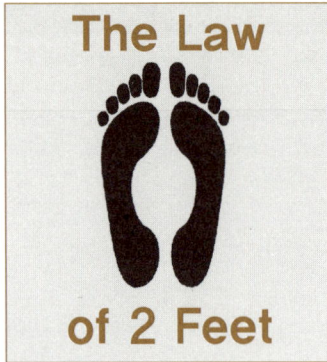

The 'Law of feet'
당신이 워크숍에서 어떠한 배움도 얻지 못하고, 도움도 되지 않는다고 생각한다면 언제든 다른 워크숍으로 가거나, 커피를 마시러 가도 된다.

- 주최자가 주제, 개최지와 시간을 결정하고 발표한다.

- 참가자들은 원 모양으로 앉아서 간단한 절차에 따라 그들의 문제에 대한 토론을 시작하는데, 일반적으로 주최자의 가이드를 따라 하게 된다.

- 워크숍을 진행하는 동안 간단한 원리와 '규칙법'의 구조에 따라 참가자들 스스로가 관리를 해본다. 각각의 워크숍 세션은 누가 맡을지와 요구되는 활동을 통해 발전된다.

- 행사보고서를 모든 참가자들에게 배부한다.

네 가지 원칙

- 누구든 상관없이 모두 참여가능 하다.
- 언제 시작하든지 상관없다.
- 참가자들이 끝내면 그것으로 끝나는 것이다.
- 무슨일이 일어나더라도 너무 깊이 신경쓰지 마라.

네 가지 원칙들
계획표에 유연하라. 더 이상 할말이 없을 때 다음 화제로 옮겨라. 예상되는 것들에 신경쓰지 말아라.

✎ 구성은 조력자 또는 참가자가 받아들이기 쉽게 유동적으로 해야 한다. 원칙과 규율, 시간표는 지역상태와 경험의 정도를 고려하여 맞추어야 한다.

✎ 좋은 조력은 워크숍을 개최하고 사람들을 시작하게 하는 데 있어 매우 중요하다. 워크숍이 시작되고 나면 진행자들은 무대 뒤로 사라지게 된다.

₩ 개최지 장소, 다과, 필기도구(A4종이, 마커펜, 포스티잇, 플립차트, 마스킹 테이프), 조력자 활동비(만약에 있다면)

"그것은 환상적이었다. 나는 내가 알지 못했던 나의 지역에 대해서 배웠고, 우리는 토론을 통해 훌륭한 생각들을 창조했다. 나는 많은 친구들을 참여시키고 싶다."
워크숍 참가자, Hammersmith & Fullham

Methods O

오픈 워크숍 형태

세션의 기간을 줄이고 보다 긴 이벤트와 워크숍을 위한 세션 개최단계 5, 6를 반복한다.

1. **준비**
   오른쪽 그림과 같이 공간을 배치하라.

2. **소개**
   참가자들은 원모양으로 둘러앉는다. 조력자는 목적과 절차를 설명한다. 10분

3. **주제 공표**
   워크숍의 주제를 정하기 위해 참가자들을 초청한다. 종이에 자신의 이름과 원하는 주제를 적고 그것을 소리내어 읽는다. 그리고 마련된 게시판에 그것을 게시한다. 하나의 워크숍에서 여러 가지 주제를 다룰 수 있다. 15분

4. **참가**
   모든 참가자들이 게시판에 모여서 자신들이 참가하고자 하는 워크숍에 표시한다. 15분

5. **워크숍 세션**
   세션이 개최된다. 일반적으로 요구되는 활동에 대한 간단한 목록을 작성하고, 각 주제에 대해서 각자의 결과를 기록한다. 그리고 게시판에 게시한다. 60분

6. **오픈 세션**
   다과를 겸한 쉬는 시간 후 원을 만들어 전체가 토론을 한다. 30분

5 **전원참가의 최종발표**
   참가자들은 그들이 원하는 마지막 의견을 발표한다.

6 **보고서의 배포**
   행사의 마지막 날이나 그 다음날 이루어진다. 해야 할 작업의 목록과 책임 등만을 포함하면 된다.

실행 시간: 2시간 30분~3일
이상적인 인원수: 20~500명

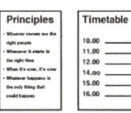

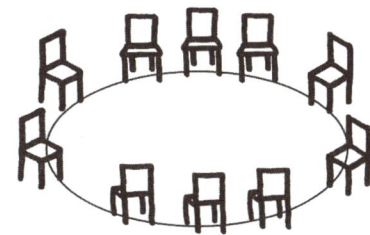

출발점
의자를 원형으로 놓고 게시판과 워크숍 위치를 확인한다. (시간표 : 원칙들과 규칙 등의 포스터들)

참가자들은 워크숍 그룹에서 토론하기 원하는 주제에 표시를 하고, 참가자들 스스로 만든 주제목록을 선택한다.

더 많은 정보제공

 시나리오: 지역 근린주구 기획

오픈 스페이스 기술

Wikima

Romy Shovelton, Adele Wilter

THE COMMUNITY PLANNING HANDBOOK

> 방법

> 친애하는…………
>
> 숲 가꾸기 활동 보고서에 대한 조언을 부탁드립니다.
>
> 10월 5일 금요일 정오까지 전화, 팩스, 우편 또는 이메일을 통해 조언을 부탁드립니다.
>
> 어떤 의견이라도 감사히 받겠습니다. 다만, 다른 대안에 대한 의견을 빨간펜으로 표시한 후 보내주시면 큰 도움이 되겠습니다.
>
> 그리고 만약 가능하시다면, 저에게 메일로 세션에 대한 의견도 보내주시기 바랍니다. 그래서 제가 그것을 보고 타이핑 실수를 줄일 수 있는 기회로 삼고자 합니다.
>
> 편집팀은 10월 6일 토요일 2시부터 6시까지 힐 스트리트에 있는 시청의 사무실에서 마지막 결정을 하고 초안을 개정할 것입니다.
>
> 당신과 내가 일치되지 않는 부분이 있다면, 당신의 도움이 필요할 것입니다.
>
> 진심어린 친구로부터
> 편집자

우편과 이메일의 참여
보고서 조언을 권유하는 편지 견본

편집의 참여 Participatory editing

편집에 참여하는 것은 사람들로 하여금 보고서를 공유하고, 사람들이 집에서 나올 필요없이 보고서의 작성을 도울 수 있게 한다. 보고서는 커뮤니티 계획의 수립부터 결과까지의 내용을 다른 사람들과 소통하는 데 중요한 역할을 담당한다.

- 결과물의 성격과 구성은 설립자, 조력자, 주최자에 의해 결정되며, 작가와 편집자, 디자이너, 일러스트레이터에 의해 초안이 그려진다.

- 초안에 대한 의견을 들어보기 위하여 유포하거나 전시한다. 참가자들은 초안에 컬러펜이나 포스트잇으로 의견을 제시한다.

- 편집자는 모아진 의견들을 기반으로 설립자, 창립자, 작성자의 승인하에 개정된 초안을 제작한다.

✎ 처음부터 과정을 명확하게 설명한다. 모든 의견이 포함되는 것은 아니지만, 편집자들의 생각이 발전되도록 도와줄 것이다. 편집자 대표로 선정된 사람은 합의가 이루어지지 않은 부분이 긴 논쟁으로 이어지지 않도록 한다. 원칙적으로 편집내용을 모으는 것도 좋으나 그것이 실제로 일을 잘 되게 하는 경우는 거의 없다.

✎ 참가자들의 의견이 교차되는 부분을 명확히 한다. 많은 사람들의 반응이 있으므로 매우 특이한 의견들도 보통 겹칠 수 있다.

✎ '워크숍 편집'의 개최는 개개인들이 떠올리지 못한 많은 아이디어를 만들어 낼 수 있다. 토론의 기반을 위해 벽에 종이를 붙여 둔다.

✎ 모든 문서는 최대한 최종판에 가깝게 제출하라. 예를 들어, 그림 없이 텍스트만 보내면 가치가 떨어진다.

₩ 사진복사, 바인딩, 우편요금, 시간

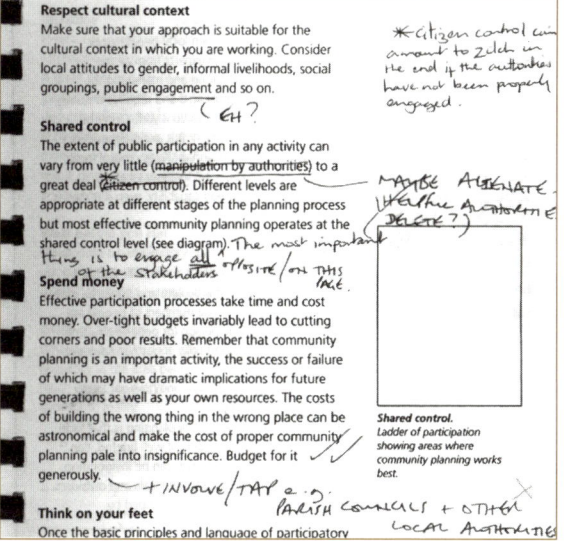

Respect cultural context
Make sure that your approach is suitable for the cultural context in which you are working. Consider local attitudes to gender, informal livelihoods, social groupings, public engagement and so on.

Shared control
The extent of public participation in any activity can vary from very little (manipulation by authorities) to a great deal (citizen control). Different levels are appropriate at different stages of the planning process but most effective community planning operates at the shared control level (see diagram).

Spend money
Effective participation processes take time and cost money. Over-tight budgets invariably lead to cutting corners and poor results. Remember that community planning is an important activity, the success or failure of which may have dramatic implications for future generations as well as your own resources. The costs of building the wrong thing in the wrong place can be astronomical and make the cost of proper community planning pale into insignificance. Budget for it generously.

Think on your feet
Once the basic principles and language of participatory

Shared control.
Ladder of participation showing areas where community planning works best.

의견 달기
초안을 더 나은 방향으로 바꾸기 위해서는 일반적인 의견보다 구체적인 제안을 해야 더 유용하다.

보고서를 향상시키는 제안

- 문장은 간단히 써라.
- 간단히 써라. 사람들은 많이 읽지 않는다. 길이가 긴 보고서 역시 큰 의미가 없으며, 적절한 논리를 펼치는 데 집중하라. 1. 2. 등 번호를 붙여서 정렬하는 것이 도움이 될 것이다.
- 시각적으로 하라. 좋은 이미지는 수천 개의 단어보다 가치있다. 전후의 사진은 변경안을 알리는 데 특히 유익하다.
- 사람들에게 영향력이 강한 짧은 인용구 또는 어구를 사용하라.
- 모든 이들이 당신을 신뢰하게 만들어라.

워크숍 보고서 구조

지루한 평가기술를 피하기 위해 단순한 형식과 수집된 자료들을 사용한다.
1. 워크숍 제목
2. 인원 현황 - 이름과 조직
3. 제기된 이슈 - 머리말과 주요내용
4. 제안 - 머리말과 주요내용

예시 보고서 구조

간단한 구조는 모든 상황에서 효과적으로 사용된다.

1 추천(1, 2, 3 등 많은 사람들이 읽을 수 있는 유일한 방법이다)
2 발전시키는 방법(주제 1, 주제 2 등 간결한 단락)
3 배경(왜 보고서가 필요하고 어떻게 제작되었는지)
4 주제(상세한 주요주제 - 선택적)
5 아이디어(모든 사람들이 동의하지는 않았지만 제안되었던 모든 아이디어들 - 선택적)
6 제안(무슨일이 생겼는지 - 자세하게)

부록(각각의 서류(자료)일 것이다)
　A 워크숍 초고
　B 출처들
　C 다른 관련된 정보

더 많은 정보제공

방법: 디자인 조력팀, 지역 디자인 보고서
시나리오: 플래닝 스터디, 238쪽의 편집 워크숍 형식을 참고하라.

방 법

사진 조사 Photo survey

사진 조사는 그룹이 그들의 환경을 사진으로 찍고, 그것을 가지고 토론함으로써 아이디어를 만들어내는 데 도움을 준다. 그것은 더 큰 커뮤니티의 윤곽을 만들거나 행사계획의 참여 혹은 독립된 활동을 하고자 할 때 쓰이게 된다.

사진 찍기
다른 사람들과의 공유에 필요한 중요한 지역 환경의 이미지를 만든다.

- 참가자들은 그들의 이웃과 개인적 혹은 팀을 구성하여 특별하거나 일반적인 주제를 정하고, 그것에 따라 장소와 이미지들을 촬영하러 다니게 된다.

- 이러한 과정을 거친 후, 사진을 분류하고 큰 종이 또는 지도 위에 위치시킨다. 사진들을 그룹으로 분류, 편집하고 포스트잇을 사용하여 의견을 덧붙이게 한다.

- 완성된 시트나 지도는 토론과 분석, 디자인의 기본자료로 쓰여진다.

✎ 사진 조사의 진행은 전체과정을 추진해 나가는 데 유용한 도움이 된다. 그러나 폴라로이드 카메라나 디지털 카메라, 빠른 인화 서비스(점심시간 동안 가능한)와 컴퓨터가 필요하다. 개인에게 일주일 정도 각자 사진을 찍어보게 하는 것은 스스로 보다 많은 생각을 할 수 있도록 해준다. 자신만의 원칙을 세우는 것이 필요하다.

✎ 만일 수동으로 출력한다면, 뒷면에 불일치한 번호들이 그 내용들이 확인되기 전에 출력될 것이다. 2장씩 출력하여 부정적인 측면에서 돌출될 수 있는 문제점을 안전하게 관리할 수 있도록 하라.

✎ 환경을 조사하는 데 있어서 옛날 모습과 현재 사진을 비교하는 것은 매우 효과적인 방법이다. 오래된 사진을 찾아보고, 같은 장소에서 새로운 사진을 찍는다.

✎ 완료된 사진 조사는 그 장소를 다른 장소들과 비교하고, 소개하는 데에 유용하게 사용된다.

₩ 필름 인화는 비용이 많이 든다. 예산이 부족하다면 한 팀에 한 통씩 지급하고 팀별로 돌아가면서 카메라를 사용하도록 하라. 디지털 카메라는 경비가 적게 드나, 장비마련에 많은 예산이 소요된다. 최근의 저가보급형 디지털 카메라도 충분히 좋은 사진을 얻을 수 있다.

"나는 사진에 모든 이들의 새로운 차원의 인식이 더해지는 것에 놀랐다."
Ning Tan, 필리핀 워크숍 진행자, 1995.

Methods P

사진 조사 과정

주변에 1시간 이내로 필름 현상이 가능한 곳을 이용하도록 하고, 만약 현상소가 없다면 폴라로이드를 사용하거나 두 팀으로 나누어서 활동한다.

1. 요약. 활동의 우선사항 정하기

진행자가 요약을 하고, 목표와 일정, 주제에 대해서 의견의 일치를 본다.

- 주요 예시
- 기억나는 장소와 이미지
- 아름다운 장소와 볼품 없는 장소
- 혼자 있기 적당한 곳, 함께 있기 좋은 곳, 놀기 좋은 곳
- 사적인 장소, 공공장소
- 보기 흉한 건물과 아름다운 건물
- 위협적 요소들

카메라와 필름을 팀별로 나눈다.30분간

2. 사진 찍기

팀별로 사진을 찍는다. 팀들은 같거나 다른 주제를 정할 수 있다. 지역의 크기에 따라 1~3시간

3. 점심시간 동안 인화하기

인화 작업 - 기본 사이즈로 인화1시간 30분

4. 발표 준비

팀들은 종이 또는 보드 위에 사진을 준비한다.
관련된 사진들끼리 모아둔다.
의견, 느낀점과 평가를 기호와 단어들로 포스트잇에 기록하여 첨부한다.
완성되면또는 시간이 종료되면 사진을 핀으로 고정하거나 풀로 붙인다.
종이에 이름을 쓰고 벽에 건다.1시간 30분

4. 전시

전시 관람. 쉬는 시간30분

5. 발표

전체 총회에서 각각의 팀별 이미지와 결론을 발표한다.
토론과 토의
동의 지역과 반대 지역을 기록1시간

이상적인 팀 수 : 6명에서 최대 8명의 6팀
실행시간 : 5시간 30분

사진 분류
Week-long planning 워크숍에서는 첫 단계를 주민들이 자신들의 집 사진을 큰 지도 위에 놓는 것부터 시작했다.

사진 자르기
큰 지도 위에 사진을 오려 붙인다. 이러한 방법은 사람들로 하여금 특정지역에 대해서 생각할 수 있도록 한다. 주어진 지역에 오려붙여진 사진은 사람들이 그들 지역을 어떻게 바라보고 있는지 비교해 볼 수 있도록 해준다.

더 많은 정보제공

- 방법: 합성 입면도, 지역 디자인 보고서, 지도화
  시나리오: 마을 부흥
- Countryside Commission
- Peter Richards, Deike Richards, Debbie Bartlett

THE **COMMUNITY PLANNING** HANDBOOK

방법

계획의 원조기구 Planning aid scheme

계획의 원조기구는 컨설턴트를 고용할 여유가 없는 개인이나 그룹들에게 자율적이고 독립적인 계획에 대한 조언을 무료로 제공한다. 기구는 사람들에게 계획 시스템을 다룰 수 있는 지식과 기술, 확신을 갖게 하고, 더 폭넓은 계획에 참여할 수 있도록 하는 것을 목표로 한다.

홍보용 인쇄물
구성요인, 제목, 지역을 구성하고 있는 것, 계획을 돕는 것이 무엇인지, 어떤 도움이 주어지는지, 비용은 얼마가 들 것인지를 싣는다.
도움의 실제 예들 : 연락해야 하는 사람들

- 계획의 원조기구는 일반적으로 정부나 지역 전문기관에 의해서 설립되고 운영된다.
- 적당한 전문적 계획가의 등록은 자원봉사자들의 시간에 맞추어 준비하여 설립한다.
- 사람들이 도움을 필요로 할 때, 등록되어 있는 자원봉사자 중에서 가장 적합한 사람과 연결시켜 준다.
- 자원봉사자들은 컨설턴트와 공공 사업기관의 적합한 요청이 있을 때 가능한 많은 도움을 준다.
- 기구활동이 잘 이루어지면, 유급직원들을 고용하여 전화 상담을 개설할 수 있으며, 출판물을 펴낼 수 있어 지역참여와 활동을 전문적으로 추진할 수 있게 될 것이다.

✎ 기구는 공공전문 교육기관에 의해 조정된다. 각 지역의 지점에서 기구를 지역별로 발표하고, 전문 계획가들이 자발적으로 일할 수 있도록 한다.

✎ 정부는 계획원조 시스템의 설립에 유용하며, 관리를 용이하게 할 수 있도록 도움을 준다.

₩ 성과목록의 관리 : 제공되는 물자
진행비용 : 조언에 관한 비용

Methods P

계획보조 서비스의 목록표

- 계획승인이 거절된 경우, 그 거절에 항의하기
- 공식적인 조사로 출판되었는가?
- 계획승인을 위한 신청
- 지역 디자인 보고서와 커뮤니티 계획 작성하기
- 구체적인 지역문제들과 발전적인 제안을 위한 지도
- 그 계획안 체제가 어떤 식으로 운영되는가
- 정보를 찾는 법과 적합한 사람들과 연락을 취하는 방법
- 계획신청이나 항의계획에 대하여 반대하거나 또는 지지한다.
- 지역계획을 준비할 때에 당신의 의견을 제안하도록 한다.
- 계획주체에 있어서 개인과 그룹의 권리
- 계획승인을 위한 요구
- 실행단계를 이해하기
- 발전적인 계획들의 다양한 방법 이해하기
- 대중 참여를 위한 가장 효과적인 방법 사용
- ....
  ....
  ....

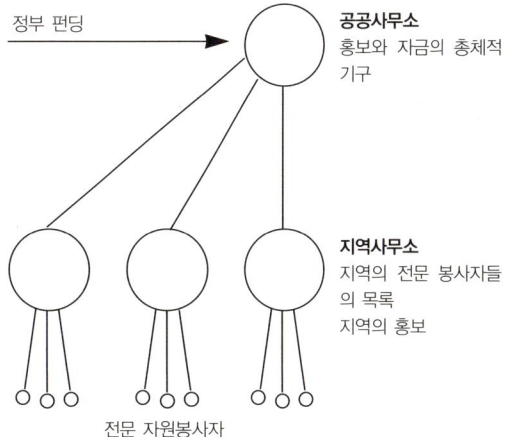

정부 펀딩 → 공공사무소
홍보와 자금의 총체적 기구

지역사무소
지역의 전문 봉사자들의 목록
지역의 홍보

전문 자원봉사자

계획의 원조 네트워크
계획개요는 공공단체의 전문기관에 의해 꾸려진다.
기구는 전문기관의 공공사무소에 의해 꾸려진다. 지역기구의 위치를 알려나가고, 자발적으로 활동하는 전문계획가의 목록을 관리한다.

전문가들의 이점

- 환경교육을 포함한 다양한 활동에 참여할 수 있는 기회가 있다.
- 커뮤니티 발전을 위한 참여에서 사람들을 도우면서 느끼는 만족감
- 지속적인 전문적 발전의 자원으로 활용된다.
- 사용자의 관점에서 계획 시스템에 대해 가치 있는 통찰력을 가지게 된다.

더 많은 정보제공
시나리오: 재생 기반
Royal Town Planning Institute(National Planning Aid Co-ordinator)

THE **COMMUNITY PLANNING** HANDBOOK

방법

> 친애하는 시민 여러분께
>
> 4월 25일 화요일 25 High Street에서 열리는 특별한 계획의 날에 당신을 초대할 수 있게 되어 기쁘게 생각합니다. 행사 전에 행사계획표, 손님명단, 간략한 보고서를 받게 될 것입니다.
>
> 행사의 형식은 성과물을 도출하기 위한 형태로 기획되었습니다. 지역의 모든 주요 이해관계자들뿐만 아니라, 성과물에 대한 깊이 있는 의견을 듣기 위하여 전문가 몇 분을 모셨습니다.
>
> 만약, 제안하고자 하는 것이 있으면 저희에게 꼭 알려 주십시오. 그것을 위한 시간을 마련하겠습니다.
>
> 일정준비를 위하여 참석 여부를 알려주십시오.
>
> ○○시장

계획의 날 Planning day

계획의 날은 수변지역이나 이웃과 도시를 탐색하고, 함께 생각을 고안하여 창의적으로 일하기 위한 가장 중요한 방법이다.

- 일반적으로 행사진행자가 참가자를 개인적으로 초대한다. 중요 이해관계자들의 대표적인 목적을 모으기 위함이다.

- 모든 참가자는 간단한 보고서를 받게 될 것이다. 계획 주간의 목적은 일의 착수뿐만 아니라, 지역에 관한 배경 정보가 보고서에 포함되어 있어 모든 사람들이 가장 최신의 지식을 토대로 개발과정을 진행할 수 있는 데에 있다.

- 워크숍 형식은 창의적인 아이디어의 개발을 고무시키는 방향으로 설계된다. ☞디자인 워크숍(60쪽)

- 진행자는 외부활동에서 독립적으로 활동할 수 있는 방법을 제공해 주어야 한다.

- 가능한 빨리 요약된 보고서가 발간되어야 한다. 그래야 제안들이 보다 많은 사람들에게 알려지게 된다. ☞98쪽 오픈 하우스 행사

✎ 개별적인 초대는 참석자의 균형을 맞출 수 있다. 그러나 다른 사람들을 위한 공간까지 침해하는 배타적인 비판은 피해야 한다.

✎ 단 하룻동안 진행되는 행사는 행사를 통해 모여진 정보들과 생각들이 쉽게 잊혀질 수 있다. 기록, 발표를 통해 도출된 결론이 유용한 자원이 되도록 해야 한다.

✎ '인식의 향상'을 위한 날을 몇 주 전에 개최하는 것은 행사의 추진력을 증가시키는 데 도움이 된다.

₩ 장소, 연회 음식, 주최측의 근무시간, 조력자 급여

"우린 이와 같은 행사가 더 많이 필요해요."
Planning day 참가자, Oxpens Quarter Initiative, Oxford, 1997

Methods

워크숍 세션
참가자들은 그룹으로 나누어 설명차트 주위의 테이블에 모여 앉는다.

전체 회의
워크숍의 결과물인 그림, 설명 차트를 벽에 걸고 보고서를 발표한다.

계획의 날 시간일정의 예

이상적 인원수: 40~80명
충분한 공간과 진행자가 확보된다면 워크숍당 10명까지도 가능하다.

시간	내용
10:00	**도착 및 티타임** 전시물 관람
10:30	**소개 및 간단한 발표회**
11:00	**브리핑 워크숍 : 화제와 기회** 참가자는 네 곳의 워크숍, 그룹의 한 곳에 위치한다. 1. 운송접근과 이동 2. 활동토지 이용 3. 전략적 이슈지역적 관계 4. 생활의 질환경
12:15	**전체 회의** 워크숍을 바탕으로 한 보고서
12:45	**점심시간 및 주위 산책 시간**
14:00	**디자인 워크숍 :** 선택적이며 제안적이다. 1. 지역의 배경 2. 마을의 배경 3. 장소 4. 강가 5. 새로운 광장
15:15	**전체 회의** 워크숍을 바탕으로 한 보고서
15:45	**티타임**
16:15	**다음 단계** 차후 활동계획
17:30	**발표** 자문, 인쇄
18:00	**리셉션**

더 많은 정보제공

방법: 워크숍 설명회, 디자인 워크숍, 신문의 부록
시나리오: 도시내부의 재생, 플래닝 스터디, 마을 중심부 개선

THE **COMMUNITY PLANNING** HANDBOOK

방 법

실천계획 Planning for Real

실천계획은 사람들에게 그들의 지역을 어떻게 향상시킬 깃인가에 대한 주제에 우선순위를 두고 제언을 초점으로 한 간단한 모델을 이용한다. 이는 매우 가시적으로 커뮤니티의 발전과 사람들이 가능성과 배경을 쉽게 발견할 수 있도록 하며, 즐기면서 전념할 수 있도록 하는 능력향상의 방법이다.

제안 카드
빈 종이를 준비해 사람들에게 자신의 생각을 채워나가도록 하게 한다. 색깔과 그림들을 이용하여 글을 못 읽는 사람들도 이해하기 쉽도록 한다.

- 보드지와 플라스틱 폴리스티렌을 재료로 한 3차원 근린주구 모형이 가장 좋으며, 지역주민들에 의해 만들어진다. 각각의 잘라 놓은 보드지를 접착아교로 붙여 만든 건물들을 계획대로 폴리스티렌 또는 하드 보드지 위에 배치한다.

- 그 모델은 지역의 여러 장소에서 개최되는 세션의 사전광고로 사용된다.

- 참가자들은 그들이 보고자 하는 것이 무엇인지, 어디인지예를 들면, 운동장, 주차장, 저수탑, 나무, 쇼핑를 가리키는 모델을 카드에 적어 둔다.

- 단체작업을 할 때에 필요한 활동순서에 따라 우선순위를 책정하고 그 카드를 분류한다.

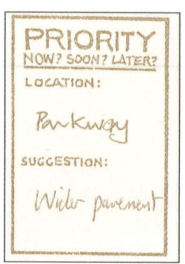

우선 사항 카드
이 카드는 모든 제안들과 그들의 지역을 기록하는 데 사용된다.

- 카드로 만든 키트를 구매하거나 참가자들이 사용 가능한 재료들을 오려내어 직접 만들 수 있다.

- 행사는 이전 참가경험이 있던 사람의 도움을 받는 경우에 가장 진행이 수월하다. 그러나 기본적인 아이디어는 자료키트에서 추출하는 것이 더 쉽다. 자료키트의 제작자는 – 근린주구 촉진재단 – 사용자들이 사용에 능숙해질 수 있도록 조언을 한다.

- 모형키트는 흥미의 향상과 새로운 시각의 창조에 유용하다. 그것이 섬세하게 디자인된다면, 몇몇은 후에 실제의 적용도 가능할 것이다.

₩ 800달러~2,400달러장소 및 재료가 소요된다. 조력자들은 몇 달간 훈련을 받는다

전형적인 실천계획의 예

1 **시작** 지역을 정하고 조언을 해주는 그룹을 만들어 지원을 한다. 모델 팩선택적임을 구입하거나 재료를 모아라. 3개월

2 **모델 만들기** 조언을 해주는 그룹에 의한 공동연습은 종종 학교의 학생들 또는 어린이들과 함께 이루어진다. 일반적으로 1 : 200 또는 1 : 300의 스케일로 한다. 각 집의 특징이 명확히 파악되고 운반하기 편리하다. 2일

3 **활동의 홍보** 지역주변을 모델로 선택하고 관심을 모으게 한다. 2주간

4 **세션의 훈련** 조언을 해주는 그룹과 훈련을 한다. 2시간

5 **세션 개최**
 - 한 번 혹은 그 이상, 다른 지역에서 개최한다.
 - 사람들을 모델 주위로 모으고 목표와 과정을 협력자가 설명한다. 10분
 - 참가자들은 모델에 각자의 제안을 놓아둔다. 전문가가 질문에 응답을 하되, 활동에 참여해서는 안 된다. 30분
 - 참가자들은 결과에 대해 토론하고, 모두가 만족스러워할 결과가 도출될 때까지 제안 카드를 재배치한다. 30분
 - 참가자들은 결과를 기록하고, 제안을 작성한 카드를 그것에 맞는 위치에 배치시킨다. 30분
 - 다음 단계와 작업단 설립에 관한 주요 주제를 토론한다. 20분

 (총 : 2시간 30분 – 일련의 따로따로 섞인 '제안' 세션과 우선순위의 세션은 가능한 한 떨어뜨린다)

6 **개별작업** 제안에 따라 2개월

7 **피드백** 뉴스 발행 1개월

의견 제안하기
참가자들이 모델 주위에 둘러서서 자신이 미리 작성한 제안 카드를 제출함으로써 각자의 견해를 밝힌다.

우선순위를 매긴다
소집단으로 작업하면서, 참가자들은 '현재', '가까운 미래', '먼 미래' 3부분으로 나누어 치트를 만들어 키드를 각 주제에 맞게 놓아둔다.

더 많은 정보제공

- 방법: 모형
 시나리오: 도시내부의 재생
- 건물 디자인 팩, 실천계획을 위한 행동 가이드. 실천계획 커뮤니티 팩. 실천계획 비디오. 조력의 힘
- 근린주구 설립재단은 장치의 도구키트를 공급한다.
- Margaret Wilkinson. 'Planning for Real'®is a registered trademark of the Neighbourhood Initiatives Foundation

> 방 법

간단한 발표회
팀 멤버들은 계획 주말을 시작할 때 지역의 지도자와 사무관에게 보고한다.

공개 발표
팀 일원들의 4일간의 집중적인 워크숍, 브레인스토밍, 협업 후

계획 주말 Planning weekend

계획 주말의 준비는 많은 노력이 필요하지만 변화를 위한 추진력을 발생시키고, 지역과 지역민 또는 도시의 모든 집단을 활동계획에 참여하게 할 수 있는 가장 효율적인 방법이다.

- 계획 주말은 강도 높고 조심성이 필요한, 주말 동안에 활동할 수 있는 프로그램들로 이루어진다. 일반적으로 5일 내내 지속적으로 - 월요일부터 금요일까지 - 활동 가능하나 시간은 유동적으로 조정할 수 있다. 주요 워크숍은 일반 대중들에게 개방된다.

- 주말에는 다양한 방면의 전문가 팀의 도움을 받는다. 전문가 팀은 지역 내·외부 전문가 모두로 구성할 수 있다.

- 마지막 날 저녁에는 지역사회에 제출되고, 전시되었던 일련의 제안들의 최종 결과물을 확인한다.

✎ 계획 주간은 - 종종 지역계획 주간이라고 불리운다. - 최소 6개월 이상 준비시간을 가지고 모든 집단의 의견을 수용하였을 때 최상의 효과를 가져온다.

✎ 장기적인 결과는 행사가 지역별로 조직되고, 이전에 참여경험이 있는 사람들로부터 지원을 받을 때 가장 효과적일 것이다.

✎ 지역 거주민을 행사 진행자로 고용하는 것은 지역발전을 위해 도움이 된다.

✎ 팀원에 저널리스트를 포함시키는 것이 좋다.

💰 조직가의 시간과 팀구성원의 책임자 비용 만 달러, 전문적으로 구성된 이벤트는 5만 달러 이상의 비용이 든다.
지역에서 조성된 이벤트는 5천 달러 이하로 가능하다.

"다양한 방법을 통해 미국인들의 커뮤니티 발전정책을 구체화 하는 과정은 변화해 왔다. 그리고 이러한 활동은 그들 지역의 성장과 변화에 직접적인 영향을 미친다.
건축전공 학생, 미국인, R/UDAT Handbook, 1992.

계획 주말 시간표

4일간의 행사 견본사용자에 맞추어 활용한다

	목요일
14:00 - 18:00	준비
	방배정
	물품 보급
	사인 제작
18:00 - 20:00	주최자, 조직원들의 마지막 모임
20:00 - 22:00	팀별 도착

첫째날   금요일

10:00 - 10:30	행사 개시/소개
	주최측의 환영 인사
10:30 - 12:30	조사, 답사
	관심 있는 사람들끼리 지역을 버스나 기차, 걸어다니며 방문한다.
12:30 - 13:30	점심식사
14:00 - 17:00	브리핑
	하고자 하는 대략적 관심분야와 요점에 관한 간단한 프레젠테이션
18:00 - 19:00	팀 재모임
19:00 - 20:00	저녁 및 친목회

둘째 날   토요일

9:00-10:00	팀 상황보고 · 발표
10:00-11:30	브리핑 워크숍 1
	같은 집단별로 전체 보고서 발표를 모두에게 공개하며 끝낸다.
11:30-13:00	브리핑 워크숍 2
13:00-14:00	점심시간 및 산책 시간
14:00-15:30	디자인 워크숍 1
	모두에게 공개한다. 전체 보고서를 발표하고 끝낸다.
	10~15명씩을 한 집단으로 한다.
15:30 - 17:00	디자인 워크숍 2
17:00 - 19:00	휴식 시간
	메모, 운동하기
19:00 - 23:00	팀별 브레밍스토밍 저녁시간

셋째 날   일요일

11:00 - 12:00	팀별 편집 모임
	구성안 제안, 목표달성을 위한 전략 세우기
12:00부터 계속	보고서, 전시회와 슬라이드 쇼 제작
	필요한 부분 반복
	가능하다면 팀별로 취침 및 식사

넷째 날   월요일

하루 종일	보고서, 전시회와 슬라이드 쇼 제작
가능한 늦게	보고서 인쇄
가능한 늦게	컬러 슬라이드 제작하기
하루종일	청소하기
	주변정리와 짐싸기
19:00 - 21:00	공동 발표
	슬라이드 쇼, 토론, 정식 사의, 슬라이드 쇼, 토론, 보고서 배급
21:00 - 23:00	송별 친목회

이상적 인원수: 100~250명
팀 수: 10~30팀

충분한 공간과 워크숍 진행자라면 많은 인원의 식사를 준비해야 할 것이다.

더 많은 정보제공

- 방법: 워크숍 설명회, 디자인 워크숍
  시나리오: 두시내부의 재생, 지역 근린주구 기획, 신문 보급
- 활동 계획, 창조적 디자인
  도시를 위해 보조 인력

THE **COMMUNITY PLANNING** HANDBOOK

방 법

	지금	곧	차후
우리 스스로 할 수 있나	■		■
약간의 도움을 받아 할 수 있다		■	■
도움과 약간의 재정적 지원을 받아 할 수 있다	■	■	
주정부와 협력하여 할 수 있다	■		■
할 수 없지만 주정부나 다른 지방관청에 필요사항을 얘기할 수 있다	■	■	■
다른 곳에서 도울 수 있는가?		■	

우선권 결정 프로젝트
가능한 프로젝트나 필요한 활동을 규명하는 카드 행렬

우선권 결정 Prioritising

우선권 결정은 해야 할 내용과 시기의 우선권을 정하는 방법이다. 이것은 모든 의사결정에 있어서 중요하며, 결과에 대해 전체적 동의를 얻어야 할 때는 그룹 활동으로 행해져야 할 필요가 있다.

- 다양한 선택항목들이 브레인스토밍과 조사 등 다른 방법으로 만들어진다.

- 선택항목들의 우선권 결정을 간단하고 시각적인 그래픽 형태로 보여주게 한다. 그 방법으로는, 이 책 46~47, 81, 88~89쪽에 나온 세 가지 예들을 포함한 다양한 방법이 있다.

- 주제에 대한 토론과 발표 후에 참가자들은 스티커나 카드를 이용하여 개인별 선택을 한다.

- 결과는 분석되어 의사결정이나 추가적인 토론에 대한 기초자료를 제공한다.

✎ 종종 사람들에게 다른 사람의 투표와 토론결과를 본 후에 자신의 투표를 바꿀 기회를 주는 것이 필요하다. 이것은 사람들이 복잡한 상황에 대해 충분히 생각할 수 있게 해준다.

✎ 주제에 적당한 그래픽 형태를 찾는 것이 진행자의 기술이다.

✎ 특히 다수의 사람과 선택항목이 포함된 경우, 결과 데이터를 가공하기 위해 컴퓨터를 적절히 사용한다.

₩ 가능한 한 진행자에 대한 약간의 보수 외에는 큰 비용이 들지 않게 하라.

운명의 바퀴 우선권 결정 방법론

한 그룹에서 총 20개의 경쟁 우위들을 분류해내는 방법이다. 워크숍이나 공적인 모임에 적합하다.

1. 준비
바닥이나 테이블에 큰 정사각형을 만들기 위한 큰 종이 몇 장을 붙인다. 그룹의 규모가 클수록 정사각형의 크기가 커야 한다. 종이에 큰 원을 그리고 선택항목들의 개수만큼의 조각들로 나눈다.

2. 붙일 수 있는 색종이
참가자들은 각자 3개의 카드나 포스트잇을 받는다. 다른 이익집단을 대표하는 사람들에게 다른 색깔의 종이가 주어질 수 있다.

3. 투표
참가자들은 해당 조각에 카드나 포스트잇을 둠으로써 그들의 상위 3가지의 우선권을 택한다.

4. 토론과 기록
투표결과를 산정하고 추가토의를 위하여 기록한다.

※ 이 과정을 다른 그룹들에게 반복하여 사용하도록 한다.

이상적인 수: 10~15명
소요시간: 20분

울타리 우선권 결정 방법론

한 그룹이 모순되는 선택사항들이 있는 주제에 대해 다수결로 관점을 모으기 위한 방법이다. 주제에 대한 설명과 토론 뒤에 실행하는 것이 적당하다.

1. 주제들의 목록이 전문가에 의해 준비된다.
2. 주제들을 중간에 울타리가 있는 선들에 도표로 그려넣는다. 아래 그림
3. 참가자들은 각 주제에 대해 차례로 토론한다. 토론 후에 각 참가자들은 줄을 따라 어딘가에 점을 둔다. 줄의 끝 쪽에 놓인 점은 해당 선택항목에 대한 강한 긍정을 의미한다. 중간쪽에 있는 점, 즉 '울타리'에 있는 점은 긍정이나 부정 어느 쪽에도 치우치지 않음을 의미한다.
4. 가장 많은 점들이 집중되어 있는 항목 또는 모든 점의 총합의 평균치를 커뮤니티의 견해로 간주한다.

예 : 신 거주지 조성계획

		울타리	
이웃 : 5분 거리(400m) 내 ●●●●●●		●	일체감 없는 이웃 구조 ●
쇼핑 : 걸어갈 수 있는 작은 소매점 ●●●●●●		●	운전을 해야 갈 수 있는 거리의 대형 상점 ●
도로 : 제한속도 시속 50km인 신도로 ●●		●	제한속도 시속 80km인 신도로 ●
차도 : 소음이 없는 직통 교통수단으로 연결된 거리		●	막다른 거리가 있는 곡선거리 구조 ●●●
업무/주거 : 업무지역과 주거지역 혼합 ●●			업무지역과 주거지역 분리 ●
통합 : 주변지역과 연결된 발전 ●●			신 자기완비적(self-contained) 커뮤니티 ●●●

더 많은 정보제공

방법 : 디자인 워크숍, 아이디어 대회, 세부계획 워크숍, 실천계획

행렬 : 근린주구 설립재단
운명의 바퀴 : Robin Deane, 1066 Housing Association. Peter Richards, Deicke Richards Architects

방법

진행계획 세션 Process planning session

> **Anywhere 포럼**
> Anywhere 재생을 위한 커뮤니티 계획
>
> Anywhere 포럼의 모든 구성원들은 지역재생의 촉진에 지역민들의 참여를 위한 전략계획 워크숍과 슬라이드 쇼를 위해 방문을 실시합니다.
>
> 2월 17일(월) 오후 7시~9시 30분
> 장소 : Anywhere 커뮤니티 센터
> 이 만남은 Anywhere의 미래를 위한 중요한 만남입니다.
> 문의는 아래로 연락바랍니다.
> Joan Simms 간사
>
> Anywhere Forum, 227 Farley Way
> Tel : ○○○-○○○○

진행계획 세션은 사람들이 특정상황에 가장 적합한 공공참여 진행방법을 결정하기 위해 함께 일하도록 한다. 커뮤니티 계획의 기획 초기단계와 정기적인 진행계획회의의 개최에 특히 유용하다.

- 모든 그룹에 의해 만들어진 성과를 확실히 하기 위해 가능한 많은 주요 이익집단이나 투자자들을 초대한다.
- 보통 외부진행자가 참가자들에게 다양하고 유용한 선택사항들을 소개하고, 그들 각자가 진행과정을 계획하도록 돕는다.
- 진행과정을 공정하고 투명하게 하기 위해 일반적으로 정식 워크숍 형태예: 오른쪽 '실행 계획지 예'를 따른다.
- 전체적인 과정을 검토할 필요가 있을 때마다 정기적으로 회의를 연다.

저녁회의
경찰, 거주민 그리고 다른 투자자들이 한 커뮤니티 센터에서 저녁 진행계획회의에 참여하고 있다. 이것은 7개월 후의 실행계획 주말로 연결된다.

- 사람들이 편하고 느긋하게 느끼도록 하라. 참가자들을 원탁에 둘러앉도록 하고, 중간에 점심을 제공하는 것도 공무원이나 기업인들에게 좋을 수 있다. 일반적으로 저녁회의 때에는 중간에 저녁 식사가 나오는 것이 거주민들에게 더 좋다.
- 진행이 원활하지 않게 하는 방해행위에 대한 경계를 하라.
- 슬라이드나 비디오와 같은 도구를 사용하여 보여주는 것이 참가자들이 집중하도록 하는 좋은 방법이다.
- 선택항목을 보여주기 위해 외부의 진행자를 초청하라. 하지만 시작단계부터 모든 것은 참가자 중심으로 진행해야 한다.

₩ 회의장소, 음식, 발표자 보수

진행계획 세션 형식의 예

1. 소개
진행자가 행사목적과 내용에 대해 설명한다. 모두가 자신이 누구이고 회의에 대한 바람이 무엇인지 간단하게 얘기한다. 15분

2. 발표
영감을 제공하기 위해 가능한 진행사항들에 대한 슬라이드쇼나 비디오를 보여준다. 최대 45분

3. 목표
종합적인 목표와 특정제약에 대해 짧게 토론한다. 15분

4. 휴식 다과회

5. 개인 아이디어
사람들이 아래 또는 182~187쪽에 있는 각 양식지를 채워넣는다. 또는 종이의 빈 칸에 그들의 생각을 더한다. 최소 10분

6. 그룹 아이디어
사람들이 그룹이상적인 수 : 4~8으로 나뉘어진다. 각자 자기 그룹에 개인 아이디어를 설명한다. 그룹은 하나의 아이디어를 추구하고 발전시키기 위해 투표한다. 최소 20분

7. 되풀이 보고
각 그룹은 참가자 전체에게 그들의 아이디어에 대한 간략한 프레젠테이션을 한다. 각 그룹당 5분

8. 선택
적합한 아이디어를 고르고 개선방향과 다음 단계에 대해 토론한다. 최소 10분

이상적인 수: 16~20명 더 많은 수도 상관 없다
소요시간: 2~4시간 3시간이 무난하다

이 형식은 어떤 특정 지역이나 주제를 염두에 두지 않은 일반적 훈련을 목적으로 쓰일 수도 있다.

점심식사 세션
중요 활동가를 위한 점심식사를 겸한 세션. 네 테이블 중 한 테이블에 모여(소유주, 행정관계자, 복지그룹) 중요한 마을센터의 재생기획을 위한 개발진행방법을 결정한다. 이는 1년 후 디자인 워크숍이나 오픈 하우스 이벤트로 이어진다.

실행 계획지 예

상황에 맞추어 변경하고, 답할 공간을 남겨 놓아라.

목표
1. 무엇을 성취하고 싶습니까?_____
2. 주요 주제가 무엇입니까?_____
3. 어떤 지리학적 지역에 관계가 있습니까?____

과정
4. 어떤 방법론을 선호합니까?_____
5. 언제 실행이 진행되어야 합니까?_____
6. 포함되어야 할 주요 인물들은 누구입니까?____
7. 어떤 전문적 기술이 필요합니까?_____

조직
8. 어떤 조직이 이끌어야 합니까?_____
9. 이 외에 도와야 할 사람은 누구입니까?_____
10. 예상비용은 얼마입니까 그리고 누가 부담합니까?_____
11. 다음 단계는 누가 담당합니까?_____
12. 기타 의견_____

더 많은 정보제공

시작하기 14쪽. 유용한 양식 184~189쪽
시나리오: 지역 근린주구의 기획. 플래닝 스터디.
마을 중심부 개선

> 방 법

시찰 여행 Reconnaissance trip

시찰 여행은 지역 관계자와 기술 전문가들로 이루어진 팀이 고려 대상 지역에 직접적 조사를 행하는 것을 뜻한다. 이 여행은 커뮤니티 계획 과정의 시작에서부터 참가자 모두를 물리적 환경과 주요 이슈에 친숙해지도록 하고 중간과정을 검토하는 데 사용된다.

지역 투어
중요한 특징들이 표시된 잘 짜여진 여행경로

- 여행경로는 지역의 중요한 특징과 주제들이 포함되도록 계획한다. 그 경로는 도보 또는 버스나 보트 또는 다른 교통수단으로 이동할 수 있다. 건물이나 시설에 대한 방문도 포함할 수 있다.

- 시찰 여행은 지역민과 기술 전문가들로 이뤄진 그룹에 의해 수행된다. 보통 팀 리더가 그룹을 안내하고 속도를 조절할 것이다.

- 그룹은 메모나 스케치를 하고 사진을 찍는 등 형식에 구애받지 않는 그들 고유의 방법으로 사람들에게 전달한다. 그들은 보다 정확성을 기하기 위해 기존의 계획들을 검토할 수 있다.

- 여행이 마무리될 때에 보고가 이루어지고, 메모와 다른 자료들은 계획과정의 다음 단계에 유용하도록 하나의 형식으로 정리된다.

✏ 정보가 거의 없는 경우, 여행경로는 특정한 횡단면 그림이나 지도를 만들어내는 방향으로 계획한다.(오른쪽 그림)

✏ 15인이 넘는 그룹은 규모가 너무 크다고 볼 수 있다. 후의 다른 경로에서는 더 작은 그룹으로 나누어 메모의 내용을 비교하게 하라.

✏ 언덕이나 높은 타워에서 내려다보는 시점은 특히 유용하다. 재정적인 여유가 있다면, 헬리콥터나 경비행기를 활용한 여행도 가치 있다.

✏ 미디어, 특히 TV와 관계 맺을 좋은 기회이다.

상공에서 내려다봄, 미디어와 함께, 지상에서
(위에서부터)

₩ 교통비, 주최자의 시간

커뮤니티 계획 입문서

시찰 여행 시간표

거의 하루 종일 소요되는 복잡한 여행의 사전계획의 예

1. **브리핑** : 여러 주요 분야의 구성원에 의해홀이나 미팅룸

2. **버스** : 더 넓은 지역의 여행. 지역 거주자와 계획자에 의한 설명, 높은 조망지점과 주요 건물 및 부지 경유

3. **점심** : 기업인들과 함께 지역의 식당

4. **도보** : 중심가 주변. 상인들에 대한 어느 정도 조직화된 인터뷰. 부지이용계획에 대한 자세한 검토

5. **다과** : 지역 주민들과 함께 커뮤니티센터에서 토론

6. **방문** : 예술센터 방문, 지역 공예전시 관람, 예술가들과 토론

7. **팀 미팅** : 보고와 재검토

도보 형식

정보가 거의 없는 곳에서 단순한 도보 여행을 위한 사전계획

1. **인원 선정** : 도보로 여행할 사람의 선정. 관심 분야를 확인한다.

2. **경로와 주제 결정** : 고려 중에 있는 주제들을 포함하는 경로 계획예: 부지 이용 변화, 개발 압력, 위험요소

3. **도보** : 스케치와 메모를 하고 비형식적인 인터뷰와 사진을 찍으며 경로를 도보로 여행한다.

4. **측면도 작성** : 모든 메모와 스케치를 편집한다. 지도나 다이어그램 형태로 측면도를 준비한다.

5. **전시** : 회의와 계획을 위한 기초자료로 측면도를 사용한다.

둘러보기
개발이 제안된 대상지와 보존지구로 제안된 공장을 둘러보고 토론한다.

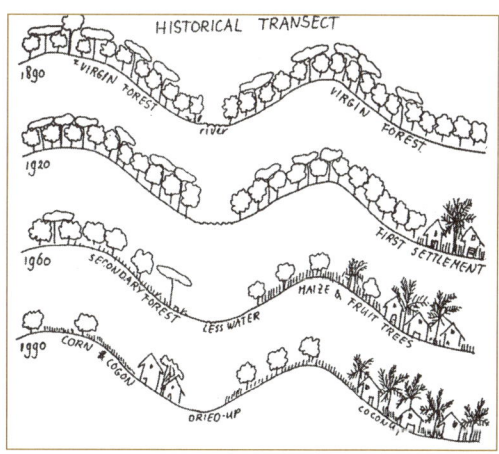

역사적 커뮤니티 측면도
도보의 결과로 나온 다이어그램. 지난 세기 동안의 조경발달을 보여준다.

> **더 많은 정보제공**
>
> 방법 : 디자인 조력팀, 다이어그램, 지도화, 계획주말, 재검토 세션
> 시나리오: 새로운 근린주구

방법

재결합
지역 주민들이 만든 케익이 재검토 회의를 위해 실행계획의 장소로 돌아가는 팀 구성원들에게 새로운 분위기를 조성해주었다.

재검토 세션 Review session

재검토 세션은 진행과정을 모니터링하고 추진력을 유지하는 유용한 방법이다. 실행계획 행사나 다른 커뮤니티 계획 기획이 추진된 후 몇 주 혹은 몇 달, 몇 년 후에 재검토 회의가 열릴 수 있다.

- 기획의 성과를 평가하고 진행과정을 검토하는 참고자료가 생산된다.
- 이전 활동에 참여했던 모든 사람들이 통상 하루가 소요되는 이 회의에 다시 초대된다. 초청장은 향후 참여를 원하는 사람들에게도 보낼 수 있다.
- 프로그램은 진행과정을 재검토하고 초기기획을 평가하고 다음 단계를 결정하기 위한 방향으로 구성된다.예: 재검토 세션 시간표(오른쪽)
- 회의에 대한 보고서가 작성되고 배부된다.

✎ 시기가 중요하다. 재검토 회의를 너무 일찍 열면 무의미하고 반면, 너무 늦게 열면 추진력을 잃을 수 있다.

✎ 교제와 교류의 기회를 포함하여 다양하게 즐길 수 있는 행사로 만들어라.

✎ 많은 변수가 있기 때문에 특정한 기획 성과를 꼼꼼히 평가하는 것은 항상 어려운 일이다. 아무도 전체적인 그림을 가지고 있지 않을 것이다. 진행과정 모니터 요원이 초안을 만들고 배부하여 논평을 받아라.

✎ 새로운 사람들과 그룹들, 특히 사전에 참가하지 않아서 소외감을 느끼는 사람들을 참여시키는 좋은 기회이다.

₩ 회의장소, 준비, 이동비용, 다과

보고 예시
재검토 회의를 위해 실행계획 행사에서

Methods R

평가과정
팀 구성원과 활동계획 주의 참가자들이 진행과정을 평가하고 추후의 계획을 짜기 위해 16개월 후에 다시 만난다.

재검토 세션 시간표

시각	내용
10:00	**도착 & 다과** 전시자료 관람
10:30	**도보 여행** 지면에서 경관을 관찰하기 위하여
11:15	**되풀이 보고** 기획을 수행한 사람들에 의해
12:15	**평가 회의** 그룹별 일반적인 평가
12:45	**점심** 특별한 그룹예: 외부의 팀 구성원들을 대상으로 추가평가회의
14:00	**다음 단계** 지금 필요한 활동과 담당자의 목록 작성
15:15	**다과 & 교류**

이상적인 수: 30~40명

더 많은 정보제공

- 시나리오: 도시내부의 재생, 지역 근린주구 기획, 마을 부흥
  유용한 양식: 과징 감톡, 평가 양식
- Mount Wise Action Planning.
- Dick Watson

THE COMMUNITY PLANNING HANDBOOK

방법

위험 평가 Risk assessment

위험 평가는 커뮤니티가 직면한 위협 또는 '위험요소'의 분석에 필요하나. 이 과정은 모든 계획과정에 기본적으로 사용되어야 한다. 대부분의 커뮤니티들은 어떤 위험에 직면해 있기 때문이다. 특히 이는 자연재해나 인재를 당하기 쉬운 취약한 커뮤니티에게 가장 필요하다.

- 위험 평가는 다음 세 가지 요소로 구성된다.
  - **위험요소 평가** - 존재하는 위험요소와 그것들이 발생할 가능성, 위험요소들의 예측강도, 효과를 이해한다.
  - **취약점 평가** - 누가, 또 무엇이 위험요소들에 취약한지 이해한다.
  - **역량 평가** - 취약점을 줄이기 위해 어떤 역량들이 커뮤니티 내에 존재하는지 이해한다.

- 방법론의 종류는 커뮤니티가 위험을 줄이기 위해 실행한 기초단계로서, 그들만이 가지고 있는 위험 평가표는 쉽게 작성하는 데 사용된다. 오른쪽 상자 참고 대부분은 그룹 작업을 필요로 하고 가능한 한 촉진자를 포함하는 것이 좋다.

- 커뮤니티가 자신이 직면한 현실과 위험의 규모를 명확하게 이해하는 결과를 낳는다. 위험을 줄이기 위해서 무엇 – 예를 들어, 새로운 지역기획, 외부자원, 전문기술과 같은 – 이 필요한지를 이때서야 결정할 수 있다.

✎ 친절한 계획과정을 통해 자연과 인간에 의해 만들어진 위험요소와 종종 무시되기 쉬운 드물게 발생하는 위협들을 검토할 수 있는 것이 큰 이점이다.

✎ 가치를 헤아릴 수 없는 지식자원에 대한 지역의 위급상황 대처 서비스가 필요하다.

₩ 적용되는 접근수단과 필요한 방법에 따라 다양하다.

당신의 커뮤니티는 다음 요소에 의해 위협받은 적이 있는가

- ☐ 사고(자동차, 기차, 비행기)
- ☐ 무장 전투
- ☐ 시민 분규
- ☐ 폭풍
- ☐ 산림 벌채
- ☐ 가뭄
- ☐ 지진
- ☐ 환경 파괴
- ☐ 전염병
- ☐ 화재
- ☐ 홍수
- ☐ 강제 이주
- ☐ 과도 성장
- ☐ 해충
- ☐ 오염
- ☐ 해일
- ☐ 토네이도
- ☐ 과도한 관광객
- ☐ 교통 혼잡
- ☐ 종족 전쟁
- ☐ 태풍
- ☐ 화산 폭발

위험요소 체크리스트
커뮤니티가 직면할 수 있으나 종종 대처하기에 너무 늦을 때까지 무시되는 전형적인 위험요소들. 심각한 정도는 요소들마다 다르지만, 평가하고 위험을 줄이는 원리는 모든 요소에 동일하게 적용된다.

Methods R

취약점과 역량 행렬

잠재적 위험요소	홍수	취약점	역량
물리적 & 물질적 무엇이 취약한가? 다루기 취약한 자원은 존재하는가?		• 저지대의 주택과 농장 • 홍수에 의해 오염된 물의 공급 • 식량공급이 중단됨	• 사람들이 재산을 보호하기 위해 보트를 소유하고 있음 • 확실한 피난센터가 존재함
사회적 & 조직 누가 취약한가? 취약점을 줄이기 위해 어떤 자원이 존재하는가?		• 위락지대의 사람들(가족들) • 이주 노동자 • 수영할 수 없는 사람들(특히 여성)	• 커뮤니티 수준의 조직 • 경보 시스템 존재. 재해에 대처하는 위원회 기능
동기부여 & 태도 어떤 태도가 취약점을 만드는가? 이 상황을 개선하기 위한 어떤 역량이 존재하는가?		• 개인주의 • 커뮤니티 정신 및 협동심 부족	• 젊은층에 의한 새로운 적극적 태도 • 자발적 조직들

참여형 위험평가 방법론

위험요소와 위험성 지도작성
위험요소와 그런 요소들로부터 위험에 처한 사람, 건물 및 기반시설과 함께 지도에 그린다. ☞지도작성

모의시험 실습
실현가능성 있는 위험요소들의 효과를 실연한다. 존재하는 위험 수준에 대한 새로운 기획의 영향을 평가하거나 지나간 위험요소들의 영향을 이해하기 위해서이다. ☞모의시험

위험요소 또는 위협의 순위 매기기
커뮤니티의 인식과 필요에 따라 다양한 위험요소들의 중요성에 대한 우선순위를 매긴다. ☞커뮤니티 윤곽잡기

취약점과 역량 평가
확인된 각각의 위험요소에 대한 커뮤니티의 취약점과 그것을 다룰 역량의 내용을 집계한다. 위의 예 참고

취약점과 역량 행렬 완성
2차적인 정보원과 커뮤니티의 윤곽을 잡기 위한 세션을 통해 일반적이고 특별한 위험정보가 카테고리 안에 수집되어 위와 같이 정리된다. 이것은 보통 큰 벽에 부착되는 차트를 사용한 그룹 회의에서 행해진다. 각 위험요소에 대해 개별적인 차트가 완성된다. 남성과 여성 그리고 다른 부류를 위한 개별적인 차트를 만들 수도 있다. 완성된 행렬은 제안된 기획이 커뮤니티의 취약점과 역량에 미치는 영향을 시험하기 위해, 또 그것의 수행을 모니터하기 위해 사용된다.

더 많은 정보제공

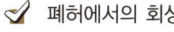 방법: 커뮤니티 개요정리, 지도화, 시뮬레이션
시나리오: 재난 관리, 빈민촌의 개선

✓ 폐허에서의 회생

☆ Roger Bellers, Nick Hall

방 법

로 드 쇼 Road show

로드 쇼는 지역 주민들의 요청에 의해 전문직으로 제직된 도시 설계안을 만들기 위한 워크숍, 전시 그리고 일련의 심포지엄을 연계시킨다. 그것은 폭넓은 토론을 확보할 비평적인 에너지와 수행의 기동력을 만들어내는 좋은 방법이다.

- 전체적인 주제는 조직원들빈 부지 또는 황폐한 토지와 같은과 주의를 요하는 근린주구의 많은 부지에 대한 동의를 얻는 것이 된다.

- 선정된 각 부지에 대한 개선계획을 준비하기 위해 공모를 통한 전문가 그룹이 선택된다.

- 선택된 팀들은 지역 주민들과 함께 디자인 워크숍을 진행하고 제안서를 준비하며, 결과물을 상호교류 전시회에 전시한다.

- 최종 단계의 심포지엄은 결과를 토론하고, 계획의 기동력을 높이며 추진력을 향상시키기 위해 열린다. 많은 홍보비용이 필요할 수도 있다.

✎ 로드 쇼는 지방 정부와 커뮤니티 그룹들의 적극적인 지원을 받는 독립적인 주체가 조직할 경우 성공적으로 이뤄질 가능성이 높다.

✎ 동시에 수행되는 다른 홍보와 관련 활동(학교 워크숍, 비디오 발언대, 라디오 청취자 전화참여 프로그램과 같은)은 추진력을 높일 수 있다.

₩ 조직원들의 시간(적어도 매달 세 명), 광고 재료, 설계팀 보수(선택적), 심포지엄 개최지

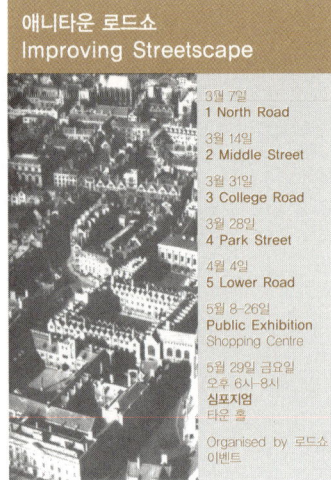

광고 리플렛 견본
주요 구성물 : 부지를 보여주는 지도, 워크숍 일시와 장소, 전시회와 심포지엄, 구체적인 조직원과 스폰서 등, 목적과 목표

"사람들이 지혜를 모아 우리 모두가 가지고 있는 문제에 대한 토론을 한다는 것은 훌륭한 형식이다. 그것을 통해 우리 환경의 조절에 있어 절실히 필요한 토론이 시작되었다. 그 토론이 계속되기를 바란다."
Roger de Freitas, Hammersmith Society, Summary Symposium, Architecture Foundation Roadshow, 1998년 5월 28일.

Methods R

로드 쇼 시간표 예시

- **1~3월 준비** 지역, 주제, 부지를 정한다. 주요 그룹들의 후원과 재정지원을 확보한다. 형식과 상세계획을 준비한다.

- **4월 설계팀을 위한 공모 공지** 전문가 팀을 뽑기 위한 공개경쟁

- **6월 팀 선택** 기술적 능력과 함께 지역 커뮤니티와 협력하여 일할 수 있는 능력을 고려하여 선택

- **7월 공식적인 공개 착수** 언론홍보를 확보하기 위해

- **8~9월 공식 워크숍** 디자인 팀을 알리기 위해. 부지당 하나의 워크숍

  학교 프로그램 학생들의 제안을 얻기 위한 워크숍

  비디오 발언대 광범위한 대중의 견해를 얻기 위해 잘 보이는 곳에 설치한다.

- **10월 설계 시간** 제안서를 마무리하기 전에 접근 방법들을 나누기 위해 모든 설계팀과 지역의 중요한 제3의 이해관계자를 대상으로 하루 동안 열리는 비평

- **10월 제안서 전시회** 논평할 사람들을 준비한다. 심포지엄이 열리는 개최지보다 현장에서 여는 것이 좋다.

- **10월 심포지엄** 많은 경력을 가진 연설가와 언론의 참여로 이루어진다.

- **11월 계획 수정** 논평에 따라

- **12월 보고서 발간**

이상적인 수: 10개 지역과 설계팀
총 소요시간: 1년

제안서 전시회
설계팀의 제안서가 공식적으로 전시되고, 공적인 심포지엄은 지속적인 토의와 대화를 통해 질적으로 심화된다.

더 많은 정보제공

📎 **방법**: 디자인 워크숍, 아이디어 대회, 상호작용의 전시, 디자인 축제, 가두연설 비디오 박스

✉️ Architecture Foundation

THE COMMUNITY PLANNING HANDBOOK 125

방법

시뮬레이션 Simulation

시뮬레이션은 실제의 사건이나 활동을 재연하는 데 사용된다. 참가자들과 관찰자들이 계획을 공식화하기에 앞서 정보와 통찰력을 얻도록 돕는다. 실험적인 계획을 만드는 데에도 사용된다.

- 시뮬레이션할 사건이나 활동을 선택한다. 지진과 같은 자연이나 인간에 의해 일어날 위험요소 또는 일상생활에서의 거리나 건물이 선택될 수 있다.
- 다양한 관점에서 그 사건이나 활동을 경험한 사람들이 워크숍 회의를 위해 모집된다.
- 사람들은 개별적 또는 그룹으로, 그 사건이나 활동을 드라마로 실연한다. 보통 주의 깊게 짜여진 실습이 진행자에 의해 미리 준비된다. 오른쪽 예시 참고
- 주요 정보와 떠오르는 이슈들을 앞으로의 활용을 위해 기록한다.
- 미래의 활동을 위해 건의사항들을 확인한다.

✎ 다른 방법으로는 얻기 힘든 정보를 얻는 재미있는 방법이다.
✎ 팀 건축과 역할 명시를 위한 좋은 과정이 된다.
✎ 사람들이 준비할 시간을 필요로 할 수도 있다. 따라서 방법을 미리 설명해야 한다.
✎ 사람들이 스스로 한 작업을 반성하도록 각 시뮬레이션 실행 후에 토의 시간을 주어라.
₩ 재료를 위해 필요한 최소 비용, 필요할 경우 진행자의 보수 추가

시뮬레이션 실행 예시

1. **시뮬레이션할 사건이나 활동 결정**
   예: 최근의 홍수

2. **실행설계**
   목적, 과정, 재료가 설계되어야 한다.

3. **참가자 모집/역할배정**
   예: 서로 다른 홍수의 피해를 받은 지역 커뮤니티에는 수해구제와 홍수를 피해가는 방법을 가르칠 공무원과 기술 전문가를 추가한다.

4. **목적설명**
   예: 향후의 홍수 피해를 줄이기 위한 방법의 결정과 사람들이 최근 홍수에 어떻게 대처했는지를 이해하기 위해 설명한다. 10분

5. **그룹으로 나눔**
   각 그룹이 드라마의 형식으로 해당 사건이나 활동의 서로 다른 면을 실연하도록 준비하게 한다. 예: 홍수 전, 홍수가 일어나는 동안, 홍수 후 또 각 그룹은 발표자를 뽑도록 한다.

6. **그룹 작업**
   각 그룹은 주요 질문에 대한 대답에 따라 유도된 토의를 통해 드라마를 준비한다. 예: "홍수가 일어난다는 것을 언제 어떻게 알았는가?" 발표자는 떠오르는 주요 이슈들을 메모한다. 60분

7. **본순서 : 드라마와 발표**
   각 그룹은 발표자가 주요 이슈의 요약된 발표내용에 따라 드라마를 실연한다. 일반적인 토론. 60~90분

8. **재검토**후에 또는 휴식 후에
   제기된 이슈나 관심사에 대해 재검토한다.
   다음 단계에 대한 토의 30분

이상적인 수: 18~24명 6~8명의 그룹 3개
소요시간: 140~170분 재검토를 위한 30분 추가
메모: 아직 일어나지 않았지만 미래에 일어날 가능성이 있는 사건을 모의실험하기 위한 실행과정에 사용될 수 있다.

사건실연
재해 관리를 개선하기 위한 현장 워크숍에서 그들이 최근의 태풍에 의해 어떤 피해를 입었는지 드라마로 표현하는 지역 주민들

더 많은 정보제공

- 방법: 커뮤니티 개요정리, 현장 워크숍, 게임하기, 위험 평가
- Roger Bellers, Nick Hall

방 법

Bath 뉴스
"쇼핑을 하는 사람들이 Southgate 아이디어에 대해 발언하다."

"거리 전시대는 우리 모두에게 매우 귀중하고 기운을 돋구는 경험으로 생각되었다. 우리는 그 흥미로움에 압도되었다. Bath의 사람들이 보고 싶어하던 배경에 대한 우리들의 모든 계획이 그후 개발되어졌다."
학생 보고서, Wales의 건축 대학들 중 1인자, Bath 프로젝트, 1996.

"그날은 행인들의 강한 흥미를 불러일으키고 그로 인해 뜨거워진 어떤 열정이 있었다. 대중적이고 건설적인 어떤 것에 연관된다는 점에서 트러스트에게 좋았다. - 우리는 종종 사람들에게 엘리트나 부정적인 사람 등으로 그려지기 때문에"
Timothy Cantell, 의장, 위원회 준비, Bath 보존 트러스트, 통신, 1997년 3월.

거리 전시대 Street Stall

거리 전시대는 실외에서 열리는 상호작용 전시에 사용된다. 이 방법은 실내에서보다 더 많은 사람들의 견해를 얻을 수 있게 한다. 전시대는 특정한 거리나 공적인 공간을 사용하는 사람들의 견해가 요구되는 곳에서 특히 유용하다.

- 매우 공적인 지역이나, 전시회와 상호작용적 전시가 진행되는 기간 동안 설치된다.
- 진행자들은 사람들을 논평과 토론에 참여하도록 격려하기 위해 가까운 곳에 위치한다.
- 행사는 미리 광고할 수 있지만 반드시 그래야 하는 것은 아니다.

✎ 아케이드와 가로수는 비를 피할 곳을 제공해주기 때문에 좋은 장소이다. 당신이 상점을 사용할 권한도 가지고 있다면 이상적이다.

✎ 라디오와 TV 취재를 하도록 하고, 그것으로부터 이익을 취할 수 있도록 하라. 리플렛을 행인들에게 나누어주고 상점 진열장에 배치한다.

✎ 바람이 불 가능성이 있으면 포스트잇 메모와 리플렛을 사용할 때 주의하라. 그것들이 날아가 버릴 수 있다.

✎ 공적인 장소에 노점을 설치하기 위해 형식적인 허가를 받는 것은 언제나 가능하다. 사전에 잘 계획하고, 즉시 실행하고 필요하다면 이동할 준비를 한다.

✎ 실내행사보다 더 광범위한 사람들을 끌 수 있지만, 소외되는 그룹이나 과묵한 개인들이 참가할 수 있도록 특별히 신경써야 한다. 사람들이 익명으로 투고할 수 있는 우편함을 두어라.

₩ 전시재료, 스태프 시간

Methods S

거리의 행사
쇼핑하는 사람들은 그들의 생각을 포스트잇과 같은 메모지에 쓰고, 스케치를 하거나 조직원들과 토론하며 마을 중심가의 미래에 대한 토론에 참여한다. 추운 겨울날에 2,000개가 넘는 포스트잇 메모지가 5시간여만에 붙여졌고, 책 두 권이 논평으로 채워졌다. 그 결과는 마을부지의 가장 중요한 개발계획을 진행하는 데 사용되었다.

> **더 많은 정보제공**
>
> 방법: 상호작용의 전시, 오픈 하우스 행사, 계획안의 테이블 전시
> 시나리오: 커뮤니티 센터

THE **COMMUNITY PLANNING** HANDBOOK　　129

방 법

계획안의 테이블 전시 Table Scheme Display

계획안의 테이블 전시는 많은 사람들의 이해를 돕고, 다른이들과 함께 또는 독자적으로 개발제안에 참여하게 한다. 계획안의 테이블 전시를 전시의 일부 혹은 개관행사로 이용할 수 있다.

- 제안된 계획의 그림설계도 혹은 모델은 테이블 위에 가장 자리를 따라 개별 투표용지에 표시된 주요 요소와 함께 놓는다.
- 개별 테이블들은 서로 다른 계획의 선택사항에 이용된다.
- 사람들은 그들이 좋아하거나 혹은 싫어하는 것을 투표용지에 작고 동그란 스티커를 붙이며 투표를 한다.
- 포스트잇을 이용하여 더 상세한 조언을 할 수 있는데, 같은 테이블이나 개별전시 양쪽 모두 가능하다.
- 결과는 후에 분석하여 계획진행의 다음 단계에 알려준다.

스케치 계획안의 주요 요소가 강조된다.
당신이 아이디어에 대해 찬성 혹은 반대하는 지를 제공한 스티커를 이용하여 표시해 주세요.

- 녹색 = 찬성
- 적색 = 반대
- 황색 = 의견 없음

자신만의 생각 혹은 제안을 가질 수 있습니다.
제공된 용지에 쓰거나 백지에 계획을 그려주세요. 당신의 이름과 주소를 함께 써주신다면 도움이 될 것입니다.

예시

✏️ 사람들에게 디자인 과정에 대해 소개하는 좋은 방법. 디자인 워크숍에서 개발된 스케치 계획에 대한 조언을 얻기 위해서는 특별히(상세하게) 신경써서 작업한다. 시간이 허용될 경우는 다시 그릴 수도 있지만, 대개는 필요하지 않다.

✏️ 유용한 논쟁이 테이블 주위에서 항상 발생할 것이다. 주최측은 각 테이블에 참석하여 질문에 답하거나 기록해 둔다. 이것은 향후 큰 도움이 된다.

✏️ 자신들의 생각을 더 자세히 그리고 싶어하는 사람들을 위해 여분의 테이블(위에는 기본적 현황정보만 표시되어 있는 도면만 있는)을 준비하라.

₩ 제안서가 전문적으로 다시 제작되지 않는다면 비용은 거의 들지 않는다.

커뮤니티 계획 입문서

Methods T

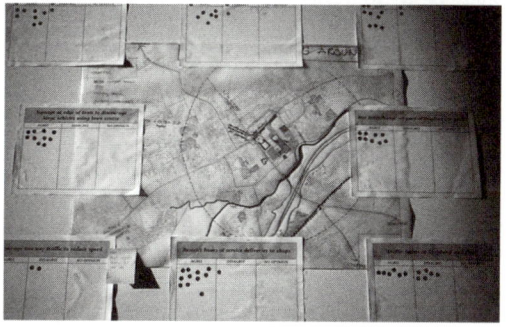

계획안의 테이블 전시
교통에 초점을 맞추어 타운센터 개선 아이디어에의 동그란 스티커 붙이는 개관행사의 일부로 열린 디자인 워크숍

더 많은 정보제공

방법: 상호작용의 전시, 오픈 하우스 행사
시나리오: 커뮤니티 센터

> 방 법

팀원 모집
태스크 포스 포스터 견본

"태스크 포스는 어떤 특정한 목적과 함께 특별한 비전을 가지며, 외부인들이 우리가 못보는 것을 보기 때문에 가치가 있다. 그 비전은 새로운 접근방법을 개발하는 데에는 아주 좋은 것이다."
Yves Dauge, Chinon 시장, 프랑스, 1994년 8월 12일.

"태스크 포스 이전에는 도시의 미래에 관한 모든 토론 – 무엇이 일어나며, 언제, 어디서 – 을 한 명 혹은 두 명이 했었다. 지금은 모든 사람들이 그것을 토론하고 있다."
Lorenzo Piacentini, 공학자, Viterbo, Italy, 1994년.

"정말 예외적인 경험이었다. 우리는 너무나 많은 고무된 사람들에게 노출되었고, 매우 강렬했다. 그것은 내 삶에 지대한 영향을 끼쳤다."
Joanna Wachowiak, 건축전공 학생, 1994년.

태스크 포스 Task force

도시디자인 태스크 포스는 다양한 분야의 학생과 교수로 구성된 팀으로, 대상지 학습, 강의, 참여연습, 스튜디오 작업과 같이 보통 몇 주간 지속되는 집중 프로그램에 바탕을 두고 대상지 또는 근린주구에 대한 제안을 만든다. 이러한 것들은 책임있는 높은 질의 디자인 제안서를 만드는 효율적인 방법인 동시에 최상의 교육적 기회를 제공한다.

■ 태스크 포스는 대상부지, 근린주구 또는 도시를 개선하기 위한 실질적인 제안의 향상을 위한 도시디자인의 학술적이고 실무적 훈련으로 이루어진다.

■ 직원과 학생 팀 구성원들은 일반적으로 다양한 배경, 연령, 국적을 가진 이들로 구성될 것이다.

■ 프로그램은 이론적 학습과 기술훈련으로 시작하고, 커뮤니티와 연계되어 도시디자인 제안서를 작성하게 된다.
예시 양식 참조, 우측

■ 태스크 포스는 지방자치단체와 연계된 학술기관에 의해 구성되는 경우가 많다.

모든 관련 지역단체로부터 확실한 지원을 받기 위해서는 1년 전부터 논리적 준비에 필요한 시간을 가지고 계획하라.

관련 인원수에 따라 비용이 달라진다.
여행, 숙박, 근무시간, 발표재료. 4주 행사에 드는 비용은 약 13만 달러가 될 것이다. 기부자, 주최도시, 학생 수, 학술기관, 또한 후원과 외자유치

태스크 포스 예시 양식

1. 기술기반 구축하기
세미나, 실질적 경험, 다음과 같은 기술개발을 위해 만들어진 팀에 대한 방문객
- 관찰실측 설계도와 그림
- 도시분석
- 지역 건축기술
- 건축물 측정
- 모형작성
- 파트너십
- 참여 디자인 1주

2. 작고 생생한 프로젝트들
작은 대상지에 대한 도시설계제안의 발전적 전개. 이러한 제안들은 실제로 실질적 가치가 있지만 주로 도시설계, 프레젠테이션, 파트너십에 의한 기술개발을 위해 고안된다. 1주

3. 크고 생생한 프로젝트에 대한 공공행사
다양한 이해집단과 함께 하는 대중강연, 회의 혹은 워크숍, 실천계획 이벤트예: 커뮤니티 계획 포럼, 3일

4. 스튜디오 작업
도시디자인 제안의 발전적 전개 2주

5. 발표
회보와 함께 제안의 전시와 시민에 대한 발표 1일

6. 간행물
제안서를 책 혹은 보고서로 간행 6개월

이상적 인원수: 학생 20~30명
　　　　　　 강사 10명
소요시간: 3~6주

공공행사 도시에 대한 지역주민들의 의견을 발견한다.

스튜디오 작업 프로젝트 팀원들은 지역에 임시로 마련한 스튜디오에서 제안을 준비한다.

발표 프로젝트 팀원들은 자신들이 만든 제안서를 지역정치가들에게 최종 프레젠테이션을 통해 설명한다.

더 많은 정보제공
- 방법: 커뮤니티 계획 포럼, 도시디자인 스튜디오
  시나리오: 새로운 근린주구
- Viterbo: Santa Maria in Gradi
- Prince's Foundation
- Brian Hanson & Richard John

> 방 법

도시디자인 스튜디오 Urban design studio

도시디자인 스튜디오는 일반적으로 인접한 장소에서 환경 프로젝트 작업을 행하는 대학 혹은 다른 교육시설에 부속한 특별한 조직이다. 스튜디오는 가치있는 교육적 경험을 학생들에게 제공하고 지역 커뮤니티에 대해서는 중요한 자원을 제공한다.

학술적 준비
이론과 실제의 조합

- 도시디자인 스튜디오는 교육기관에서 조직하는데 대개는 건축 혹은 계획학교에서 조직한다. 보통 독립된 조직이 된다.
- 스튜디오에서는 직원, 학생, 연구자, 시설과 장비와 같은 시설의 모든 자원을 접할 수 있다.
- 지방행정과 커뮤니티 조직과의 관계가 형성될 것이며, 다양한 프로젝트 작업에 착수할 것이다.
- 일단 설치되면, 스튜디오는 자신들의 서비스를 홍보하고 상담작업을 시작할 것이다.

✎ 독립성은 강의과목과 실제 프로젝트 일정표의 비호환성을 극복하기 위해 필수적이다. 학자와 행정가는 때때로 그러한 조직을 불편하게 생각하는데, 이는 학생들이 종종 학교강의 이상으로 작업을 즐기기 때문이다. 생생한 프로젝트는 자신들의 동기를 불러일으키는 반면, 사전에 정해진 시간배정에 정확히 맞추기 어렵다. 스튜디오는 좋은 평가를 얻기 위한 충분한 시간이 없다면 거의 살아남기 어려운데, 이는 평가가 프로젝트에 대한 재원조달에 관심을 갖게 하여 자급자족을 가능하게 하기 때문이다.

✎ 핵심요원은 방학기간과 학생들의 도움을 받을 수 없는 다른 시기에 프로젝트에 대한 동기유지를 필요로 한다.

✎ 스튜디오는 학생들의 자발적 참여가 있을 때 최상의 작업을 할 수 있다.

⚠ 직원, 여행, 장비. 건축학교의 일부로서 초기의 재원조달이 필요하다. 나중에는 자문료가 확보 가능하다.

"그것은 나에게 내가 학교에서 배운 것을 가상이 아닌 실제환경에 적용하게 하였다. 그것은 학생들이 창조적 의지를 훈련하기 위해 실험실에서 진행되는 커뮤니티와는 다르다. 양쪽 모두 그것에서 무언가를 얻고 있다."
J. B. Clancy, 학생, Yale 도시디자인 워크숍, New York Times, 1995년 11월 19일.

"학생들은 점점 공공영역에 참여하는 것이 무엇을 의미하는지 관심을 갖게 된다. 시민건축가의 생각이 돌아온다."
Alan Plattus, 감독, Yale 도시다자인 워크숍, New York Times, 1995년 11월 19일.

Methods U

도시디자인 스튜디오 전형적 프로젝트

교육적이며 교육기관에 의해 쉽게 수행될 수 있는 활동

☐ **실천계획행사**
커뮤니티 계획 포럼 조직, 디자인 기간, 프로젝트 팀

☐ **디자인 지침**
지역에 대한 지침 연구와 생산

☐ **디자인 제안서**
전체지역에 대한 특정 대상지 혹은 종합계획의 디자인 아이디어 준비

☐ **모형제작**
건축물 혹은 근린주구 모형제작

☐ **조사**
커뮤니티의 수요에 대한 조사와 분석을 통한 커뮤니티 지원

☐ **가시화**
컴퓨터 합성을 포함한 시각적 도구를 통한 커뮤니티 지원

학술적 자원
학생, 학자, 커뮤니티 구성원은 건축학교를 실제 지역계획의 문제해결 토론에 이용한다. 다소 생소해 보이나 이는 대부분의 건축학교에서 통상적으로 발생하는 것은 아니다.

더 많은 정보제공

☞ 방법: 활동계획 이벤트, 지역 디자인 보고서, 태스크 포스
  시나리오: 버려진 공간의 재사용, 새로운 근린주구

✉ Ball State University. Yale Urban Design Workshop

THE **COMMUNITY PLANNING** HANDBOOK

방법

사용자 그룹 User group

사용자 그룹의 창조와 성장은 최상의 커뮤니티 계획을 위해 중요한 요소이다. 그들은 몇 년간 최종생산품을 사용하고, 지속적인 구매력을 지닌 우월한 고객의 시각으로 활동한다.

- 사용자 그룹은 가능한 많은 흥미와 주제를 가진 최종 사용자를 대표하게 된다.

- 초기 사용자 그룹은 비형식적으로 구성되고, 자기도취의 열성적인 사람이 지도력을 발휘한다. 계획이 발전함에 따라 그룹은 합법적인 상태와 민주적인 투표절차로 보다 형식적인 조직화의 필요성을 느끼게 될 것이다.

- 보다 큰 계획을 위해, 여러 다른 그룹들은 다양한 시간대를 활용할 것이며, 그룹은 특별한 이슈를 위한 다른 하위 그룹과 작업을 하게 된다.

> 현재의 구성원들과 작업하는 것은 중요하다. 그러나 각 계획은 보다 적합한 그룹을 요구한다. 그렇지 않다면 단순히 흥미로운 조직의 '또 다른 아이템'이 될 것이고, 평범하고 허둥댈 것이다.

> 사람들이 흥미로워한다면 하위 그룹을 만들고 작업을 나누어라. 보다 많은 사람들이 참여할 것이고 보다 나은 규칙이 만들어지게 된다.

> 모든 그룹은 특징을 명확히 하고 확실히 이해하게 하라. 그룹의 목적과 책임, 재정, 만남, 일정에 대해 '절친한 관계'로 쓸 수 있게 하는 것은 언제나 가치있다.

> 인쇄와 출판. 뛰어난 그룹은 회비와 재정행사를 통해 수입을 올릴 것이다.

창립총회

○○ 마을 교통포럼
6월 4일 오후 7시
구민회관, John거리

모든 사람에게 ○○ 마을을 더 쉽게 여행할 수 있도록 하기 위한 기획촉진 및 협력을 하기 위한 새로운 조직

의제
1 왜 새로운 조직인가?
2 어떠한 종류의 포럼인가?
3 누가 찬성하는가?
4 어떻게 관리하는가?
5 운영집단의 선정
6 향후 회의 일정

☕ 다과 구비

누구나 환영합니다

시작
새로운 그룹을 구성하기 위한 회의홍보 소식지의 예

일반 사용자 그룹 유형

실천집단
관심을 갖는 개인들에게 비공식적 문제에 근거한 홍보 실시

커뮤니티 연합
지리적 근린주구 혹은 독자적인 문화에 대한 관심을 표현한다. 주민, 활동가, 기업 등이 포함된다.

개발신탁
다양한 관심분야에 걸쳐 공식적으로 구성된 조직으로, 대개 자선자로서의 지위를 가지고 있거나 개발능력을 가지고 있다.

포럼
유권자 조직과 이익을 대변하는 단체에 대한 연대 단체. 특정지역 혹은 특정 이슈에 기반한 단체일 수도 있다.

......의 후원자
특정장소 혹은 주장을 지원하는 사람들의 자유로운 지원 네트워크

주택조합
함께 주택을 건설하거나 혹은 관리하기를 원하는 사람들의 조직

관리위원회
프로젝트 관리운영에 대한 공식적 조직

프로젝트 집단
하나의 특정 프로젝트(예: 신규 스포츠 홀를 다루기 위해 조직된 집단

주민연합
하나의 지역에서 거주민을 대표하는 조직

운영집단
상황을 진전시키기 위해 조직된 비공식 집단

작업단
특정 주제를 다루는 비공식 집단

포럼 참가자 검토항목

주택지구개선 포럼에 참여할 수 있는 사람들
□ 건축가/계획가/디자이너설계가
□ 건강위생 활동가
□ 지방공무원
□ 지방기업인
□ 지역거주민 대표
□ 지방상점주 대표
□ 지역교사
□ 놀이활동가
□ 경찰연대 관료
□ 종교지도자
□ 사회활동가
□ ....

함께 작업하기
스스로 작업단을 구성한 가족들과 자신들의 주택건설을 계획하고 운영 관리하기 위한 주택조합

참가 워크숍에서 새로운 이용자 그룹이 출발한다.

더 많은 정보제공

 방법: 개발 트러스트
시나리오: 지역 근린주구 기획, 마을 중심부 개선

✉ Community Matters

방 법

가두연설 비디오 박스 Video soapbox

가두연설 비디오 박스는 대중들이 공공 장소에 세워둔 비디오 스크린에 자신들의 의견을 상영할 수 있게 하여 대중의 관심을 불러일으키는 데 유용하다. 특히, 독점 흥행쇼와 같은 행사에 대한 논쟁에 유용하다.

- 필요한 기본장비는 비디오 카메라, 영상설비, 스크린이다. 이러한 것들은 각기 따로 사용하거나 함께 사용할 수 있으며, 매력적인 가로형성을 만들기 위한 특별한 구조물이 될 수 있다. 예 : 오른쪽 그림

- 사람들이 어떤 문제에 대한 자신들의 의견을 전하기 위하여 촬영되며, 촬영된 것은 일반시민이 볼 수 있도록 한다. 설비는 편집과 자막을 동시에 넣을 수 있다. 왼쪽 사진을 보라

- 비디오 테이프는 향후 상영을 위해 보관되어 시민의견 조사와 같이 분석된다.

젊은 사람들의 목소리

- 비디오는 사람들의 참여를 유도하는 뛰어난 매체이다. 젊은 사람들은 종종 생각과 의견을 표현해 회의보다도 비디오가 더 편리하다는 것을 알게 된다.

- 사람들이 자신의 작은 캠코더를 이용하여 자신들의 근린주구를 촬영하도록 하라. 이러한 것들은 워크숍에서 진행되는 논쟁에 매우 유용하게 쓰인다.

- 지역의 근린주구와 커뮤니티 계획활동에 대한 비디오 필름을 편집해두면, 당장 방문할 수 없는 후원자 혹은 의사결정자에게 매우 유용한 것이 될 수 있다.

- 비록 편집장치가 비쌀지라도 기본적인 비디오 장비는 몇 백 만원 정도로 구입할 수도 있다. 교육시설은 종종 이용 가능한 설비를 갖추고 있다. 정교한 구조물은 수천만 원이 들지만 후원자에게 좋은 기회를 제공한다. 보여진 예는 전화회사가 비용을 지불하였다.

Methods V

대중의 관점
지역실태에 대한 주민들의 이야기가 쇼핑 거리에서 생생하게 상영된다. 보행자는 개조한 공중전화박스에 들어가 수화기를 들고 '녹음' 단추를 누르면서 그 논쟁에 대한 자신의 견해를 추가할 수 있다.

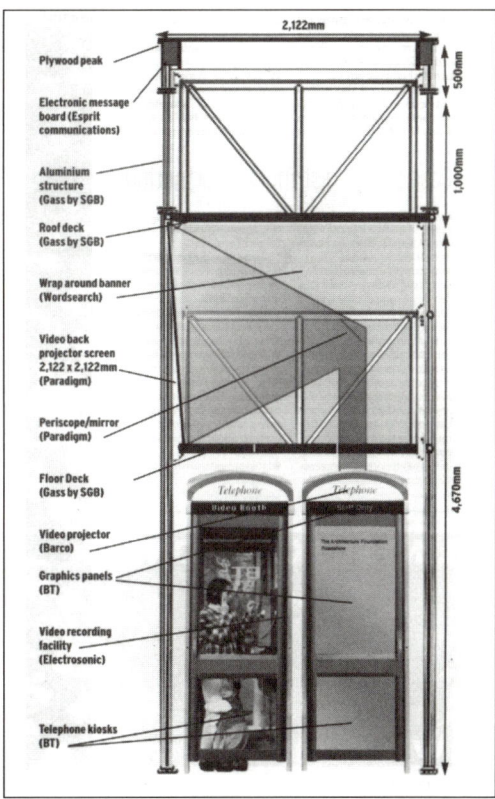

상세 디자인
4개의 전화박스를 시민들이 자신들의 견해를 녹음할 수 있도록 한다. 각 전화박스에는 수화기가 설치되어 있고, 자동 비디오 녹화 프로그램을 작동할 수 있다. 간단 명료하게 쓰고 말하는 장치가 제공된다. 위의 조립된 탑은 시민들의 참여를 독려하는 움직이는 문구의 홍보판과 현재 고려되고 있는 문제와 관련한 이미지를 표현하는 조명판, 기록된 메시지가 상영되는 검은 영사 비디오 스크린이 있다.

더 많은 정보제공

 방법: 로드 쇼

 Architecture Foundation

 Example shown designed by Alex de Rijke as part of an Architecture Foundation Roadshow. Illustration and screen shots courtesy of Building Design

---

THE **COMMUNITY PLANNING** HANDBOOK 139

방법

1. **미래조사 컨퍼런스** : 참여 민주적 미래의 계획
   - **개념정의** : 미래의 전략설계과정에서 조직문화, 철학, 미션, 비전, 목표 등을 창조하고, 미래조직의 전략수립 및 기획과정임
   - **FSC(Future Search Conference)의 기본가정**
     가. 인간은 합목적인 존재인 동시에 기본적으로 자신의 미래를 창출하기 위해 학습하고자 하는 이상추구적 존재
     나. 컨퍼런스 참가자는 갈등, 의견차보다는 공통점, 구심점을 찾아 통합함
   - **FSC의 기본원리**
     가. 다양한 문제 또는 계획상황에 융통성과 적용력이 높은 방법론
     나. 최상의 바람직한 창조적 아이디어가 발산적 사고에 의해서 창출, 채택될 수 있는 혁신적 가능성
     다. FSC에 참가하는 조직구성원은 의사결정과정에 영향력을 동등하게 행사할 수 있는 사회적 책무
   - **FSC 실행절차**
     가. 단계1 : 도입 - FSC 참가자 자기소개 및 주요 프로그램과 필요한 자료 소개
     나. 단계2 : 다양한 관점의 표출 - 미래에 의미있는 영향력을 행사할 수 있는 현상이나 사태와 관련하여 현재 어떤 일이 발생하고 있는지 상호 의견교환
     다. 단계3 : 표출된 관점의 주요 동향파악
     라. 단계4 : 주요 동향의 비교, 평가
     마. 단계5 : 가능한 미래(Probable Future), 바람직한 미래(Desirable Future) 예견
     바. 단계6 : 가능한 미래와 바람직한 미래의 비교
     사. 단계7 : 예상 장애요인 분석(조직의 강점 및 한계 파악)
     아. 단계8 : 미래를 위한 이상적 설계(장기전략과 구체적인 계획수립)
     자. 단계9 : 실천보고서 작성
   ※ FSC는 조직성원 모두가 바라는 바람직한 미래 설계와 창설에 일차적인 관심
   ※ 미래의 미션이나 비전수립을 위한 미래 만들기식 창조적 모임
   출처 : http://blog.naver.com/ssrt?Redirect=Log&logNo=60002402225

2. **근린주구(近隣住區)**
   사람들이 서로 친숙하게 공동생활을 영위하는 지역사회의 최소단위

3. **진행자(Facilitator)**
   교육과정을 개발, 시행하는 데 있어 촉진자로서 과제분석 또는 워크숍을 이끌어가는 사람이다. 성공적인 업무수행에 필요한 과제와 직무를 정확히 추출하고 참가자가 스스로 해결책을 찾아 실행할 수 있도록 도와주는 것이 진행자의 가장 중요한 역할임. 질문기술, 피드백기술, 요약기술 등이 요구되며, 각 구성원들이 가진 능력, 자원을 최대한 잘 끌어내어 정리하는 조력자로 위의 기술을 반드시 겸비해야 함. 의사소통, 교육 쪽에서 활용되고 있음
   출처 : 네이버

4. **환경관리(環境管理, environmental management)**
   환경관리문제는 당초에는 개인의 위생문제로 출발한 것이었지만, 그것이 이웃 → 지역 → 국가 → 지구 전체의 문제로 발전하였다. 따라서 오늘날에는 그 관리의 문제도 국가적 관리의 차원을 넘어 세계적 문제로 확대되고 있다. 이러한 환경관리는 환경행정의 목적을 효과적으로 달성하기 위한 수단으로서 환경상 일종의 기술관리라 할 수 있다. 여기에는 인력·시간·경비 및 물자를 최소한도로 사용하여 최대효과를 거두려는 경제성의 원칙도 작

용하게 된다.
출처 : 네이버 백과사전

5 환경디자인

환경디자인이라는 용어는 1960년대 이래로 환경문제가 중시됨에 따라 일반화되었으며, ① 건축 및 실내의 환경디자인을 지칭하는 경우와 ② 정원, 공원, 광장, 도로 등과 부속설비로 이루어지는 외부환경디자인을 지칭하는 경우도 있다.

또, 디자인 제분야가 궁극적으로는 인간의 생활환경을 대상으로 삼는다는 점에서, 모든 디자인 분야를 포함하는 상위개념으로서 '빛'이 주장한 환경형성과 동의어로 사용되기도 한다. 말하자면 건축디자인, 옥외디자인, 산업디자인, 시각디자인, 공예디자인 등 디자인의 분야를 종합적인 시점에서 통합하여 하나의 체계로 묶으려는 개념인 것이다.

그 예로 실내와 여러 도구, 주택과 정원, 주택과 도로, 주택과 주택 또는 도로와 수목과 스트리트 퍼니처, 강과 다리와 제방 등 환경을 구성하는 여러 요소의 상관성에서 조화를 추구하는 것을 들 수 있다. 이들 디자인에서 추구하는 '공간'이 하나의 기준이며 '통합, 질서, 조화'가 환경디자인의 기조가 된다.

출처 : 예술로 http://www.culture-arts.go.kr/index.jsp

▣ 도시환경디자인

1. 도시환경디자인의 정의 : 매력적인 도시환경, 쾌적하고 기능적인 디자인을 목표로 하고 있는 도시환경디자인을 구체적으로 언급한다면, 도시의 물리적 공간을 종합적으로 형태화하고 조직화하는 설계행위라고 할 수 있으며, 시스템으로서의 도시계획과 개별공간을 취급하는 건축디자인 사이에 있는 중간 공간디자인이기도 하다. 또한 도시공간 속에서 실제로 생활하는 인간의 공간감각에 뿌리를 두고 환경을 실태화 하는 행위이거나 생활과 공간과의 관계에 있어서 서로 조화시키는 창조행위나 장소에 따른 고유성을 살리는 공간을 창출하고 형성하는 행위라고 할 수가 있다.

2. 환경디자인의 목표 : 도시의 매력, 환경의 매력은 인간의 감각에 의해 판단되어지는 것으로 환경평가의 대상이 되는 것이다. 따라서 환경정비의 목표는 안전성, 보건성, 편리성, 쾌적성이라고 할 수 있으며, 효율적이고도 합리적으로 그 목표를 달성하는 것이 중요하다. 이 중에서 쾌적성은 도시의 매력과 환경의 매력이 함께 공존하는 것을 의미하지만 쾌적성은 개인적이기 때문에 그 판단이 쉽지 않다. 반대로 종합적인 것만 추구한다면 매력적인 도시는 기대할 수가 없다.

인간의 오감에 의한 감각기관 중 특히 시각의 역할은 대단히 크며 시각적인 환경은 곧 경관이라고 할 수 있다. 경관의 형성은 도시환경 디자인에서 대단히 중요한 측면이다. 따라서 도시환경디자인의 관점에서 그 지역현상을 먼저 파악한 뒤, 어떤 요소를 남겨둘 것인가, 어떤 요소를 발전시키고 키울 것인가, 어떤 새로운 것을 만들 것인가 하는 것을 고려하지 않으면 안된다.

출처 : www.ks.ac.kr/~ikkim/index-10.html

▣ 공공미술

퍼블릭 아트(Public Arts), 즉 '공공의 예술'을 우리는 흔히 '공공미술'로 칭한다. 공공미술이란 말 그대로 '미술'과 '공공적인 가치'와의 만남이다. 따라서 공공미술이라고 할 때의 미술은 일단 근대적인 미술개념인 사적 미술(Private Art)의 경계를 넘어선 것을 가리킨다. 근대 이전에는 건축에 회화와 조각이 통합되어 있어서 공공미술이라는 개념은 성립하지 않았지만 근대 이후에 이들 영역들이 건축과의 연관성을 잃게 되면서 공공미술의 개념이 등장하게 되었다.

출처 : 한국문화관광정책연구원, 양현미, 2005

방 법

2-stage 대회 형식 81

가두연설 비디오 박스 138
간단한 발표회 112
개발 트러스트 62
거리 모형 93
거리 입면도 68
거리 전시대 128
거리의 행사 129
건축 센터 38
건축 센터 전시물 아이디어 39
게임 유형 79
게임하기 78
계획 주말 112
계획 주말 시간표 113
계획 포럼에서의 주요역할 51
계획보조 서비스의 목록표 107
계획안의 테이블 전시 130
계획안의 테이블 전시 131
계획을 위한 공공이력 96
계획의 날 108
계획의 날 시간일정의 예 109
계획의 원조 네트워크 107
계획의 원조기구 106
공개 발표 112
공개 아이디어 대회 80
공개 포럼 51
공공 심사 규칙의 예 81
공공기획 57
공공행사 133
공원 디자인 59
광고 리플렛 견본 50 124
구축환경의 생생한 재현 39
국가적인 수상 증명서 43
그룹의 지도제작 과정 87
극장 78
근린주구 모형 93
근린주구계획 사무실 94
근린주구계획 사무실의 정보 시스템 95
기술적 정보 66
기호와 색상 사용하기 86
기획 조력팀을 만들기 위해 필요한 전문기술 55

네 가지 원칙 100
네트워크 알람도 65

다른 관점 86
다른 사람의 역할 해보기 79
다이어그램 64
달력 65
대중의 관점 139
대중의 초점 36
대화의 축적 52
도시디자인 스튜디오 134
도시디자인 스튜디오 전형적 프로젝트 135
도시디자인 역할게임의 형식 79
독립 전문가 54
디자인 게임 58
디자인 워크숍 60
디자인 워크숍 준비 61
디자인 워크숍 형식 61
디자인 조력팀 54
디자인 축제 56
디지털시대의 참여 66

로드 쇼 124
로드 쇼 시간표 예시 125

마인드 맵 64
마인드 맵핑 77
매트릭스(입출력 회로망) 65
명확한 그래픽 97
모형 92
모형만들기 92
문제나무 53
미래조사회의 76
미래조사회의 시간표 77

발표 133
방 배치 선택사항 등 47
배치의 예시 95
벤 다이어그램 64
보고 예시 120

보고서를 향상시키는 제안 103
보고서의 설명 60
보도 형식 119
보드 게임 78
부록의 이점 97
비교 선택 59

사건실연 127
사용자 그룹 136
사진 분류 105
사진 자르기 105
사진 조사 104
사진 조사 과정 105
사진 찍기 104
상세 디자인 139
상점 인테리어 71
상호작용의 전시 82
상호작용의 전시 아이디어 83
선전 광고물 견본 62
선택목록 46
선택항목의 용도 47
세부계획 워크숍 88
세부계획과정 샘플 89
수상 제도 42
스케치 계획안의 주요 요소 130
스튜디오 작업 133
시간의 흐름 76
시뮬레이션 126
시뮬레이션 실행 예시 127
시범 프로젝트 94
시찰 여행 118
시찰 여행 시간표 119
신문의 부록 96
신청서 양식 73
실내 모형 93
실천계획 110
실행 계획자 예 117
실행 펀드 72
실행 펀드 자금지원을 받는 프로젝트 유형 73
쌓여가는 의견들 82

아이디어 대회 80

역사적 커뮤니티 측면도 119
역점과 강점 행렬 완성 123
예술 워크숍 40
예술지도 87
예시 보고서 구조 103
오픈 스페이스 워크숍 100
오픈 워크숍 형태 101
오픈 하우스 행사 98
우선 사항 카드 110
우선권 결정 114
우선권 결정 프로젝트 114
우선순위를 매기다 111
우편과 이메일의 참여 102
운명의 바퀴 우선권 결정 방법론 115
울타리 우선권 결정 방법론 115
움직일 수 있는 조각들 58
워크숍 보고서 구조 103
워크숍 설명회 44
워크숍 설명회 형식 45
워크숍 설명회에 필요한 용품들 45
위험 평가 122
위험요소 체크리스트 122
의견 달기 103
의견 제안하기 111
의견 종이 82
이동 디자인 스튜디오 91
이동 스튜디오 90
이동 스튜디오 설비 91
이상적인 방의 배치 77
일반 사용자 그룹 유형 137
일반적인 다이어그램의 형태와 활용 65
일반적인 시각 포함시키기 74

자동차 수송계획 90
작업하는 구조화된 그룹 88
장착물과 내부시설의 선택항목 46
재건토 세션 시간표 121
재검토 세션 120
재결합 120
저녁회의 116
전문가들의 이점 107
전문적 기반 95

전자지도 66
전자지도 탐험하기 67
전체 회의 109
전형적인 개발 트러스트 활동 63
전형적인 민주적 관리구조 63
전형적인 실천계획의 예 111
젊은 사람들의 목소리 138
점심식사 세션 117
정지 63
제안 카드 110
제안서 전시회 125
조력팀의 역할 55
주거의 자원 95
주택 모형 93
주택 이미지 선택항목 47
지도의 유형과 사용 87
지도화 86
지역 디자인 보고서 84
지역 디자인 보고서 표지 견본 84
지역 디자인 보고서과정 샘플 85
지역 수상 증명서 43
지역적 표현 94
진행계획 세션 116
진행계획 세션 형식의 예 117
진행과정 다시보기 85

참가 137
참가자를 위한 도구 82
참여형 위험평가 방법론 123
창조적 작업 61
촉진장려용 포스터의 견본 38
축하잔치 41
출발점 101
친환경 상점 70
친환경 상점 물품 71
친환경 상점의 이점 71
친환경 상점의 특징 71

커뮤니티 개요정리 52
커뮤니티 개요정리의 방법 53
커뮤니티 계획 포럼 50
커뮤니티 계획 포럼의 견본 51
커뮤니티 디자인 센터 48

커뮤니티 디자인 센터 서비스 49
커뮤니티 디자인 센터의 구성도 49
커뮤니티 예술 프로젝트 40
커뮤니티 예술 활동 40
커뮤니티 예술활동을 할 수 있는 장소 41
커뮤니티 지도제작 87
커뮤니티 프로젝트를 평가하는 심사기준의 예 43

타당성 조사 표지 견본 73
태스크 포스 132
태스크 포스 예시 양식 133
태스크 포스 포스터 견본 132
팀 통합과정 55
팀원의 가방 54

편집의 참여 102
평가과정 121
포럼 참가자 검토항목 137
포스터 견본 56
포스트잇 보드 83
포스트잇 보드 아이디어 83
표준 형식 81
프로그램 형태의 예 37
프로모션 리플렛 견본 70
플립차트 82
필요한 사람들 88

학술적 자원 135
학술적 준비 134
함께 작업하기 137
합성 입면도 68
합성 입면도 작업의 비결 69
합성 입면도의 이점 69
행사장의 설비배치의 예 99
현장 워크숍 74
현장 워크숍 형식의 사례 75
홍보용 인쇄물 106
활동계획 이벤트 34
활동계획 이벤트의 예정표 계획 35
활동하는 주 36
활동하는 주의 활동계획 37

시나리오
Scenarios A–Z

일반적인 진행상황에 대처하기 위한 일련의 시나리오. 각각의 방법들이 전략적으로 결합되어 종합적으로 묘사된다.

청사진이 아닌, 영감을 이용하라. 모든 경우에는, 동일한 목표를 성취하기 위한 다양한 방법이 있다는 것을 강조하는 것이 중요하다. 뿐만 아니라 일정표는 여러가지 상황에서 안정된 동의, 재정의 상승, 조직의 틀을 부드럽게 대체시키고 상황을 낙관적으로 보이게 할 것이다.

커뮤니티 센터	146	새로운 근린주구	162
버려진 공간의 재사용	148	플래닝 스터디	164
재난관리	150	재생 기반	166
환경 예술 프로젝트	152	빈민촌의 개선	168
주택개발	154	마을 중심부 개선	170
산업 유산의 재사용	156	도시 보존	172
도시내부의 재생	158	마을 부흥	174
지역 근린주구 기획	160	전체 정착전략	176

시나리오

커뮤니티 센터 Community Centre

이 시나리오는 커뮤니티가 사용하는 건물을 비롯한 모든 공간에 대한 설계와 구성기획에 적용한다.

지방의 공공사업기관이 관리하는 편의시설에 대한 종래의 접근방식은 건축가에게 시설설계와 구성기획을 위탁하는 것이었다. 이렇게 의뢰되어 설계된 편의공공시설들은 지역 커뮤니티에게 외면당하는 경우가 많다. 또 어떠한 경우에는 고의적으로 파괴되거나 훼손되기도 한다.

이 시나리오에서는 건물에 대한 필요성이 커뮤니티에 의해 확립되어진다. 중요한 각 단계별로 마련된 특별한 프로젝트 그룹 - 이 그룹에는 이해관계가 있는 모든 사람들이 포함된다 - 이 필요하다. 이렇듯 설계와 구성기획에서부터 건축가·설계자와 동등하게 조화를 이루면서 참여한다.

초기단계의 지역민들의 참여는 커뮤니티의 구성원들의 필요에 적합한 편의시설로 갖추게 하고, 더불어 편의시설을 사용하는 사람들에 의해 유지되고 관리되는 효과를 가져온다.

더 많은 정보제공

- 방법: 커뮤니티 계획 포럼, 커뮤니티 개요정리, 실행 펀드, 상호작용의 전시, 오픈 하우스 행사, 사용자 그룹
- ✓ Plan, Design and Build. Brick by Brick. User Participation in Building design and Management.

커뮤니티 플래닝 입문서

Scenarios C

커뮤니티 센터

커뮤니티는 새로운 사회센터,[6] 스포츠관련 편의시설, 학교, 보건소, 마을회관 등을 필요로 한다.

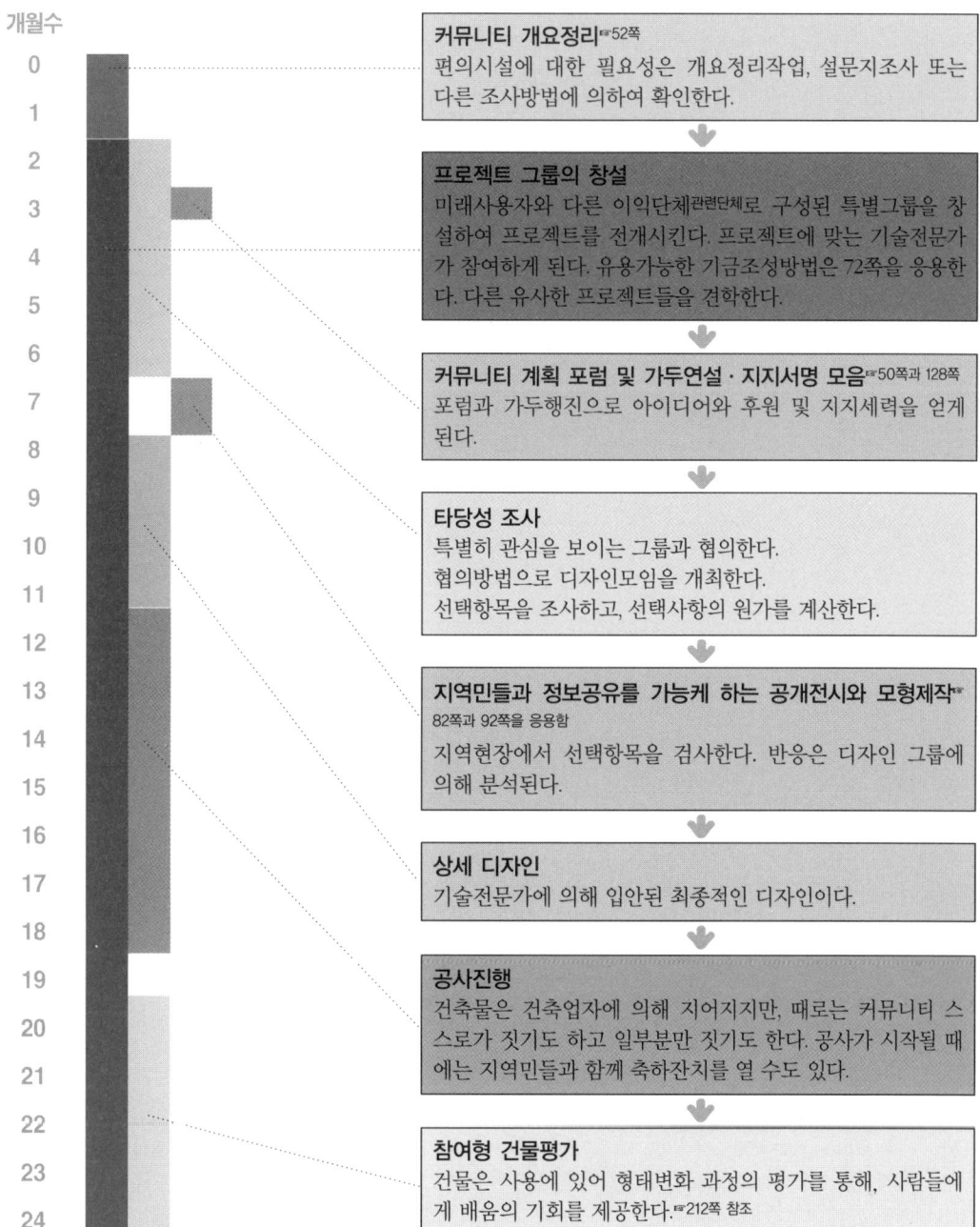

커뮤니티 개요정리 ☞52쪽
편의시설에 대한 필요성은 개요정리작업, 설문지조사 또는 다른 조사방법에 의하여 확인한다.

프로젝트 그룹의 창설
미래사용자와 다른 이익단체(관련단체)로 구성된 특별그룹을 창설하여 프로젝트를 전개시킨다. 프로젝트에 맞는 기술전문가가 참여하게 된다. 유용가능한 기금조성방법은 72쪽을 응용한다. 다른 유사한 프로젝트들을 견학한다.

커뮤니티 계획 포럼 및 가두연설 · 지지서명 모음 ☞50쪽과 128쪽
포럼과 가두행진으로 아이디어와 후원 및 지지세력을 얻게 된다.

타당성 조사
특별히 관심을 보이는 그룹과 협의한다.
협의방법으로 디자인모임을 개최한다.
선택항목을 조사하고, 선택사항의 원가를 계산한다.

지역민들과 정보공유를 가능케 하는 공개전시와 모형제작
82쪽과 92쪽을 응용함
지역현장에서 선택항목을 검사한다. 반응은 디자인 그룹에 의해 분석된다.

상세 디자인
기술전문가에 의해 입안된 최종적인 디자인이다.

공사진행
건축물은 건축업자에 의해 지어지지만, 때로는 커뮤니티 스스로가 짓기도 하고 일부분만 짓기도 한다. 공사가 시작될 때에는 지역민들과 함께 축하잔치를 열 수도 있다.

참여형 건물평가
건물은 사용에 있어 형태변화 과정의 평가를 통해, 사람들에게 배움의 기회를 제공한다. ☞212쪽 참조

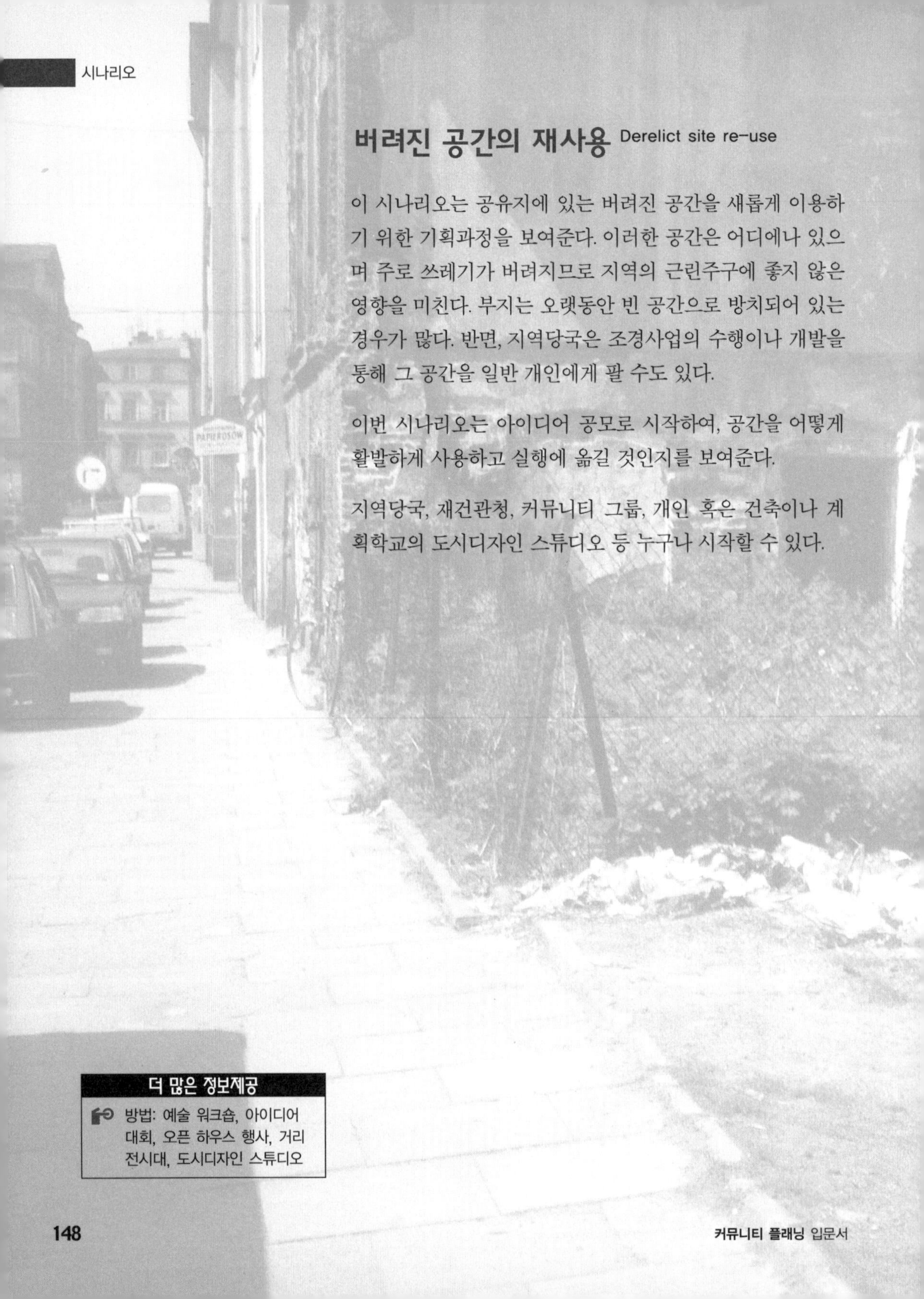

시나리오

버려진 공간의 재사용 Derelict site re-use

이 시나리오는 공유지에 있는 버려진 공간을 새롭게 이용하기 위한 기획과정을 보여준다. 이러한 공간은 어디에나 있으며 주로 쓰레기가 버려지므로 지역의 근린주구에 좋지 않은 영향을 미친다. 부지는 오랫동안 빈 공간으로 방치되어 있는 경우가 많다. 반면, 지역당국은 조경사업의 수행이나 개발을 통해 그 공간을 일반 개인에게 팔 수도 있다.

이번 시나리오는 아이디어 공모로 시작하여, 공간을 어떻게 활발하게 사용하고 실행에 옮길 것인지를 보여준다.

지역당국, 재건관청, 커뮤니티 그룹, 개인 혹은 건축이나 계획학교의 도시디자인 스튜디오 등 누구나 시작할 수 있다.

더 많은 정보제공

방법: 예술 워크숍, 아이디어 대회, 오픈 하우스 행사, 거리 전시대, 도시디자인 스튜디오

Scenarios D

버려진 공간의 재사용

공유지의 버려진 공간을 사용하기 위한 방안. 일정표는 포켓 파크같은 비교적 간단한 경우로 가정한다. 건물을 지을 때는 더 오랜 시간이 걸린다.

개월수

조사 · 연구
발기인은 역사, 소유권, 계획위치, 그외 다른 기본정보를 찾는다.

공공회의 혹은 포럼
시작 전에 추가정보들을 찾고 조정분과를 설립한다.

아이디어 공모 ☞ 80쪽
공간에 대한 최선의 방안을 만들기 위한 것이므로 누구에게나 열려 있다. 공공전시회와 제안평가가 있다.

제휴관계 조성
프로젝트를 실행하기 위해 조성한다. 주정부, 자본가, 지역 복지 그룹, 공간주변에 사는 사람들 등과 함께 할 수 있다. 건축가와 예술가를 지정하고 최선의 계획안에 입각하여 제안을 이끌어낸다.

예술 워크숍 ☞ 44쪽
여러 예술작품을 디자인하고 만든다.

오픈 하우스 혹은 길거리 안내 ☞ 98, 128쪽
사람들에게 알리고 추가 발전방안에 대한 견해를 들을 수 있다. 안정적인 자금을 제공한다.

실행
계획의 모든 부분이나 일부에 대해 지역주민들을 참여하게 하여 스스로 만들게 할 수 있다. 개회식

경영단체 설립
주로 기관의 사용자들로 이루어진다.

시나리오

재난관리 Disaster management

이 시나리오는 특히 홍수, 지진, 태풍, 산업사고 등과 같은 자연재해나 인재를 겪은 지역사회에 적용된다.

재난은 위험한 상태에 처해 있는 사람들에게 일어나는 경향이 많다. 그들은 위험한 상태에 놓여 있기 때문에 더 큰 피해를 입기 쉽다. 이러한 취약성은 사회적, 문화적, 경제적, 신체적 요소들에 대한 사람들의 대처능력을 증가시킴으로써 감소시킬 수 있다. 성공적인 재난관리의 열쇠는 피해자들과 잠재적 피해자들을 참여시키는 것이다. 상당수의 전형적인 재난관리는 이렇게 하지 않고 있기 때문에 지속되기 어렵고, 많은 비용이 들며 비효율적이다.

지역 커뮤니티의 재난관리 참여정도는 사람들과의 협의, 프로젝트를 연구, 계획, 실행할 때의 이해사항들을 포함한다. 프로젝트들은 지역사회 사람들을 위해, 또한 지역사회 사람들에 의해 발전되어 왔기 때문에 고통과 손실을 줄이고 더 많은 흥미와 이해를 얻고 있다.

주요 법칙
- 지역 커뮤니티 스스로가 여러 위협을 우선순위에 놓고 위험을 줄이기 위해 효율적인 행동을 취하도록 한다.
- 재난의 영향을 줄이기 위한 최상의 시간은 다음 재난이 일어나기 전이다.
- 위험과 누가 그 위험에 영향을 받는지 알아내는 것은 위험감소계획을 만들기 전에 필요하다.
- 지속적인 흥미와 재난감소에 대한 공감대를 높여나가기 위해 진행사항을 잘 알려야 한다.

더 많은 정보제공
- 방법: 우선권 결정, 위험 평가
- 위험의 증대, 재난의 완화
- Federal Emergency, Management Agency (FEMA), South Bank University
- Roger Bellers, Nick Hall, Based in part on Project Impact programme run by FEMAS

Scenarios D

재난관리

지역주민, 관청, 기업이 함께 참여함으로써 재난위험에 강한 대처능력을 가진 **지역사회로 만들기**. 세계 어느곳에서나 적용 가능한, 위험성이 그리 높지 않은 상황의 일정표. 긴급상황일 때는 빠르게 진행 가능

개월수

0

제휴관계 형성
- 출자자와 이해단체를 명확히 한다.
- 프로젝트 팀을 결성한다.
- 목표와 작업방법을 만든다.

⬇

1

위험 평가 등 ☞ 122쪽
- 위험 평가위험이 무엇이고 범위는 얼마나 되는지
- 취약점 평가누가 그리고 무엇이 영향을 받는지
- 역량 평가누가 무엇을 도울 수 있는지
- 정보통합GIS 등 계획할 때 유용한 형태로

⬇

2

3

위험감소 행동들의 우선순위 결정
- 위험 평가와 취약점 평가를 결합하여 위험영향위험성 지수 정도, 사고영향을 추정한다.
- 재난피해 시나리오를 만든다.부상자, 자산의 파괴, 제반시설의 피해, 경제적 영향, 피해복구기간 등
- 지역사회의 우선순위를 결정한다.합의와 그룹미팅을 통하여
- 위험 감소폭에 대한 합의 도출
- 전략적 계획을 세운다구체적인 역할, 책임, 일정표, 투입물 고려

4

⬇

실행
- 전략적 계획에 따라 수행한다.

5

⬇

모니터링, 평가, 갱신
- 진척 정도를 알고 추진력을 유지한다.
- 전략적 계획을 평가하고 업데이트한다.

6

THE **COMMUNITY PLANNING** HANDBOOK

시나리오

환경 예술 프로젝트 Environmental art project

이 시나리오는 환경예술품 제작에 관한 것이다.

일반적인 방법은 지역당국이나 토지소유주가 작업을 맡을 예술가를 지정하는 것이다. 그 예술가는 자신의 마음대로 작업할 수 있으나, 주로 의뢰자에게 디자인에 대한 승인을 받는다. 그러나 이 방법으로 환경예술품을 만들 수는 있지만 지역주민들이 원치 않거나 사랑받지 못하는 예술품이 만들어질 수도 있다.

반대로 이 시나리오는 커뮤니티의 새로운 창조적 가능성을 가지고 있다. 예술가가 짜놓은 테두리 안에서, 지역주민들이 디자인과 예술품 제작에 참여하게 되면 그 작품은 지역경관의 일부가 되는 것이다.

더 많은 정보제공

방법: 예술 워크숍

Candid Arts Trust,
Freeform Arts Trust

Scenarios E

환경 예술 프로젝트

중요한 조각, 모자이크, 다른 예술품 등을 제작함으로써 공공 환경을 향상시키는 방안

개월수

0

초기개념
개인이나 그룹이 아이디어를 구상

⬇

제휴관계
프로젝트를 꾸려나가기 위한 주요 단체들 사이에 협력관계 형성예 : 지주, 지역당국, 착수인, 지역기업, 학교 등

⬇

개념에 대한 합의
지역신문의 공고란을 통하여 이해집단과 토론을 통해 간단하게 만든다. 재원조성, 정식승인예 : 계획 허가

⬇

예술가와 전문가 고용
광고나 공모를 통하여

⬇

예술 워크숍 40쪽
예술가의 주도 아래 지역주민, 학생들 혹은 다른 그룹과 작품에 대한 구상. 디자인 옵션 개발

⬇

전시 및 선택
디자인 옵션을 공개적으로 전시하고 만들어질 작품은 투표를 통해 선정

⬇

실행
개회식 후 예술 워크숍이나 대상지에서 선정된 예술품 제작

⬇

관리단체 설립
주로 시설의 이용자로 구성

시나리오

주택개발 Housing development

이 시나리오는 더 많은 사람들을 위한 새로운 주택개발의 추진에 유용하다.

통상적으로, 대규모 주택개발은 정부나 개인개발자들에 의해 이루어져 왔다. 이러한 경우 건축가들과 계약자들이 모르는 사이에 건물의 대부분이 설계되고 지어졌다. 결과적으로 새 주택은 빈번히 거주자들에게 냉대받고 비경제적인 것이 되었으며, 부적당한 것이었다. 때로는 새로운 주택에 아무도 살지 않아 부서져야 했다.

이 시나리오에서 보여지는 바와 같이, 미래의 거주자들은 보다 나아가 개발과 주거가 동일시된다. 그들은 아마도 주택 소유자나 부동산 보유자일 것이다. 그들은 그들 스스로 협회나 주택조합과 같은 형태로서, 설계와 건축이 이루어지는 과정에 함께 참여하여 그들이 지정한 건축가와 작업을 진행할 것이다.

이러한 방법으로 사람들은 그들이 원했던 대로 제작된 주택을 갖게 되며, 커뮤니티의 능력은 그들이 입주하기 전부터 발전한다. 함께 일하는 경험은 사람들이 교육, 고용, 사회적 편의들과 같은 다른 사업들을 계속 진행시키고 발전시켜 나갈 수 있도록 한다.

더 많은 정보제공
- 방법: 워크숍 설명회, 선택 목록, 근린주구계획 사무실, 모형
- 사람들이 원하는 주택 만들기

Scenarios H

주택개발

새로운 대규모 주택개발은 시작단계부터 미래의 소유자들에 의해 진행된다. 일정표는 빠른 인가와 능률적인 주요 계약들을 가정한다.

개월수

0
1
2
3
4
5
6
7
8
9
10
11
12
13
14
15
16
17
18
19
20
21
22
23
24
25
26
27
20
29
30
31
32
33
34
35
36

그룹형태의 거주자
가족모임이나 조언자들을 도와주는 협회나 조합의 형태. 전원이 동의한 자금제공절차. 위원회형태. 건축가들을 지명

⬇

브리핑
다른 프로젝트들의 검토, 질문서의 작성, 슬라이드의 점검을 통해, 기술들을 살펴보며, 워크숍을 브리핑한다. ☞ 44쪽

⬇

대상부지의 사무소
설계기반은 지역본부나 현장에서 세운다. ☞ 94쪽

⬇

설계모임들
건축가들과 소유자의 위원회 모델을 사용하는 일반적인 기간 ☞ 92쪽, 카탈로그들의 선택☞46쪽 그리고 개념과 배치에 대한 계획을 결정하는 구상들

⬇

설계의 진단
건축가들과 개인소유자들 사이에서 동의된 방배치, 설치물과 사용된 가구설비 등의 모델☞92쪽. 실물크기의 모형들과 카탈로그의 선택☞46쪽

⬇

건축구성
일반적 장소방문. 가능한 범위에서 설계안의 전부나 부분을 스스로 만든다.

⬇

다른 프로젝트의 시작
아동보호 편의시설, 사회편의시설, 고용 프로젝트와 같은 것

THE **COMMUNITY PLANNING** HANDBOOK

시나리오

산업 유산의 재활용 Industrial heritage re-use

이 시나리오는 특별히 유산적 가치가 있거나 또는 다른 목적으로 사용되고 있는 남아 있는 산업건축물에 적용한다.

통상적으로, 용도가 없어진 산업건축물들은 비워지고 버려진다. 건물들이 있었던 지역은 쇠퇴할 것이며, 다른 사업들과 토지소유자들은 점점 더 고통을 받게 된다. 혁신적 시도는 결국 건물들을 허물지 않게 하면서도, 작은 가능성만으로 파괴나 상처로부터 다시 시작할 수 있게 한다.

산업지역들은 흔히 훌륭히 지어져 견고하며 지역의 개성에 기여하는 건물들을 가지고 있다. 그것들은 궁극적으로 다른 목적을 위한 전환에 적합하다. 이미지를 바꾸어 지역에 대담한 변화를 이끌어내는 것은 어려우나, 이와 같은 변화는 산업시설들의 새로운 사용을 촉진시키고 토지소유자와 다른 투자자들을 설득할 수 있게 한다.

이 시나리오에서 파트너십은 중요분야나 학문적 기관 사이에서 지역가치 상승의 주요한 열쇠로 자리삼게 하며, 전문적 기술의 조합과 원조는 모두의 동의에 의한 일치된 전략으로 행동계획 이벤트를 개최할 수 있게 한다.

더 많은 정보제공

- 방법: 활동계획 이벤트, 디자인 조력팀
- John Worthington

Scenarios

산업 유산의 재활용

학술기관은 지역당국을 도와 다양한 소유권으로 인해 쇠퇴한 산업지역을 재생시킨다.

개월수

0
1
2
3
4
5
6
7
8
9
10
11
12
13
14
15
16
17
18
19
20
21
22
23
24

지역 파트너십의 확립
지역당국, 지역사업, 시민사회 사이에서 지역당국은 행정적 편의를 제공한다.

▼

재생 보고서 초안
파트너십에 의해 작성

▼

국가적·학문적인 지원
학술기관과 정부 자선단체와의 연대를 만든다.

▼

참가사항에 대한 전문가의 자문
대부분을 적절한 참가형 진행으로 조직화와 개발에 있어 파트너십의 도움을 받는다.

▼

컨퍼런스
산업지역에는 재생을 위한 국가적 회의에는 표면화된 일반적 이슈들에 대해 학술기관들을 참가시킨다. 지역적 이슈를 소개하며 주요한 지역인사들을 초대한다.

▼

활동계획 이벤트 ☞34쪽
회의로부터 즉시 도출되는 것들
지역적 관심들을 높이기 위한 활동계획 워크숍이 개최된 다음날은 세미나 구성원들로 이루어진 설계도움팀에 의해 추진될 것이다. 추천할 만한 보고서를 폭넓게 배포한다.

▼

실행
파트너십은 보고서를 고려하고 실행절차를 구성한다.

THE **COMMUNITY PLANNING** HANDBOOK

157

시나리오

도시내부의 재생 Inner city regeneration

이 시나리오는 도시내부의 빈곤한 지역이 10여년 동안 스스로를 어떻게 바꿀 수 있는가를 보여 준다.

주택관리의 규제를 받는 입주자를 시작으로 한 일련의 시도는 지역주민과 그들의 조언자들에게 점점 더 자신감을 불어넣고 재생과정의 관리와 파트너십은 틀을 갖추는 데 효과적이다.

여기에는 현재의 주거상황, 공개부지에서 새로운 주거의 발전, 오픈 스페이스의 경관계획, 커뮤니티 예술과 청소년 프로젝트, 또한 새로운 주거, 여가, 상업적 계획에 사적지구를 끌어들이는 커뮤니티 종합계획의 발전을 위한 개선 프로그램 등이 포함되어 있다.

그리고 균형잡힌 지속 가능한 커뮤니티 또는 새로운 '도시마을urban village' 의 창조를 이끈다.

더 많은 정보제공

📖 방법: 활동계획 이벤트, 예술 워크숍, 선택목록, 디자인 게임, 개발 트러스트, 근린주구계획 사무실, 계획의 날, 실천계획, 재검토 세션

⭐ Dick Watson

도시내부의 재생

잃어버린 도심부의 재생은 지역 공공집합주택의 건축물들로 채워지게 되고, 쾌적함은 더욱 결여되게 된다.

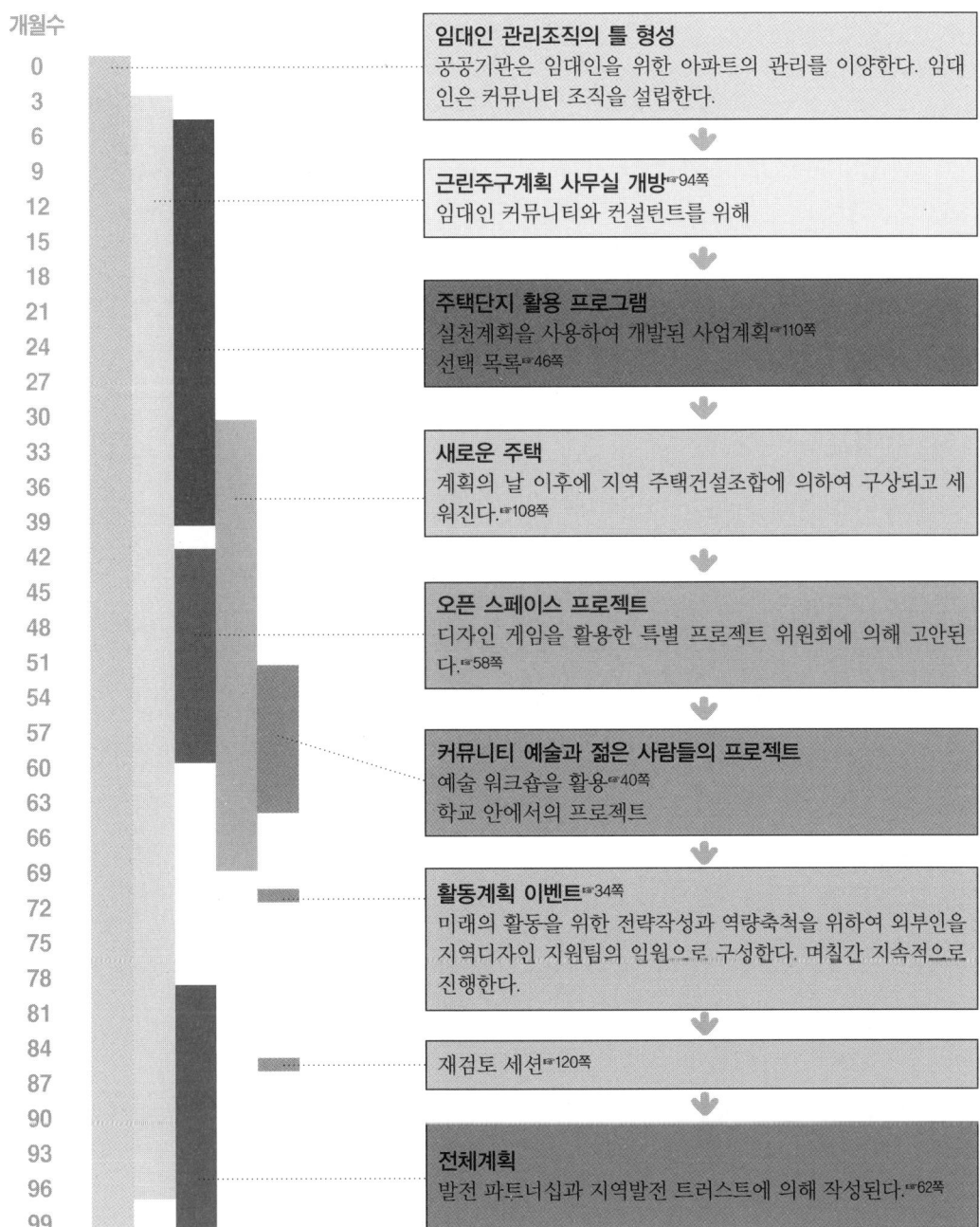

개월수

0	
3	
6	
9	
12	
15	
18	
21	
24	
27	
30	
33	
36	
39	
42	
45	
48	
51	
54	
57	
60	
63	
66	
69	
72	
75	
78	
81	
84	
87	
90	
93	
96	
99	

임대인 관리조직의 틀 형성
공공기관은 임대인을 위한 아파트의 관리를 이양한다. 임대인은 커뮤니티 조직을 설립한다.

근린주구계획 사무실 개방 ☞94쪽
임대인 커뮤니티와 컨설턴트를 위해

주택단지 활용 프로그램
실천계획을 사용하여 개발된 사업계획 ☞110쪽
선택 목록 ☞46쪽

새로운 주택
계획의 날 이후에 지역 주택건설조합에 의하여 구상되고 세워진다. ☞108쪽

오픈 스페이스 프로젝트
디자인 게임을 활용한 특별 프로젝트 위원회에 의해 고안된다. ☞58쪽

커뮤니티 예술과 젊은 사람들의 프로젝트
예술 워크숍을 활용 ☞40쪽
학교 안에서의 프로젝트

활동계획 이벤트 ☞34쪽
미래의 활동을 위한 전략작성과 역량축적을 위하여 외부인을 지역디자인 지원팀의 임원으로 구성한다. 며칠간 지속적으로 진행한다.

재검토 세션 ☞120쪽

전체계획
발전 파트너십과 지역발전 트러스트에 의해 작성된다. ☞62쪽

시나리오

지역 근린주구 기획 Local neighbourhood initiative

이 시나리오는 타성을 부수고 싶어 하는 지역주민들, 생활환경의 질적 향상을 원하는 토지소유자와 기관이 있는 모든 곳에 적용된다.

흔히 겪는 어려움은 지역사람들이 원하면서도 실현불가능해 보이는 지역개발정책에 대해 다양한 토지소유자와 기관의 동의를 얻어내는 것에 있다.
동의 없는 개발은 가장 중요한 지역과의 연계를 끊어지게 하거나 개발이 안된 자연환경에 부여된 새로운 기회를 평범하고 단편적이게 한다.
최악의 경우 새로운 시도가 비문화적 행위와 범죄에 의해 없어질 수도 있다.

이 시나리오는 지역민들에게 모든 기관과 토지소유자들, 그리고 그들 단체가 재생개발의 중심에서 기획과 지속성을 유지할 수 있음을 보여준다.

> **더 많은 정보제공**
> 방법: 계획 주말, 진행 계획 세션, 근린주구계획 사무실, 오픈 스페이스 워크숍, 사용자 그룹

Scenarios L

지역 근린주구 기획

황폐한 근린주구의 지역사람들과 그들과 함께 일하는 기관은 재생의 촉진을 위한 기획을 진행한다.

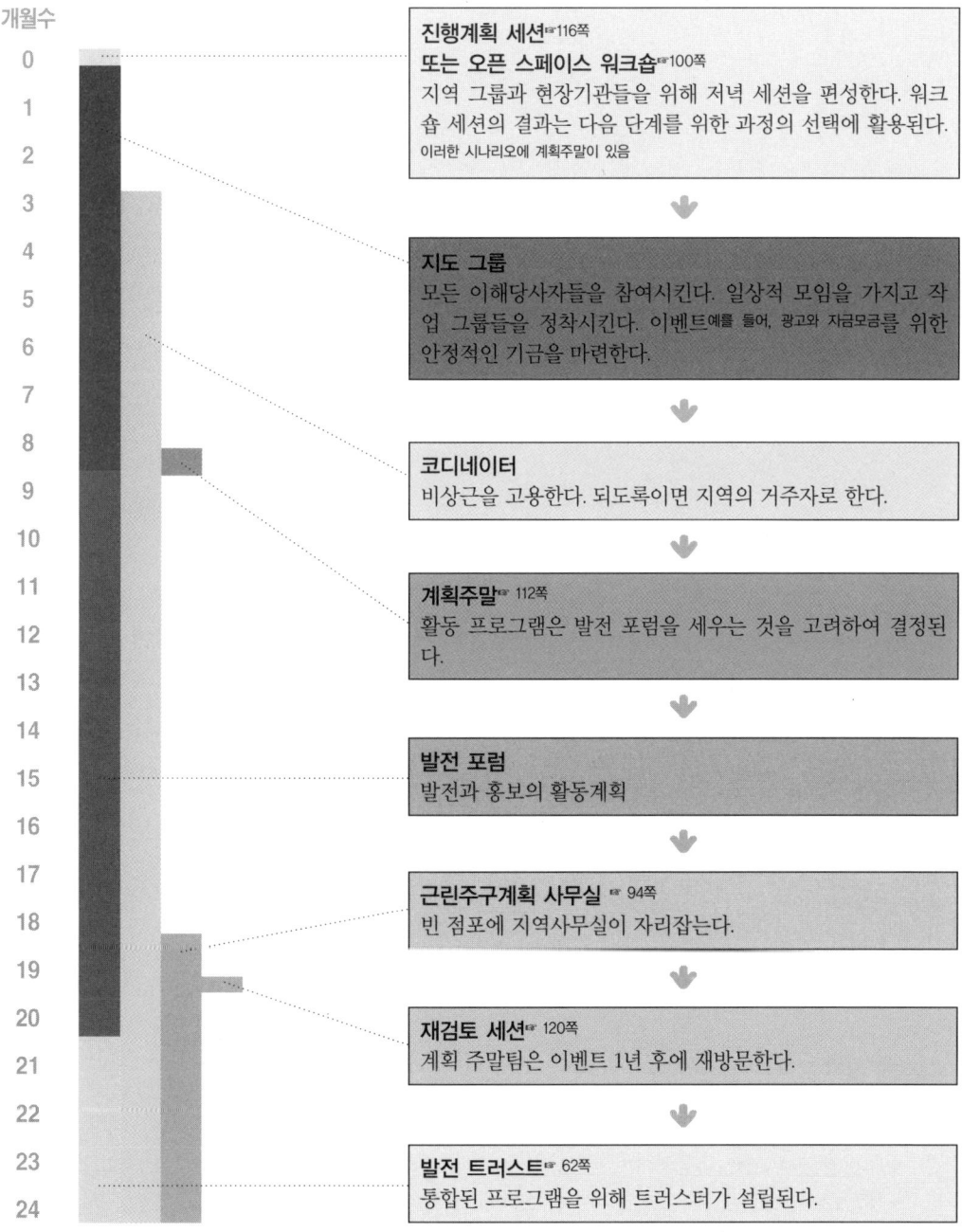

개월수: 0 ~ 24

진행계획 세션 ☞116쪽
또는 오픈 스페이스 워크숍 ☞100쪽
지역 그룹과 현장기관들을 위해 저녁 세션을 편성한다. 워크숍 세션의 결과는 다음 단계를 위한 과정의 선택에 활용된다.
이러한 시나리오에 계획주말이 있음

⬇

지도 그룹
모든 이해당사자들을 참여시킨다. 일상적 모임을 가지고 작업 그룹들을 정착시킨다. 이벤트예를 들어, 광고와 자금모금를 위한 안정적인 기금을 마련한다.

⬇

코디네이터
비상근을 고용한다. 되도록이면 지역의 거주자로 한다.

⬇

계획주말 ☞112쪽
활동 프로그램은 발전 포럼을 세우는 것을 고려하여 결정된다.

⬇

발전 포럼
발전과 홍보의 활동계획

⬇

근린주구계획 사무실 ☞94쪽
빈 점포에 지역사무실이 자리잡는다.

⬇

재검토 세션 ☞120쪽
계획 주말팀은 이벤트 1년 후에 재방문한다.

⬇

발전 트러스트 ☞62쪽
통합된 프로그램을 위해 트러스터가 설립된다.

시나리오

새로운 근린주구 New neighbourhood

이 시나리오는 창조적 제안이 어떻게 새로운 근린주구와 근린주구의 확장 또는 완전히 새로운 정착으로 이어질 수 있는가를 보여준다.

보통 이와 같은 발전은 의견을 제안하기 위한 사적 영역에 속하나 한편으로 공공기관의 검토에 따라 종합계획의 준비를 위해 상담가들이 방문하기도 한다. 그러나 이러한 사례에서 중요한 디자인 컨셉트 단계가 지역사람들의 동의나 충분한 기술적 체계없이 진행되는 경향이 있다.

시나리오에서는 초기의 제안이 폭넓은 경험과 지식을 가진 학생들과 전문가로 구성된 특별위원회와 지역에 대한 관심을 가진 단체와의 밀접한 상담을 통해 비교적 적은 비용으로 발전될 수 있다는 것을 보여준다.

이러한 결과들은 더 뛰어난 지역정보로 규정되고, 전문적인 팀에 의해 보다 세부적으로 만들어진다.

조직들은 건축과 계획의 교육기관인 도시디자인 상담소, 건축센터 또는 도시디자인 스튜디오가 된다.

더 많은 정보제공

▶ 방법: 건축 센터, 신문의 부록, 이동 스튜디오, 오픈 하우스 행사, 시찰 여행, 태스크 포스, 도시디자인 스튜디오

Scenarios N

새로운 근린주구

지역에 관심이 많은 단체와 함께 밀접히 작업하는 전문가, 학생들이 특별위원회의 참여를 통해 새로운 근린주구를 위한 제안을 고안한다.

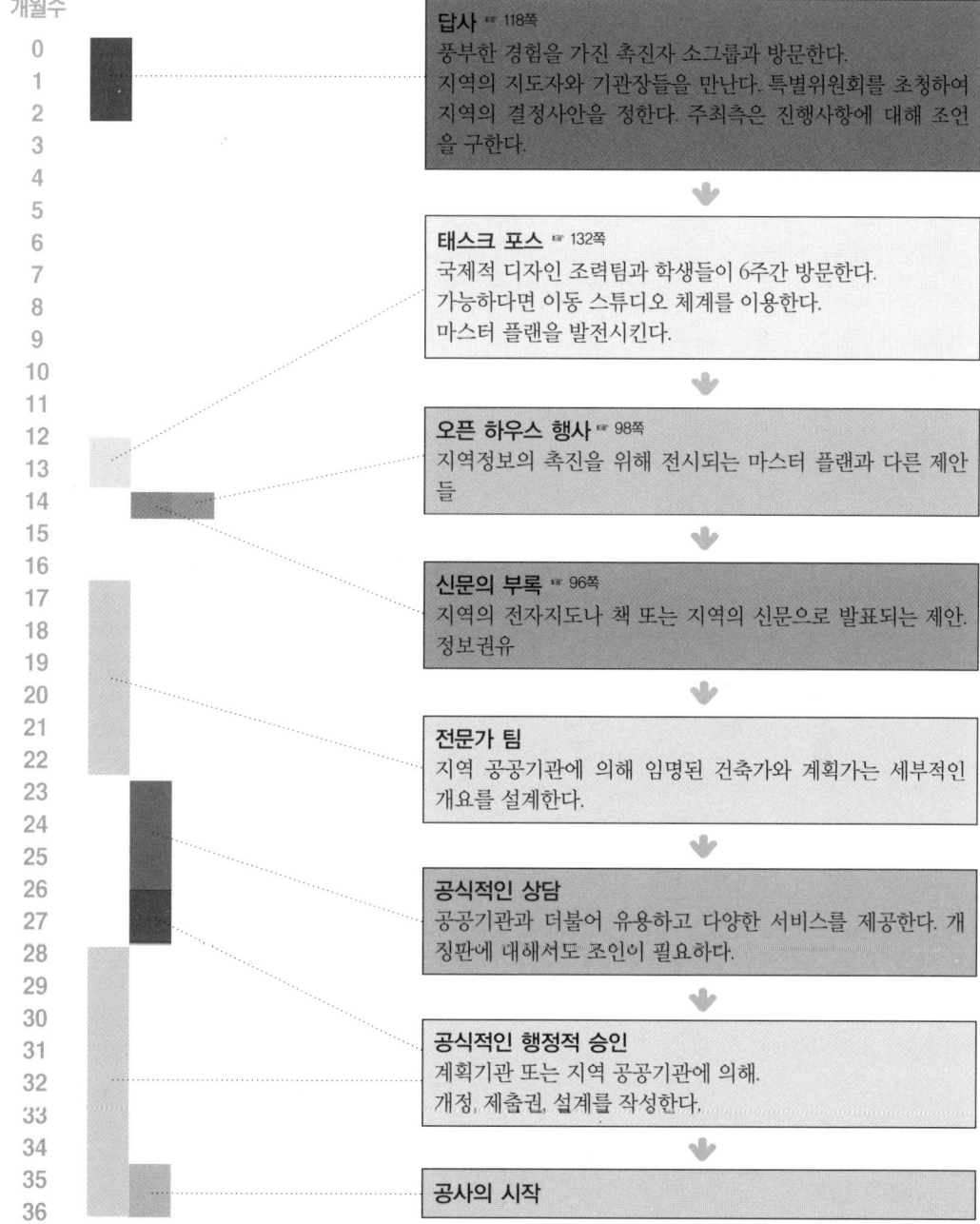

개월수
0
1
2
3
4
5
6
7
8
9
10
11
12
13
14
15
16
17
18
19
20
21
22
23
24
25
26
27
28
29
30
31
32
33
34
35
36

답사 ☞ 118쪽
풍부한 경험을 가진 촉진자 소그룹과 방문한다.
지역의 지도자와 기관장들을 만난다. 특별위원회를 초청하여 지역의 결정사안을 정한다. 주최측은 진행사항에 대해 조언을 구한다.

태스크 포스 ☞ 132쪽
국제적 디자인 조력팀과 학생들이 6주간 방문한다.
가능하다면 이동 스튜디오 체계를 이용한다.
마스터 플랜을 발전시킨다.

오픈 하우스 행사 ☞ 98쪽
지역정보의 촉진을 위해 전시되는 마스터 플랜과 다른 제안들

신문의 부록 ☞ 96쪽
지역의 전자지도나 책 또는 지역의 신문으로 발표되는 제안. 정보권유

전문가 팀
지역 공공기관에 의해 임명된 건축가와 계획가는 세부적인 개요를 설계한다.

공식적인 상담
공공기관과 더불어 유용하고 다양한 서비스를 제공한다. 개정판에 대해서도 조언이 필요하다.

공식적인 행정적 승인
계획기관 또는 지역 공공기관에 의해.
개정, 제출권, 설계를 작성한다.

공사의 시작

THE **COMMUNITY PLANNING** HANDBOOK 163

시나리오

플래닝 스터디 Planning study

이 시나리오는 전문적인 계획 컨설턴트가 비교적 짧은 기간에 지역 공공기관 또는 토지소유자를 위해 권장할만한 발전 항목을 작성하고자 할 때 적용한다.

전통적인 접근방법은 과거의 경험과 활용 가능한 문헌에 대한 조사결과를 바탕으로, 보고서준비에 자문을 구하는 것이다.

시나리오가 공개된 뒤 컨설턴트는 고객의 시간에 맞추어 상담과정과 시간을 결정한다. 지역주민들의 관점과 새로운 경향을 바탕으로 컨설턴트는 제안을 하게 되며 지역주민들은 이 개발과정에 참여하게 될 것이다.

> **더 많은 정보제공**
> 방법: 편집의 참여, 계획의 날, 진행계획 세션

Scenarios P

플래닝 스터디

계획 컨설턴트는 지역의 공공기관에게 거대한 도시구역의 잠재력에 대한 연구준비에 대한 조언을 요청받는다. 일정표는 간략하게 한다.

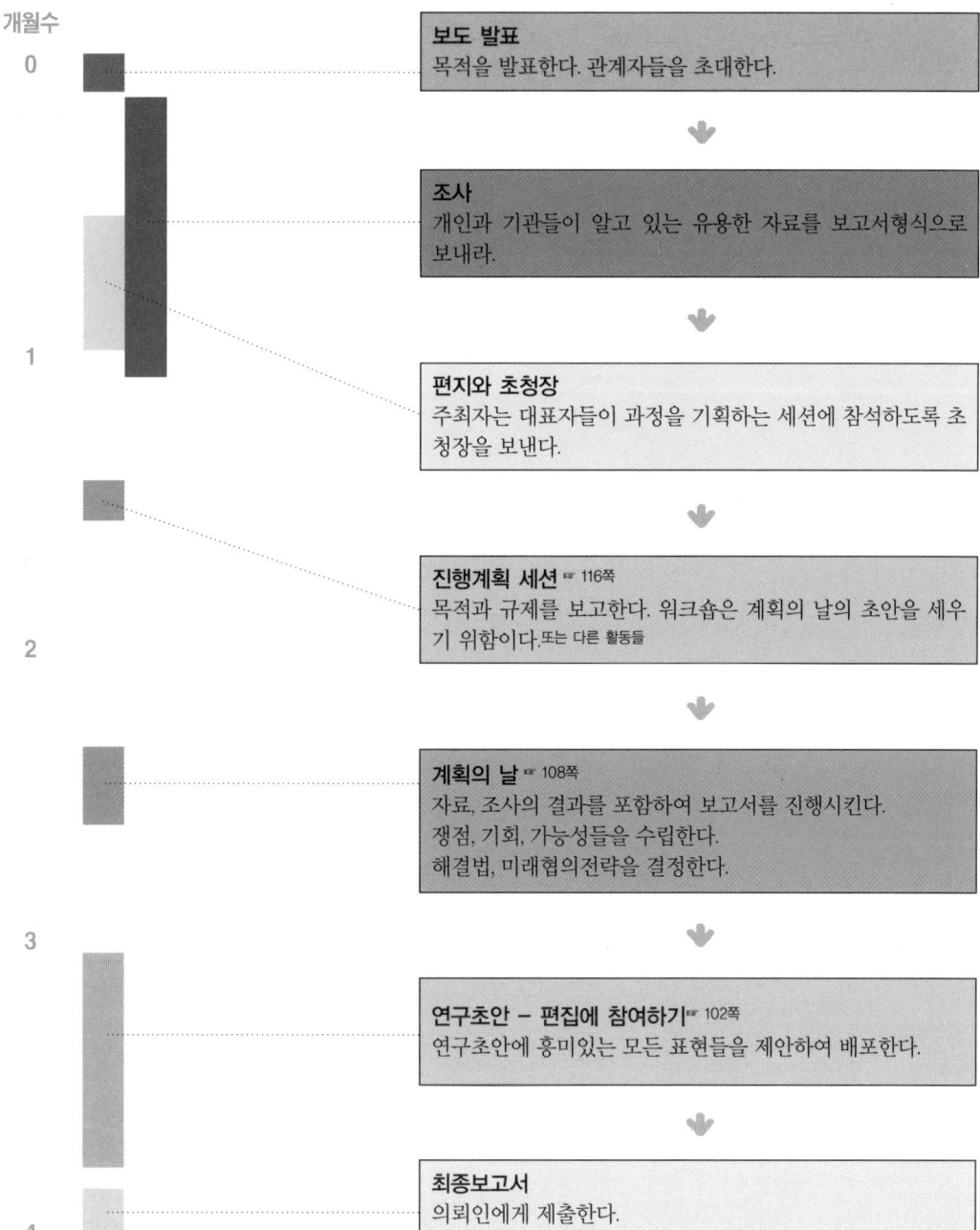

개월수

0

보도 발표
목적을 발표한다. 관계자들을 초대한다.

조사
개인과 기관들이 알고 있는 유용한 자료를 보고서형식으로 보내라.

1

편지와 초청장
주최자는 대표자들이 과정을 기획하는 세션에 참석하도록 초청장을 보낸다.

진행계획 세션 ☞ 116쪽
목적과 규제를 보고한다. 워크숍은 계획의 날의 초안을 세우기 위함이다. 또는 다른 활동들

2

계획의 날 ☞ 108쪽
자료, 조사의 결과를 포함하여 보고서를 진행시킨다.
쟁점, 기회, 가능성들을 수립한다.
해결법, 미래협의전략을 결정한다.

3

연구초안 – 편집에 참여하기 ☞ 102쪽
연구초안에 흥미있는 모든 표현들을 제안하여 배포한다.

최종보고서
의뢰인에게 제출한다.

4

THE **COMMUNITY PLANNING** HANDBOOK

시나리오

재생 기반 Regeneration infrastructure

이 시나리오는 정부, 민간, 자발적 기관들에 의해 커뮤니티 계획을 장려하기 위한 골격이 어떻게 개선될 수 있는지 보여준다. 국가적, 지역적 또는 국제적 차원에도 적용될 수 있다.

재생가능성이 있는 메커니즘의 설치를 지원하고 장려하는 데에 초점이 맞춰지고, 일부는 시간이 지난 후에 자가금융체제가 될 것이다.

재생 프로그램에 일반적으로 주어지는 약간의 지원비용이 소요되지만 장기적인 이익은 훨씬 더 클 것이다.

더 많은 정보제공

방법: 건축 센터, 수상 제도, 커뮤니티 디자인 센터, 실행 펀드, 아이디어 대회, 근린주구 계획 사무실, 계획 원조기구
유용한 체크리스트: 기획의 요소

Scenarios R

재생 기반

개월수
0
1
2
3
4
5
6
7
8
9
10
11
12
13
14
15
16
17
18
19
20
21
22
23
24
25
26
27
28
29
30
31
32
33
34
35
36

아이디어 대회 ☞ 80쪽
커뮤니티 계획을 진행하기 위한 최고의 아이디어를 위해

정책회의
개발산업의 모든 분야를 위한 도시자선단체에 의해 조직된다.

실행 펀드 ☞ 72쪽
커뮤니티 프로젝트를 위해. 협력 스폰서와의 협력하에 전문적인 기관에 의해 설립된다.

계획의 원조기구 ☞ 106쪽
계획기관에 의해 설립한 지역의 안내자는 1년 후에 국가가 지원한다.

수상 제도 ☞ 42쪽
가장 우수한 커뮤니티 계획 프로젝트를 위해

종자자금
정부는 건축 센터, 커뮤니티 디자인 센터 그리고 근린주구계획 사무실의 설립을 승인 ☞ 38, 48, 94쪽

우수사례 보급
수상계획과 실행 가능한 학습응용에 기반한 실용입문서와 비디오 출판

재검토 회의
과정을 평가하고 새로운 기획을 계획하기 위해

THE **COMMUNITY PLANNING** HANDBOOK 167

시나리오

빈민촌의 개선 Shanty settlement upgrading

이 시나리오는 개발도상국가의 많은 도시에서 급격히 늘어나고 있는 열악한 거주지에 적용된다. 거주민들은 불법거주자, 임차인 또는 개인거주자들일 것이다.

종종 정부는 그러한 장소를 무시하거나 내버려둔다. 아니면 그곳들이 보기 흉하고 비위생적이며, 불법이 난무하다는 이유로 철거하기도 한다.

이 시나리오에서 정부는 기술적 원조를 제공함으로써 주민 스스로가 거주지역을 개선하도록 지원한다. 여러 해에 걸쳐 가스·수도공급 설비 등이 설치되고, 도로가 개선되며 건물의 건축기준이 향상된다.

결국 그러한 거주지는 도시의 다른 지역과 거의 구별할 수 없게 된다.

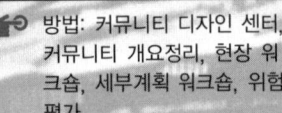

더 많은 정보제공

- 방법: 커뮤니티 디자인 센터, 커뮤니티 개요정리, 현장 워크숍, 세부계획 워크숍, 위험 평가
- 도시 활동 계획
- Centre for Development and Emergency Practice. International Institute for Environment and Development
- Nick Hall.

빈민촌의 개선

주민들은 정부와 기술전문가, 후원기관의 지원으로 점차 그들의 주택과 생활환경을 개선해나간다.

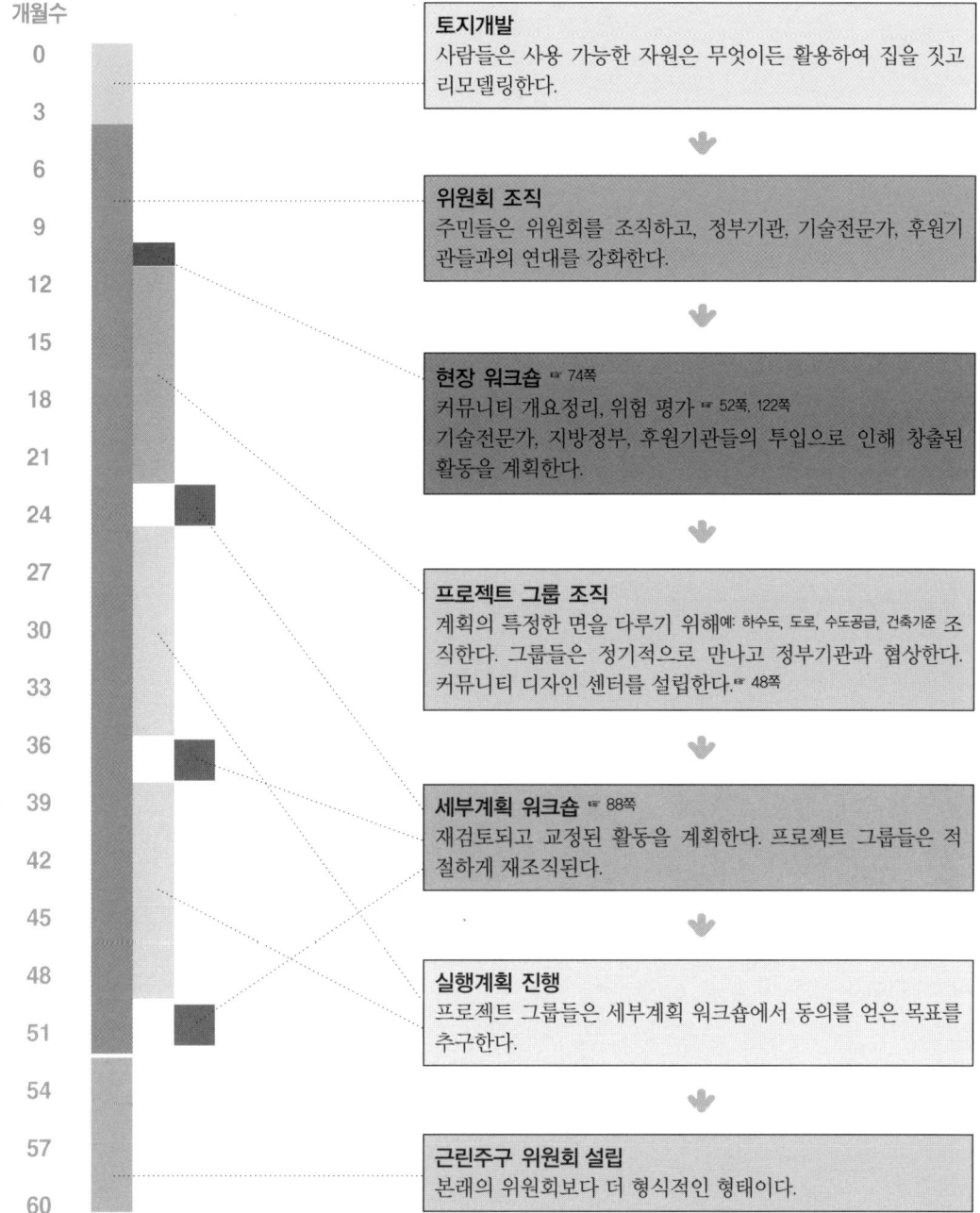

개월수: 0, 3, 6, 9, 12, 15, 18, 21, 24, 27, 30, 33, 36, 39, 42, 45, 48, 51, 54, 57, 60

토지개발
사람들은 사용 가능한 자원은 무엇이든 활용하여 집을 짓고 리모델링한다.

위원회 조직
주민들은 위원회를 조직하고, 정부기관, 기술전문가, 후원기관들과의 연대를 강화한다.

현장 워크숍 ☞ 74쪽
커뮤니티 개요정리, 위험 평가 ☞ 52쪽, 122쪽
기술전문가, 지방정부, 후원기관들의 투입으로 인해 창출된 활동을 계획한다.

프로젝트 그룹 조직
계획의 특정한 면을 다루기 위해예: 하수도, 도로, 수도공급, 건축기준 조직한다. 그룹들은 정기적으로 만나고 정부기관과 협상한다. 커뮤니티 디자인 센터를 설립한다.☞ 48쪽

세부계획 워크숍 ☞ 88쪽
재검토되고 교정된 활동을 계획한다. 프로젝트 그룹들은 적절하게 재조직된다.

실행계획 진행
프로젝트 그룹들은 세부계획 워크숍에서 동의를 얻은 목표를 추구한다.

근린주구 위원회 설립
본래의 위원회보다 더 형식적인 형태이다.

시나리오

마을 중심부 개선 Town centre upgrade

이 시나리오는 계획당국이 마을 중심지역을 개선하고자 할 때 적용한다.

마을 중심부의 많은 지역은 여러 해에 걸쳐 단편적인 방법으로 개발되어 왔으며, 그 결과 토지의 다양한 소유권으로 인해 건물은 전체 도시디자인에 대한 고려 없이 디자인되기 쉬웠다.

계획당국이 아무 것도 하지 않는다면 단편적인 접근이 계속될 것이며, 기본적인 문제들은 결코 해결되지 않을 것이다.

여기서 제시한 접근방법은 계획당국이 서로 다른 이해관계 모두를 종합적 전략개발에 포함시키고 있으며, 이 전략은 계획의 틀로 통합될 수 있다.

더 많은 정보제공

방법: 오픈 하우스 행사, 계획의 날, 진행계획 세션, 사용자 그룹

Scenarios T

마을 중심부 개선

계획부서는 마을 중심부의 많은 개발에서 개발업자와 시민간의 마찰을 줄이며 마을 중심부의 일부분에 대한 개발을 시작한다.

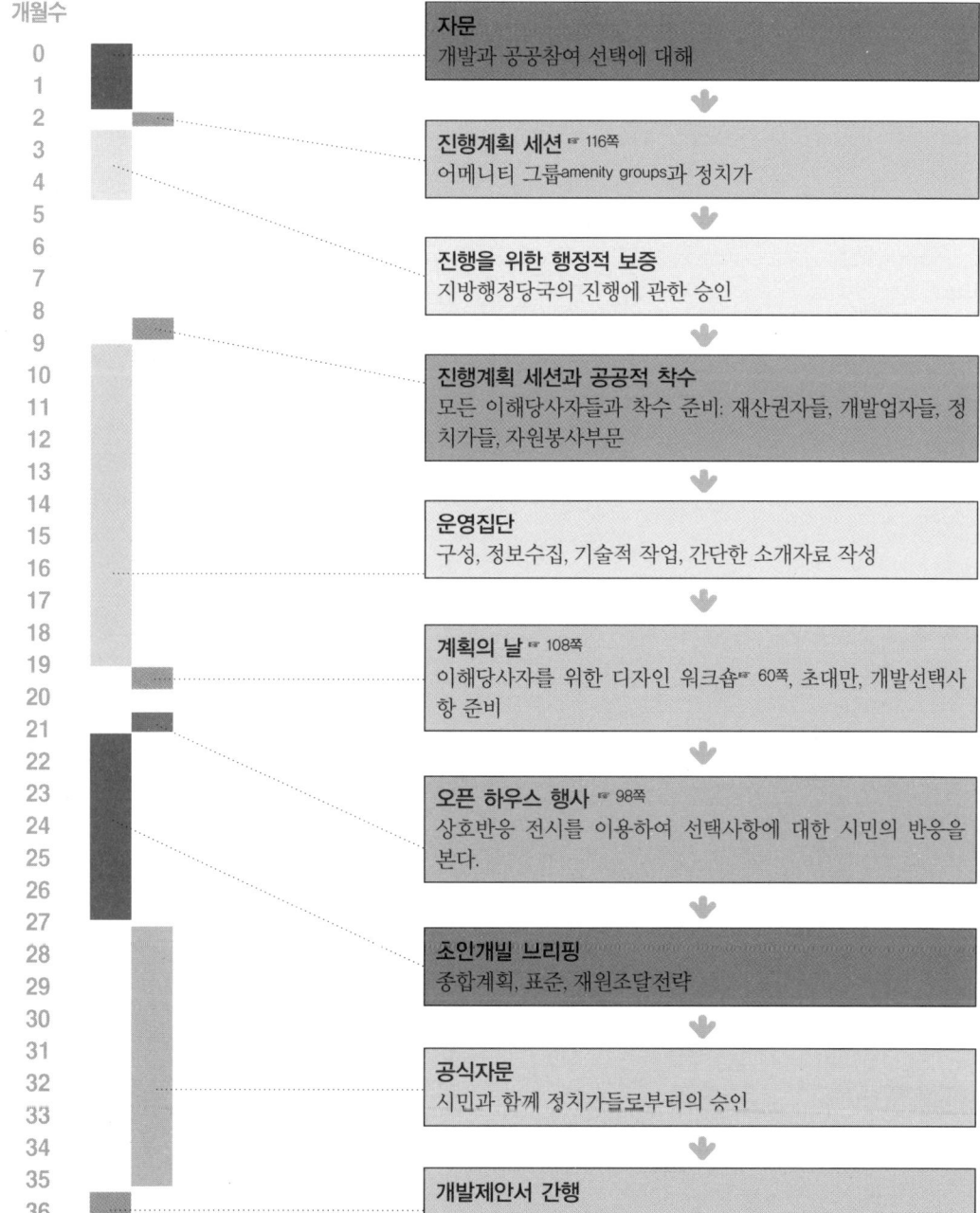

개월수

자문
개발과 공공참여 선택에 대해

진행계획 세션 ☞ 116쪽
어메니티 그룹amenity groups과 정치가

진행을 위한 행정적 보증
지방행정당국의 진행에 관한 승인

진행계획 세션과 공공적 착수
모든 이해당사자들과 착수 준비: 재산권자들, 개발업자들, 정치가들, 자원봉사부문

운영집단
구성, 정보수집, 기술적 작업, 간단한 소개자료 작성

계획의 날 ☞ 108쪽
이해당사자를 위한 디자인 워크숍 ☞ 60쪽, 초대만, 개발선택사항 준비

오픈 하우스 행사 ☞ 98쪽
상호반응 전시를 이용하여 선택사항에 대한 시민의 반응을 본다.

조인개발 브리핑
종합계획, 표준, 재원조달전략

공식자문
시민과 함께 정치가들로부터의 승인

개발제안서 간행

THE **COMMUNITY PLANNING** HANDBOOK

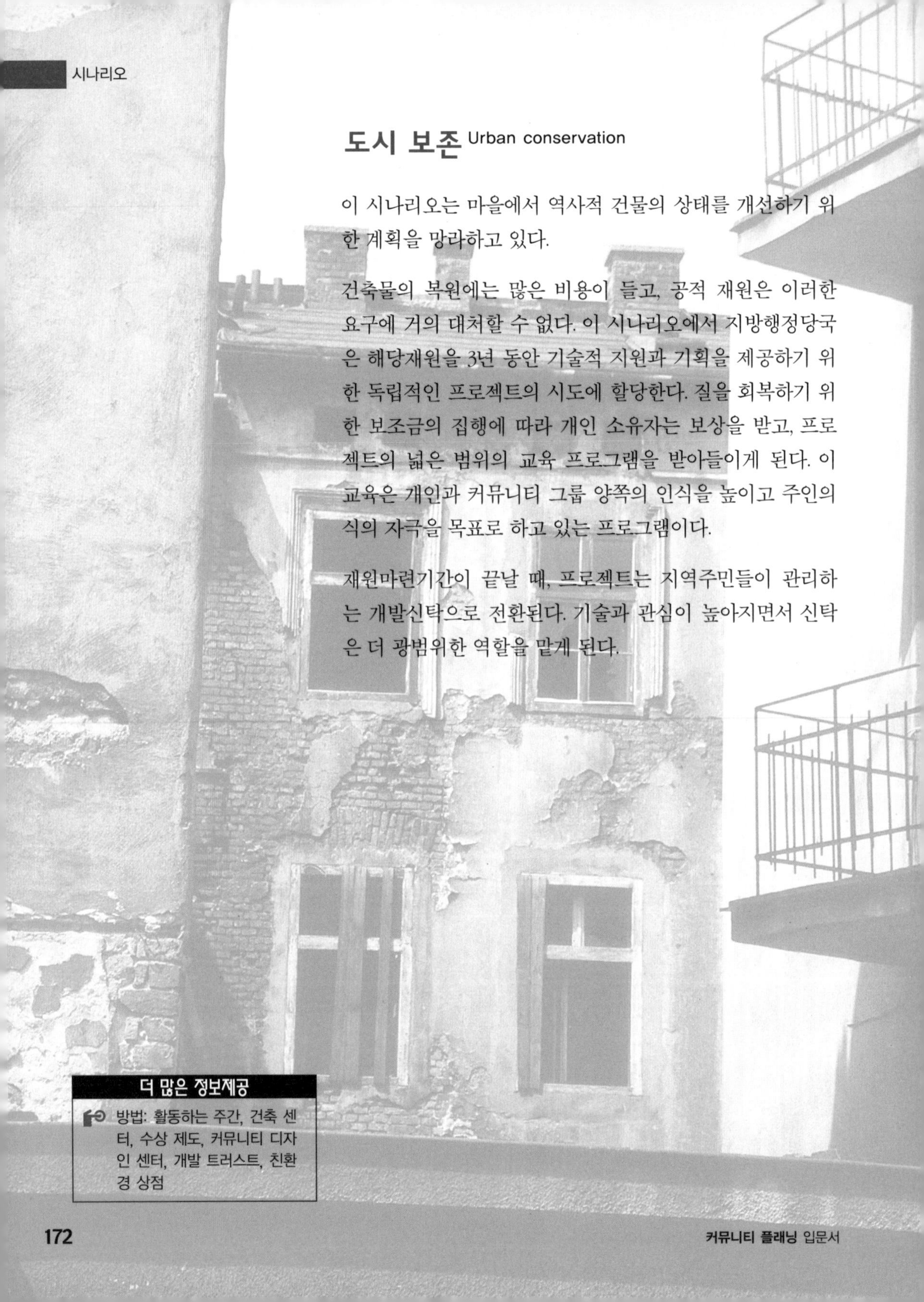

시나리오

도시 보존 Urban conservation

이 시나리오는 마을에서 역사적 건물의 상태를 개선하기 위한 계획을 망라하고 있다.

건축물의 복원에는 많은 비용이 들고, 공적 재원은 이러한 요구에 거의 대처할 수 없다. 이 시나리오에서 지방행정당국은 해당재원을 3년 동안 기술적 지원과 기획을 제공하기 위한 독립적인 프로젝트의 시도에 할당한다. 질을 회복하기 위한 보조금의 집행에 따라 개인 소유자는 보상을 받고, 프로젝트의 넓은 범위의 교육 프로그램을 받아들이게 된다. 이 교육은 개인과 커뮤니티 그룹 양쪽의 인식을 높이고 주인의식의 자극을 목표로 하고 있는 프로그램이다.

재원마련기간이 끝날 때, 프로젝트는 지역주민들이 관리하는 개발신탁으로 전환된다. 기술과 관심이 높아지면서 신탁은 더 광범위한 역할을 맡게 된다.

더 많은 정보제공

방법: 활동하는 주간, 건축 센터, 수상 제도, 커뮤니티 디자인 센터, 개발 트러스트, 친환경 상점

Scenarios U

도시 보존

한 지역에서 광범위한 지역활동에 대한 인식을 높이고 자극하여 역사적 건축물의 상황을 개선하기 위한 기획

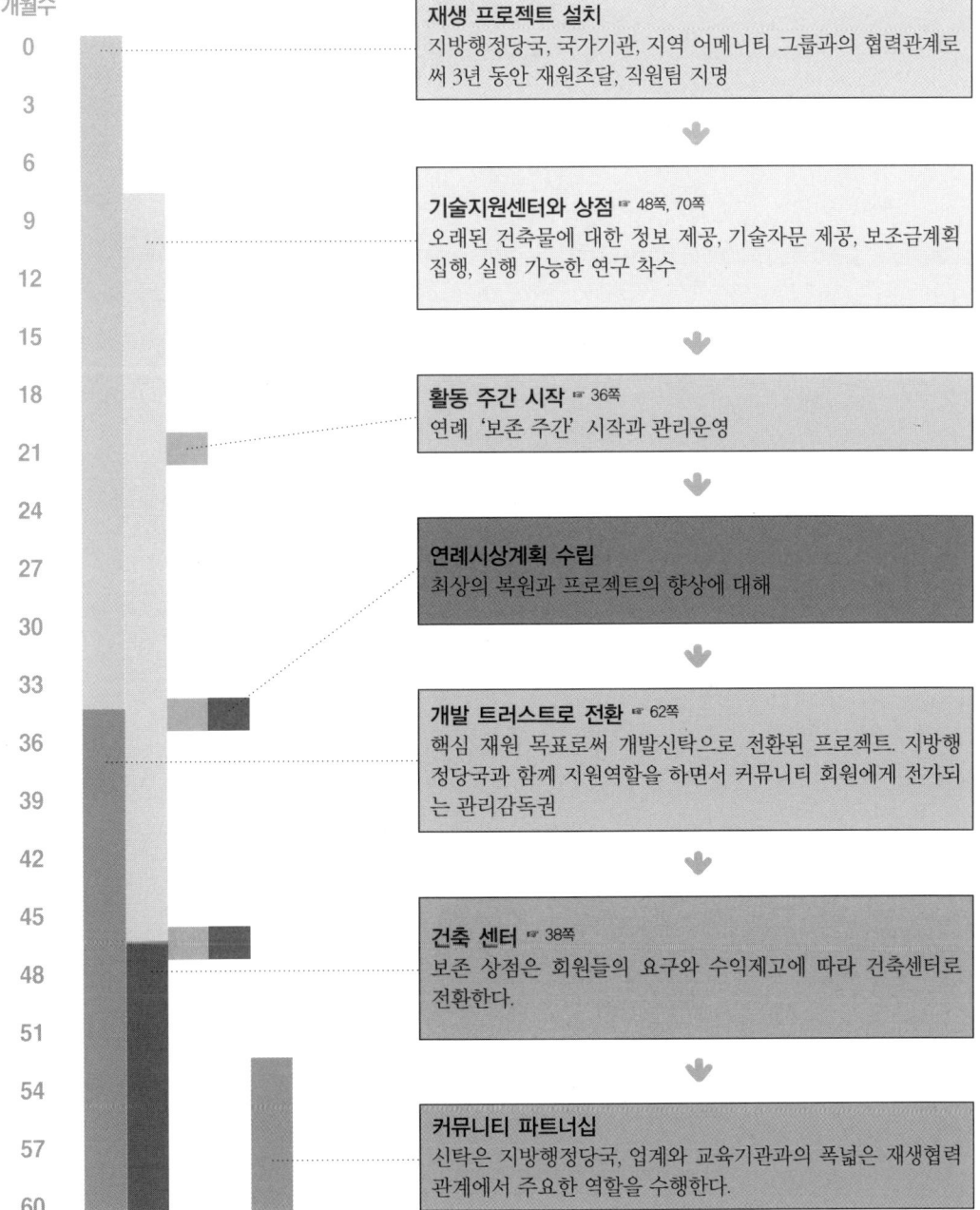

개월수
0
3
6
9
12
15
18
21
24
27
30
33
36
39
42
45
48
51
54
57
60

재생 프로젝트 설치
지방행정당국, 국가기관, 지역 어메니티 그룹과의 협력관계로써 3년 동안 재원조달, 직원팀 지명

기술지원센터와 상점 ☞ 48쪽, 70쪽
오래된 건축물에 대한 정보 제공, 기술자문 제공, 보조금계획 집행, 실행 가능한 연구 착수

활동 주간 시작 ☞ 36쪽
연례 '보존 주간' 시작과 관리운영

연례시상계획 수립
최상의 복원과 프로젝트의 향상에 대해

개발 트러스트로 전환 ☞ 62쪽
핵심 재원 목표로써 개발신탁으로 전환된 프로젝트. 지방행정당국과 함께 지원역할을 하면서 커뮤니티 회원에게 전가되는 관리감독권

건축 센터 ☞ 38쪽
보존 상점은 회원들의 요구와 수익제고에 따라 건축센터로 전환한다.

커뮤니티 파트너십
신탁은 지방행정당국, 업계와 교육기관과의 폭넓은 재생협력 관계에서 주요한 역할을 수행한다.

THE **COMMUNITY PLANNING** HANDBOOK

시나리오

마을 부흥 Village revival

이 시나리오는 지역특성을 살리고 유지하기 위한 마을기획의 개발에 대해 다루고 있다.

많은 시골마을은 전통적인 농업방식의 변화와 더불어, 택지개발의 압력과 인구의 감소현상으로 고통받고 있다. 이러한 정책들의 정치적 통제는 먼 곳에서 이루어지고, 지역사람들은 이러한 어려움에 대해 아무것도 할 권한이 없다고 느낀다.

이 시나리오에서 행정지도제작은 흥미와 이해의 촉진에 활용된다. 마을사람들은 새로운 발전지침에 따라 지역발전을 위한 디자인 표현을 결정하게 되고, 디자인 개요에는 지역과 연계된 특징을 반영할 수 있도록 한다.

최종적으로, 함께 일하는 것을 배우는 경험과 더불어, 많은 프로젝트 그룹은 새로운 편의시설을 개발할 수 있다.

더 많은 정보제공

방법: 커뮤니티 개요정리, 지역 디자인 보고서, 지도화, 사진조사, 재검토 세션

마을 부흥

마을의 커뮤니티는 지역의 전통적인 특성을 보호하고, 새로운 편의시설을 개발하기 위한 방안을 강구한다.

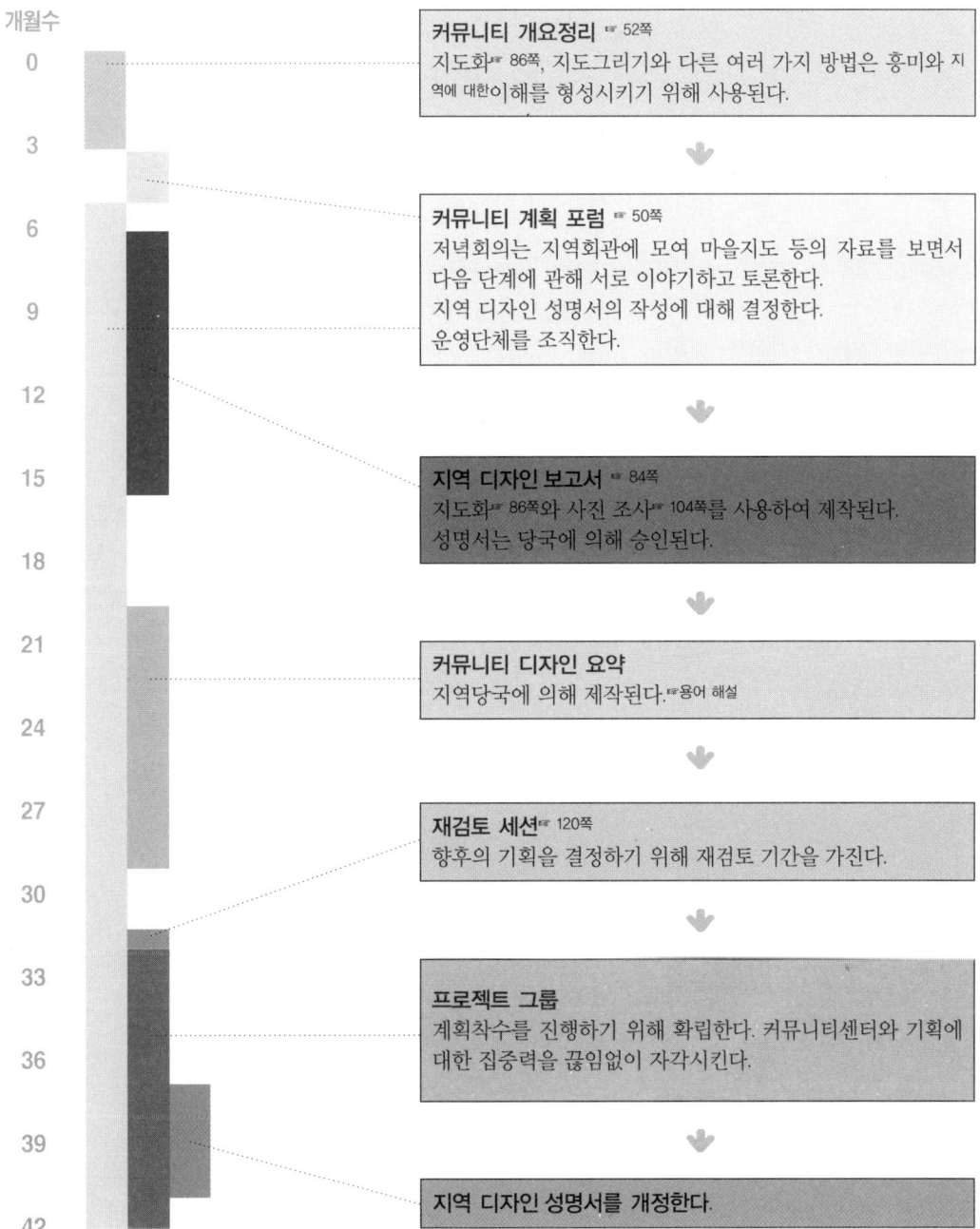

시나리오

전체 정착전략 Whole settlement strategy

전체 정착전략은 전체적으로 마을, 읍 또는 도시에 대한 비전을 창조하고 달성하는 방법을 제시한다. 그 장소마을, 읍 또는 도시는 어떻게 운영되는가, 그것을 위해서는 무엇이 좋은가, 무엇이 나쁜가, 어떤 변화를 필요로 하는가, 지속 가능한 미래[9]를 위해 우리는 어떤 계획을 수립해야 하는가.

기존의 접근방법은 도시계획이나 개발 컨설턴트들의 조언에 의해 수정되고, 조언내용이 적용될 수 있도록 계획을 만드는 것은 지역당국의 몫이었다.

이 시나리오는 커뮤니티 참여[10]의 한 방법을 보여준다. 커뮤니티 참여는 착수단계에서부터 전략적 발전방법의 하나로 통합시킨다. 이것은 UN '어젠다21'[11]에 의해 요구되는 상황이다. 또한 착수단계에서부터의 커뮤니티 참여는 그 전략이 승인되고 실행될 수 있는 가능성을 향상시킨다. 모든 정착전략은 보다 세부적인 커뮤니티 계획을 위한 기초를 형성시킨다.

더 많은 정보제공

- 방법: 미래조사회의, 상호작용의 전시, 오픈 하우스 행사 유용한 체크리스트: 커뮤니티 계획의 항목
- Hertfordshire County Council
- Community Visions Pack

커뮤니티 플래닝 입문서

Scenarios W

전체 정착전략

지역당국은 도시의 지속가능성을 향상시킬 전략을 만들기 시작한다. 그것을 지역사람들과 서비스 제공자들을 함께 만들어 내도록 한다.

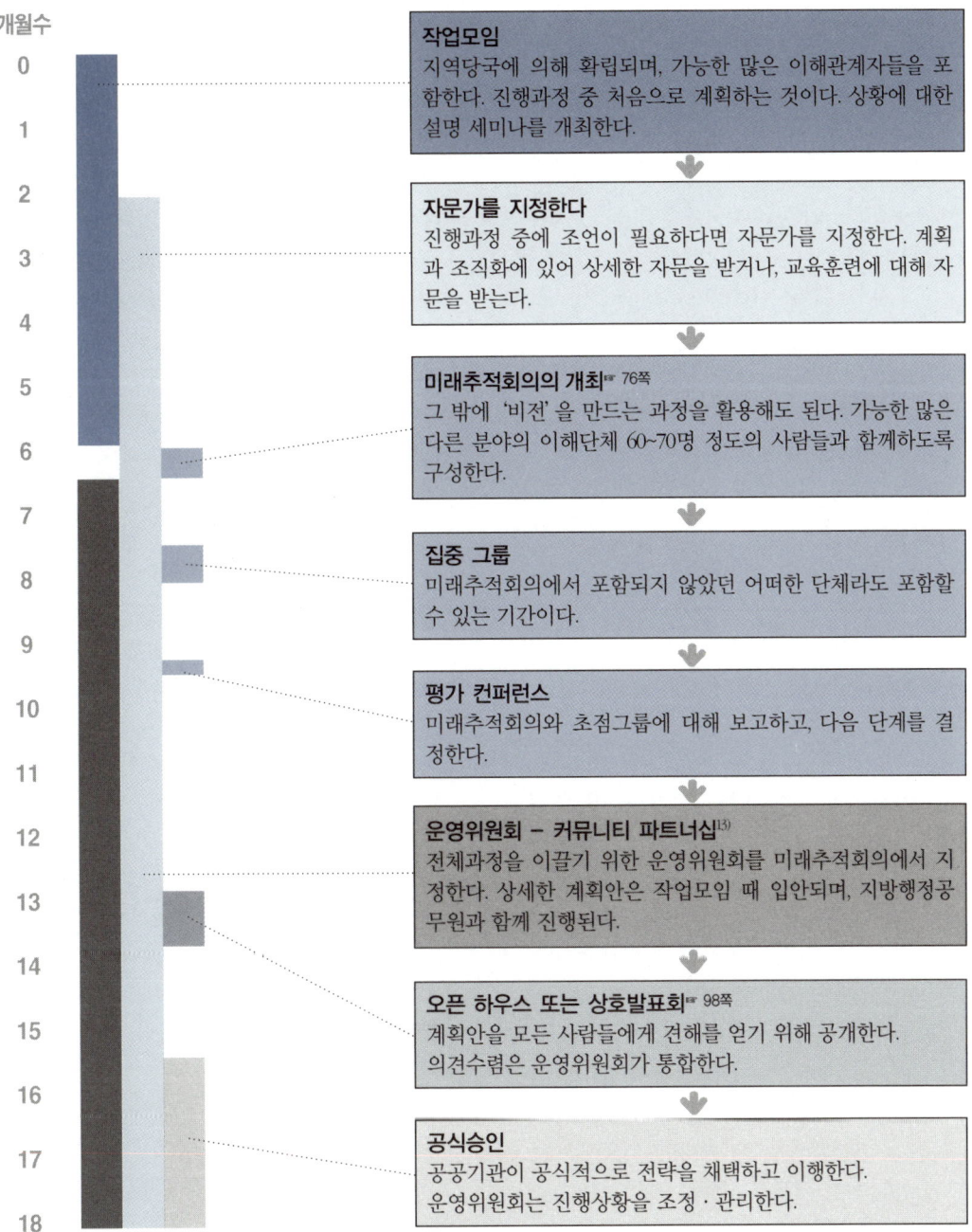

개월수: 0–18

작업모임
지역당국에 의해 확립되며, 가능한 많은 이해관계자들을 포함한다. 진행과정 중 처음으로 계획하는 것이다. 상황에 대한 설명 세미나를 개최한다.

자문가를 지정한다
진행과정 중에 조언이 필요하다면 자문가를 지정한다. 계획과 조직화에 있어 상세한 자문을 받거나, 교육훈련에 대해 자문을 받는다.

미래추적회의의 개최 ☞ 76쪽
그 밖에 '비전'을 만드는 과정을 활용해도 된다. 가능한 많은 다른 분야의 이해단체 60~70명 정도의 사람들과 함께하도록 구성한다.

집중 그룹
미래추적회의에서 포함되지 않았던 어떠한 단체라도 포함할 수 있는 기간이다.

평가 컨퍼런스
미래추적회의와 초점그룹에 대해 보고하고, 다음 단계를 결정한다.

운영위원회 – 커뮤니티 파트너십[3]
전체과정을 이끌기 위한 운영위원회를 미래추적회의에서 지정한다. 상세한 계획안은 작업모임 때 입안되며, 지방행정공무원과 함께 진행된다.

오픈 하우스 또는 상호발표회 ☞ 98쪽
계획안을 모든 사람들에게 견해를 얻기 위해 공개한다. 의견수렴은 운영위원회가 통합한다.

공식승인
공공기관이 공식적으로 전략을 채택하고 이행한다. 운영위원회는 진행상황을 조정·관리한다.

THE **COMMUNITY PLANNING** HANDBOOK

6 **사회센터(Social centre)**
사회센터는 커뮤니티 장소임. 다양한 사람들의 활동을 잇는 장소의 역할, 비영리 목적의 가치에 의해서만 연결될 수 있음. 지역활동을 위해서 센터를 조직할 수 있으며, 또한 죄수·망명자·난민과 같은 소수그룹을 위한 지원 네트워크를 제공하기도 함. 센터는 카페, 면세상점, 컴퓨터 실습실, 그래피티를 그릴 수 있는 벽, 방랑자 등을 위한 법이 지정한 공동농장과 무료주택시설 공급 등을 시작하기 위한 기반을 제공함. 사회센터를 근거로 한 커뮤니티의 요구들과 관계자들이 제공하는 기술, 이 두 가지 모두가 센터의 서비스를 결정함. 주로 사회센터는 큰 건물에 있는 까닭에 활동가의 모임, 콘서트, 책방, 댄스공연과 미술전시회를 개최할 수 있음. 사회센터는 많은 유럽도시에 일반적으로 보급되어 있는데, 건물에 무단점거형태이거나 건물의 임대형태이기도 함

출처 : http://en.wikipedia.org/wiki/Social_centre

7 지역사람들이 알지 못하고, 반영하지 않은 채 정책들이 나온다는 뜻

8 parish는 교구의 뜻임. 여기에서는 같은 교회를 다니는 사람들이 모여 사는 구역의 뜻으로 군(郡)단위 크기의 마을을 뜻함

9 지속가능발전(Sustainable development) 개념은 1987년 당시 노르웨이 사민당 당수였던 브른트란트가 위원장이었던 UN의 특별위원회인 '환경과 개발을 위한 세계위원회(WCED; World Commission on Environment and Development)'에서 발표한 '우리 공동의 미래(our common future)' 라는 보고서에서 지구차원의 환경문제를 해결하기 위한 대안으로 제시되었다.

이러한 지속가능발전에 대한 정의에서 문제가 되는 것은 필요와 욕구, 자연총량 등을 어떻게 측정하느냐는 것이다. 자연총량을 자연과학적으로 계산해내는 것도 용이하지 않을 뿐만 아니라 현세대와 미래세대의 필요와 욕구라는 표현도 구체적인 내용을 파악하기 어려운 매우 추상적이고 규범적인 주장이라 하겠다. 그러므로 지속가능성에 대한 의미와 이해, 그리고 그의 실천은 주어진 상황에 따라 매우 상이하게 나타날 수 있으나 동시에 세계적 차원에서 동일한 목표로 추구할 때에 비로소 실현 가능할 것이다.

우리 공동의 미래에서 지속가능발전을 '미래세대가 그들의 필요를 충족시킬 능력을 저해하지 않으면서 현세대의 필요를 충족시키는 발전'으로 정의하고 있다. 브른트란트 보고서와 리우 선언에서는 각 세대가 자신의 생활과 노동방식에 의해 미래세대의 생존이 위협받지 말아야 한다는 점을 강조하고 있다. 그러나 모든 세대의 권리보장이라는 의미에서 장래성 있는 정책의 이상적 지표로써 지속가능 개념이 경제와 사회의 새로운 발전모델을 창출해야 한다는 통찰력이 요구되지만, 정확한 목표와 구체적인 내용설정에 대해서는 아직 아무런 국제적 합의가 도출되지 않고 있다.

출처 : UNEP한국위원회 환경토크 2006 상반기 1차 세미나, 차명제, 지속가능 발전의 개념

10 복지 및 의료 분야에서는 지역사회참여로 보고 있음

11 1992년 6월 3~14일간 브라질의 리오데자네이루에서 열린 '환경과 개발에 관한 유엔회의(UNCED)'에서 채택된 '환경과 개발에 관한 리우선언' 의 후속 조치로서 각국 정부와 국제기구가 실천해야 할 '21세기를 향한 지속 가능한 개발에 관한 구체적

행동계획'으로 채택한 것을 말한다. 21세기를 위한 환경보존의 구체적 방안을 제시한 행동지침으로, 전문(前文)과 4부, 39개 의제로 이루어졌다. 이 행동계획은 행동계획의 목적, 실시대상 및 실천방법 등으로 구성되어 있으며 구체적으로 인구, 빈곤, 거주문제 등 사회경제적 요소와 더불어 대기, 수자원, 생물다양성, 폐기물 등 환경문제에 관한 프로그램을 채택하고 있다. 또한 개발자원의 보호와 관리, 여성과 NGO 문제와 함께 지방자치단체 등이 이 행동계획을 실천하기 위한 재원확보와 시행기술, 방법 등의 원칙에 대해서도 기술하고 있다. UNCED의 모리스 스트롱 사무국장은 "어젠다 21은 지속 가능한 개발을 위한 실천적 행동을 모색한 것이다. 단순히 의무를 부과하는 것이 아닌, 각국 정부, 국제기구, NGO, 지역자치제와 일반시민 등이 협심 노력하여 지속 가능한 개발을 위한 적극적 행동이 가능토록 기본틀을 제공하는 데 의미가 있다"고 언급하였다. 40페이지 분량의 이 문서에는 빈곤완화에 대한 노력, 인구문제, 대기보존, 삼림감소대책, 사막화방지, 농업, 생물의 다양성 보존, 담수자원의 질적 보호, 유해물질의 관리, 방사성폐기물의 관리 등 폭넓은 분야를 망라하고 있다.

12 조정단체, 협력단체, 운영위원회 등으로 사용되고 있는데, 실행전체과정을 이끌어 가는 그룹이기 때문에 운영위원회를 사용함

시나리오

개발 트러스트로 전환 173
개발제안서 간행 171
건축 센터 173
건축구성 155
경영단체 설립 149
계획의 날 165, 171
계획의 원조기구 167
계획주말 161
공공환경 153
공공회의 혹은 포럼 149
공사진행 147
공식승인 177
공식자문 171
공식적인 상담 163
공식적인 행정적 승인 163
관리단체 설립 153
국가적·학문적인 지원 157
그룹형태의 거주자 155
근린주구 위원회 설립 169
근린주구계획 사무실 161
근린주구계획 사무실 개방 159
기술지원센터와 상점 173

다른 프로젝트의 시작 155
답사 163
도시 보존 172
도시내부의 재생 158

마을 부흥 174
마을 중심부 개선 170
모니터링, 평가, 갱신 151
미래추적회의의 개최 177

발전 트러스트 161
발전 포럼 161
버려진 공간의 재사용 148
보도 발표 165
빈민촌의 개선 168

산업 유산의 재활용 156
상세 디자인 147
상호발표회 177
새로운 근린주구 162

새로운 주택 159
세부계획 워크숍 169
수상 제도 167
신문의 부록 163
실행 펀드 167
실행계획 진행 169

아이디어 공모 149
아이디어 대회 167
연구초안 - 편집에 참여하기 165
연례시상계획 수립 173
예술 워크숍 149
예술 워크숍 153
예술가와 전문가 고용 153
오픈 스페이스 워크숍 161
오픈 스페이스 프로젝트 159
오픈 하우스 177
오픈 하우스 행사 163, 171
우수사례 보급 167
운영위원회 - 커뮤니티 파트너십 177
운영집단 171
위원회 조직 169
위험감소 행동들의 우선순위 결정 151
위험평가 151
임대인 관리조직의 틀 형성 159

자문 171
자문가를 지정한다 177
작업모임 177
재검토 세션 161
재검토 세션 175
재난관리 150 제휴관계 형성 151
재생 기반 166
재생 보고서 초안 157
재생 프로젝트 설치 173
전문가 팀 163
전시 및 선택 153
전체 정착전략 176
정책회의 167
제휴관계 153
제휴관계 조성 149
조사 165
종자자금 167

주택개발 154
주택단지 활용 프로그램 159
지도 그룹 161
지역 근린주구 기획 160
지역 디자인 보고서 175
지역 파트너십의 확립 157
진행계획 세션 161, 165, 171
진행계획 세션과 공공적 착수 171
진행을 위한 행정적 보증 171
집중 그룹 177

참가사항에 대한 전문가의 자문 157
참여형 건물평가 147
초안개발 브리핑 171

커뮤니티 개요정리 147, 175
커뮤니티 계획 포럼 175
커뮤니티 디자인 요약 175
커뮤니티 센터 146
커뮤니티 예술과 젊은 사람들의 프로젝트 159
커뮤니티 파트너십 173
컨퍼런스 157
코디네이터 161

타당성 조사 147
태스크 포스 163
토지개발 169

평가 컨퍼런스 177
프로젝트 그룹 175
프로젝트 그룹 조직 169
프로젝트 그룹의 창설 147
플래닝 스터디 164

현장 워크숍 169
환경 예술 프로젝트 152
활동 계획 이벤트 159
활동 주간 시작 173

부록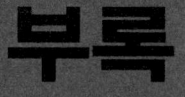

유용한 서식	184
전략계획서	184
워크숍 계획서	185
활동계획 이벤트 계획서	186
활동계 작성	188
과정 감독	188
평가 양식	189
유용한 체크리스트	190
장비 및 필수품	190
누구를 참여시킬 것인가	192
근린주구기술의 조사	193
커뮤니티 계획의 항목	194
기획의 요소	196
용어 해설	199
출간 및 영상물	217
관련기관 연락처	224
Credits and Thanks	235
이 책에 대한 의견	237

부록

유용한 서식 Useful format

전략계획서(strategy planner)
전반적인 지역 커뮤니티 계획전략을 다양한 방법과 통합하여 계획하기 위해 사용된다.

예시: 대부분의 도시 근린주구를 개선

방법	관련된 사람 (who involved?)	걸리는 시간 (시작부터)	목적	책임자
최초 미팅	거주자 대표·그룹·기관 대표자	1개월	과정 논의	기관 대표자
진행 계획 세션	거주자 대표, 기관 대표, 발표자·진행자	2개월	과정 혹은 절차결정	지역 토집
청소년 프로젝트	지역학교, 청소년 클럽(모임)	4개월	어린이들의 생각과 도움을 얻음	청소년 지도자
언론 성명, 발표	대중	5개월	이벤트 착수, 시작 전체적인 인식과 참여	책임자(코디네이터)
활동계획 이벤트	모든 이해관계자	7개월	전략에 대한 선택, 사항을 개발	지역 토집, 전문대학
상호작용할 수 있는 전시회	대중	8개월	선택지 피드백	지역 토집/주택담당공무원
지역계획 검토	지역당국	12개월	정책발전, 행동계획 승인	계획담당공무원
지역계획 센터	대중, 도시디자이너	18개월	행동계획 수행, 기관협력 증대	지역 토집, 주택담당 기관, 계획담당공무원
지역계획 공식합의, 자문	대중	20개월	법적 협약	지역당국
계획의 날	모든 이해관계자	24개월	진행상황 재검토	지역 토집
기타 등등	기타 등등	기타 등등	기타 등등	기타 등등

유용한 서식

워크숍 계획서(Workshop planner)

워크숍 계획을 돕는다. 대부분의 워크숍에 사용할 수 있다.

예시: | 컨퍼런스의 일부로 오후 워크숍 세션 |

시간	활동	형태	걸리는 시간 (분)	책임자	준비물
10:00	브리핑 진행자에게 역할 설명	미팅	15	J	워크숍 종이
12:25	발표 목표와 과정 설명	총회	5	S	없음
13:00	준비 워크숍 장소 준비	점심시간	20	워크숍 진행자	플립차트, 메모장, 블루택(테이프나 핀 대신에 쓰는 접착성 물질, 찰흙 같은 것), 펜, 배너, 이름표
14:00	워크숍 소개, 서두	워크숍 그룹	10	워크숍 진행자	출석표
14:10	첫번째 활동 각각의 토스트잇에 붙인 3개의 기획안이 필요	워크숍 그룹	10	워크숍 진행자	토스트잇(그룹마다 다른 색깔 필요)
14:20	큰 종이에 우선순위 매김	워크숍 그룹	15	워크숍 진행자	큰 종이, 색깔 펜
-----	-----	-----	-----	-----	-----
-----	-----	-----	-----	-----	-----
-----	-----	-----	-----	-----	-----
기타	기타	기타	기타	기타	기타

THE **COMMUNITY PLANNING** HANDBOOK

활동계획 이벤트 계획서(Action planning event planner)

활동계획 이벤트(혹은 모든 사람에게 유용할 것인지 생각하기)의 방향설정에 도움이 된다. 발표 후에 워크숍 세션에서 사용할 수 있으며 연습의 일부분으로 사용될 수 있다.(117쪽 참조)

목표

1. 당신은 활동계획 이벤트로부터 무엇을 **성취**하고 싶은가?
....
2. 언급된 **주요 쟁점**은 무엇인가?
....
3. 어떤 **지역**이 포함되어야 하는가?
....

이벤트의 성격

4. 이벤트는 **얼마 동안**이어야 하는가?
....
5. 이벤트는 **언제**이어야 하는가? (날짜)
....
6. 어떤 **특징적인 활동**이 이루어져야 하며, 어떤 순서로 되어야 하는가?
....
7. 초청할 **주요 대상**은 누구인가?
....
8. 타 지역의 **독립된 촉진자팀**이 있어야만 하는가?
    □ 예 / □ 아니오
9. 예를 선택했다면, 그 팀에서 당신은 어떤 **분야**를 원하는가?
....
10. **팀 구성원**이나 **팀 대표자**의 이름을 기재하시오.
....

조직

11. 어떤 **조직**이 이벤트를 개최해야 하는가?
....
12. 누가 어떻게 **도와야** 하는가?
....
13. **행정**은 누가 보는가?
....
14. 이벤트는 **어디**에서 개최되어야 하는가?
    워크숍 ....
    발표 ....

유용한 서식

　　　식사 ....
　　　호텔 ....
15. 어떤 **개요자료**가 준비되어야 하는가?
....
16. 이벤트의 결과가 **향후** 세워지고 활용될지에 대해서는 누가 확신할 것인가?
....

자금

17. 대략 얼마의 **비용**이 들까?　　　　　　18. 누가 **후원**할 것인가?(또는 자원봉사로 할 것인가)
　　　행정　　　　₩..................　　　　　..
　　　현장　　　　₩..................　　　　　..
　　　홍보　　　　₩..................　　　　　..
　　　음식조달　　₩..................　　　　　..
　　　설비　　　　₩..................　　　　　..
　　　사진　　　　₩..................　　　　　..
　　　교통　　　　₩..................　　　　　..
　　　숙박　　　　₩..................　　　　　..
　　　보고서 인쇄　₩..................　　　　　..
　　　다음 활동　　₩..................　　　　　..
　　　기타　　　　₩..................　　　　　..
　　　합계　　　　₩..................　　　　　..

그 다음 단계

19. **누가 무엇을** 하는가?
....

다른 생각과 아이디어

20. ....
....
....

이름과 연락처 (선택사항)
....
....

날짜 ....

THE **COMMUNITY PLANNING** HANDBOOK

부록

활동계획 작성(Action planner)
워크숍이나 모임용

워크숍 제목/주제   르제범위를 넓히기
일시   2001년 10월 4일 오후 4시
소집자(위원장)   Mary

주제	필요한 활동	주체	시기	지원 사항	우선사항
르통	보행자 계획	환경 토검	7월	르통기술자들	2
자전거 걸이(선반)	설치	상인	5월	용접	4
버스 시간표	모든 정류장에 설치	버스회사	6월	-	3
기타	기타	기타	기타	기타	기타

과정 감독(Progress monitor)
커뮤니티 계획 활동의 결과와 다음 단계의 계획의 요약용
참가자들이 큰 그림을 갖도록 코멘트를 모으고 돌리기

예시 :   커뮤니티 계획개발

주제	취해진 활동	주체	결과	다음 단계	주체
주차 통제	질문서에 디자인으로 넣기	토검	새로운 지역	-	-
쓰레기 재활용	학교 프로모션	토검	높은 재활용비율 기록	거주민 프로모션	주민협의회
자전거 도로	작업모임 설치	자전거 클럽	개발되고 있는 자전거도로 계획	코멘트를 위한 홍보	라디오 도서관
행정구역계획	컨설팅		모든 자원봉사 조직	개정	다음해 반복	기획자
역	주민 접촉	계획 사무관	없음	디자인 워크숍에 초대	K씨
기타	기타	기타	기타	기타	기타

평가 양식(evaluation form)

커뮤니티 기획활동의 전반을 평가하기 위해 작성한다. 참여자의 개념과 개선에 필요한 영향에 의해 안목을 넓힐 수 있다. 참여자의 사정에 적합하게 맞춘다. 인터뷰나 참가자들에게 배포되거나 인터뷰 또는 워크숍의 기본자료로 사용된다. 간격을 두고 행사를 반복하면 오랫동안 명백하지 않는 사항에 상당한 효과를 볼 수 있다.

이름 _____ 조직 _____
주소 _____ 위치 _____

활동의 주제 _____ 활동의 일시 _____
활동의 종류 _____ 활동의 평가 _____

1. 활동에서 당신의 역할은? _____
2. 당신은 어떻게 참여하게 되었나? _____

3. 목표는 무엇이라고 생각하나? _____
4. 사람들에게 동기를 부여하고 조직에 참여하도록 하기 위한 것은 무엇이라고 생각하나? _____
5. 당신이 개인적으로 과정에 어떤 기부를 한다면, 어떠한 결과가 나겠는가? _____

6. 물리적인 환경이 활동을 하는 데 어떤 영향을 끼치는가? _____
7. 지역의 경제활동에 어떤 영향을 끼치는가? _____
8. 지역조직활동에 어떤 영향을 끼치는가? _____
   (예를 들어, 역할 바꾸기, 새로운 파트너십 등)
9. 개개인이 활동에 어떠한 영향을 끼치는가? _____
   (예를 들어, 지역민, 관광객, 투자자 등)

10. 활동은 가치가 있었는가? _____ 만약 그렇다면 왜? _____
11. 만약 다시 했다면 당신은 어떻게 향상될 것인가? _____
12. 다른 비슷한 활동조직을 위한 당신의 조언은 무엇인가? _____
13. 추가된 정보자료는 어떤 도움이 될 것인가? _____
14. 다른 의견이 또 있는가? _____

시간 내주셔서 감사합니다.
이 설문지를 반납해 주십시오. _____

부록

유용한 체크리스트 Useful checklists

장비 및 필수품

계획활동에 필요한 항목의 총체적인 체크리스트이다. 특별한 방법의 체크리스트들이 이 페이지에서 제공된다.

올바른 장비와 필수품을 갖추는 것은 성공과 실패의 요인이 될 수 있다. 다른 이벤트와 활동들은 분명히 다른 장비와 필수품을 필요로 한다. 적게 사용되는 도구들은 필요하지 않을 수 있다.

☐ 배너와 고정되어 있는 방향표시
☐ 지역의 다른 비율의 구역 기본지도와 계획안 (1:200와 1:400비율)
☐ 이동 가능한 기본모형
☐ 종 또는 호각(만남을 알리기 위해)
☐ 칠판과 분필
☐ 검은 커튼
☐ 고무용 접착제
☐ 파일 박스
☐ 카메라
  35mm 또는 넓은 앵글의 디지털 카메라, 플래시와 접사기
☐ 폴라로이드 사진기(즉석 프린트)
☐ 종이상자, 모형제작을 위한 스티로폼
☐ 출장 음식 집기들(컵, 접시, 냅킨 등)
☐ 의자(쌓아놓을 수 있는 의자와 등받이 없는 의자)
☐ 여러 가지 색깔의 분필
☐ 클립보드
☐ 시계와 알람시계(발표자의 시간을 알 수 있도록)
☐ 모형에 사용하는 칵테일 스틱
☐ 나침반
☐ 컴퓨터 장비
☐ 휴대용 컴퓨터
☐ 프린터기 및 토너
☐ 가능하다면 스캐너
☐ 전자출판과 워드 프로세스 디스크
☐ 디스크
☐ 수정액
☐ 커팅칼, 매트, 금속칼날과 칼
☐ 책상
☐ 녹음기
☐ 드로잉 보드 또는 드로잉 테이블
☐ 음료수 냉장고
☐ 이젤과 화판(24″ x 30″ 크기)
☐ 지우개
☐ 전시시설
☐ 전기 연장 코드
☐ 서류 보관하는 서랍, 박스 등
☐ 필름
☐ 컬러 슬라이드 필름(프레젠테이션 때 사용함)
☐ 컬러 또는 흑백 & 흰색 리포터 용지
☐ 영사기와 스크린
☐ 고정된 사진, 교정용 컬러 스탠드, 드로잉과 계획의 촬영을 위한 여분의 전구
☐ 여분의 전구
☐ 펜과 플립차트
☐ 음식과 음료
☐ 종이에 구멍 뚫는 펀치
☐ 선이 그어진 설계용지
☐ 라이트 박스
☐ 조명, 조명 박스
☐ 귀중비품을 위한 자물쇠
☐ 명찰표 또는 흰색 스티커 용지
☐ 투명한 필름(OHP)과 마커펜, 천정에 프로젝터 설치(발표 때 그림을 그리거나 표시하기 위해)
☐ 종이
  A4 & A2 스케치북
  A4 크기의 줄쳐진 공책
  트래싱 종이(흰색과 노란색)
  A5 크기 공책
  플립차트, 설명용 차트
  두꺼운 포장지(긴 롤)

유용한 서식

- 종이 집게
- 종이 또는 절단기
- 연필, 색연필
- 펜
  펠트펜(두꺼운 사인펜, 밝은색부터 무채색까지 다양한 굵기)
  검정과 빨강색 볼펜
  컴퍼스
  형광펜
- 확대, 축소가 가능한 복사기
- 인화지, 토너 등
- 핀으로 메모를 고정시킬 벽걸이용 게시판
- 여러 가지 색의 핀들
- 압정
- 긴 핀
- 계획기획장치
- 작은 공책(셔츠에 들어갈 만한 크기로)
- 발표할 때를 위한 지시봉(1m), 레이저 프린터
- 다른 크기와 색깔의 포스트잇
- 콘센트
- 딱풀
- 이동 가능한 스탠드형 마이크로폰과 공공주소 시스템
- 링 바인더(A4)
- 고무밴드
- 고무접착제
- 자 그리고 눈금자
- 가위
- 화상을 비추기 위한 스크린
- 선반과 서류철 공간
- 슬라이드 프로젝트와 스크린, 커튼, 회전 서류함, 여분의 퓨즈, 전구, 연장코드, 원격 버튼
- 여분의 전기줄과 손전등
- 스프레이용 접착제
- 스테이플리외 심
- 다양한 색깔의 점 스티커
- 테이블

- 테이프
- 종이 테이프
- 매직 테이프
- 테이프 커팅기
- 녹음용 테이프와 카세트
- 전화기와 팩스기
- 화장실 휴지
- T자형 제도자, 삼각자와 원형자
- 접착 패드
- 비디오 카메라와 카세트
- 비디오 녹음 재생기
- 쓰레기통과 쓰레기봉투

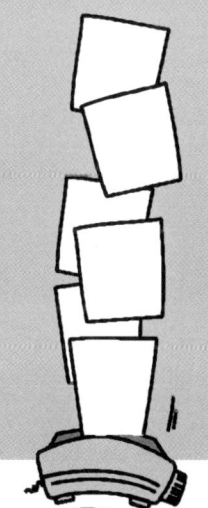

THE **COMMUNITY PLANNING** HANDBOOK

누구를 참여시킬 것인가

커뮤니티 계획기획과 관련해 필요한 조직과 인력의 체크리스트이다. 당신의 활동내용에 따라 선정한다.

- ☐ 개발자
- ☐ 건강한 작업자
- ☐ 건축설계자
- ☐ 건축업자
- ☐ 경제학자
- ☐ 경찰
- ☐ 계획입안자
- ☐ 고고학 단체
- ☐ 고고학자
- ☐ 공공부서
- ☐ 공익의 설비업자
- ☐ 교구
- ☐ 교사
- ☐ 교회
- ☐ 금융기관
- ☐ 기술자
- ☐ 노동인력
- ☐ 노인회
- ☐ 농부
- ☐ 농촌경영관리원
- ☐ 대학
- ☐ 도시디자이너
- ☐ 디자이너
- ☐ 마을관리자
- ☐ 마을본부위원회
- ☐ 만담하는 사람
- ☐ 무역업자
- ☐ 미디어 그룹과 단체, 주최
- ☐ 민족단체
- ☐ 박물관(특별히 역사 중심)
- ☐ 법률사무소
- ☐ 법률가
- ☐ 보존, 보호단체
- ☐ 보행로와 접근로의 그룹
- ☐ 부동산
- ☐ 부동산 소유주
- ☐ 분담금 소지자
- ☐ 비정부기관(NGOs)
- ☐ 사업가
- ☐ 사진가
- ☐ 산림 커뮤니티 그룹
- ☐ 산업가
- ☐ 상업회의소
- ☐ 생태학자
- ☐ 세금징수원
- ☐ 세입자 단체와 협회
- ☐ 소매상인
- ☐ 소수자 집단
- ☐ 숙박단체와 협회
- ☐ 스포츠 그룹
- ☐ 시민단체
- ☐ 야생동물 단체
- ☐ 어린이
- ☐ 어머니회
- ☐ 여성기관
- ☐ 여성단체
- ☐ 우체부
- ☐ 운송계획자
- ☐ 운송관리자
- ☐ 운송단체
- ☐ 유랑민
- ☐ 이주자
- ☐ 자선사업자
- ☐ 장애단체
- ☐ 장인
- ☐ 저널리스트
- ☐ 전문적 기관과 단체
- ☐ 젊은이
- ☐ 조경사
- ☐ 종교단체
- ☐ 지역역사 그룹
- ☐ 지역자치회
- ☐ 지역지도자
- ☐ 지역행정기관
- ☐ 지역협회
- ☐ 지역활동 시민단체(CBOs)
- ☐ 청소년 클럽, 인솔자와 감시자
- ☐ 청소부
- ☐ 측량사
- ☐ 탁아소 놀이방
- ☐ 토지관리인
- ☐ 토지 불법점거자와 그들의 그룹
- ☐ 토지소유자
- ☐ 펀딩대행사
- ☐ 학교
- ☐ 학부모 – 교사단체
- ☐ 학생단체
- ☐ 환경단체
- ☐ 회사

유용한 서식

근린주구기술의 조사

커뮤니티에 존재하는 가능성을 찾아내기 위한 기술적 체크리스트. 편집하여 당신의 조사형식에 활용한다. 원한다면 도안을 넣는다. 더 나은 기술로 근린주구와 주위에 분배하고, 문을 두들기고 그 안을 채우도록 사람들에게 요청하라.

- ☐ ○○캠페인
- ☐ 가르치기
- ☐ 간호하기
- ☐ 건축
- ☐ 공공연설
- ☐ 관리하기
- ☐ 그래픽 디자인
- ☐ 도자기 제작
- ☐ 드레스 만들기
- ☐ 드로잉
- ☐ 디스크 자키
- ☐ 뜨개질
- ☐ 모금활동
- ☐ 목조작업
- ☐ 바에 가기
- ☐ 버스운전
- ☐ 번역(특별한 언어)
- ☐ 부지의 청소
- ☐ 비디오 작업
- ☐ 사진찍기
- ☐ 수도공사
- ☐ 쓰고 편집하기
- ☐ 어린이 돌보기
- ☐ 연회
- ☐ 예술작업
- ☐ 오두막 조립
- ☐ 육아
- ☐ 음악연주
- ☐ 자동차
- ☐ 자수
- ☐ 자전거수리
- ☐ 장식
- ☐ 저널리즘
- ☐ 전기작업
- ☐ 젊은이들의 작업
- ☐ 정원일
- ☐ 조경
- ☐ 조작하기
- ☐ 지붕잇기
- ☐ 지속적인 홍보
- ☐ 차 운전
- ☐ 초기원조
- ☐ 촉진 워크숍
- ☐ 카페에 가기
- ☐ 커뮤니티 계획
- ☐ 컴퓨터 수리
- ☐ 컴퓨터 조작
- ☐ 타자치기
- ☐ 트럭 운전
- ☐ 특별한 스포츠
- ☐ 편지쓰기
- ☐ 행사의 조직
- ☐ 협상
- ☐ 홍보
- ☐ 활동

부록

커뮤니티 계획의 항목

커뮤니티 계획과 전체계획에 고려해야 할 항목의 체크리스트. 당신에게 맞는 구조로 만든다.

- ☐ 가내작업 클럽
- ☐ 가로수
- ☐ 가스공급
- ☐ 강과 개울
- ☐ 개성적인 감각
- ☐ 개와 다른 애완동물
- ☐ 거리 사인과 번호 매기기
- ☐ 거리 조명
- ☐ 거리 청소
- ☐ 거리경관
- ☐ 건강
- ☐ 건물사용
- ☐ 건축
- ☐ 경관의 보존
- ☐ 경제적인 발전기
- ☐ 계획절차
- ☐ 고고학
- ☐ 고용
- ☐ 공공광장
- ☐ 공공예술
- ☐ 공기의 질
- ☐ 공예
- ☐ 공원과 공공정원
- ☐ 공지이용
- ☐ 공해
- ☐ 관광여행
- ☐ 광고용 전단 배포
- ☐ 교육시설
- ☐ 교통
- ☐ 교통로
- ☐ 교통서행 촉진
- ☐ 교회
- ☐ 기술적 정보
- ☐ 기업
- ☐ 낙서
- ☐ 남성시설
- ☐ 노약자 시설
- ☐ 농업
- ☐ 댄스 개최지
- ☐ 도로 옆 건물과 관리
- ☐ 도서관과 다른 학습시설
- ☐ 도시경관
- ☐ 동물과 새
- ☐ 디자인의 질
- ☐ 랜드마크(상징)
- ☐ 레스토랑
- ☐ 매연
- ☐ 모금활동
- ☐ 문화
- ☐ 물의 공급
- ☐ 물의 특징
- ☐ 반사회적 행위
- ☐ 발전기회들
- ☐ 발전의 밀도
- ☐ 발전의 원리
- ☐ 방과후 시간의 사용
- ☐ 방문객
- ☐ 배수 장치
- ☐ 뱃놀이 시설
- ☐ 버려진 물자의 재활용
- ☐ 버스
- ☐ 범죄(원인과 억제)
- ☐ 보행자도로
- ☐ 비어있는 건물
- ☐ 비어있는 대지
- ☐ 사용 불가능한 시설
- ☐ 사회적 서비스
- ☐ 사회적 유입과 혼합
- ☐ 상점점원
- ☐ 상점(내부와 외부)
- ☐ 색채(건축과 경관)
- ☐ 생활의 질
- ☐ 소수그룹
- ☐ 소음
- ☐ 쇼핑시설
- ☐ 수당
- ☐ 수송수단 옵션
- ☐ 수집거절
- ☐ 순찰
- ☐ 술집
- ☐ 스포츠 기회
- ☐ 스포츠 시설(경기장과 캠프)
- ☐ 시스템 유지의 법률 수입
- ☐ 실내 스포츠
- ☐ 실행장치
- ☐ 쓰레기
- ☐ 쓰레기 불법투기
- ☐ 악취

유용한 서식

- ☐ 안전
- ☐ 안전에 대한 반응
- ☐ 알코올의 남용
- ☐ 약 남용
- ☐ 어린이 보호시설
- ☐ 에너지
- ☐ 여가시설
- ☐ 여성시설
- ☐ 역사적 관계
- ☐ 영화
- ☐ 예술(시각과 행위)
- ☐ 오락시설
- ☐ 오픈 스페이스
- ☐ 울타리
- ☐ 유용한 정보
- ☐ 유지관리 시스템
- ☐ 음악행사장
- ☐ 이미지
- ☐ 이벤트
- ☐ 인적 자원
- ☐ 인터넷 접속
- ☐ 일정표
- ☐ 임시 사용
- ☐ 자발적 서비스
- ☐ 자발적 조직
- ☐ 자원센터
- ☐ 자전거시설
- ☐ 장례부지
- ☐ 재산과 건강
- ☐ 전기공급장치
- ☐ 전력공급
- ☐ 전망
- ☐ 젊은이들을 위한 서비스
- ☐ 젊은이들을 위한 클럽
- ☐ 접근 불가능한 재난관리
- ☐ 접근로와 골목
- ☐ 접근성
- ☐ 정원
- ☐ 조명(거리와 건물)
- ☐ 조언 서비스
- ☐ 좁은길
- ☐ 종교
- ☐ 지속가능성
- ☐ 지역 공공기관
- ☐ 지역 교환무역
- ☐ 지역 서비스의 질
- ☐ 지역 특유의 건축

- ☐ 지역생산
- ☐ 지역의 특징
- ☐ 지역점포
- ☐ 지역조직과 협의회
- ☐ 질 나쁜 근린에서의 사용
- ☐ 철도와 역
- ☐ 축제와 축하연
- ☐ 친선
- ☐ 침식
- ☐ 카페
- ☐ 커뮤니티 보호시설
- ☐ 클럽과 동우회
- ☐ 토지와 자산의 가치
- ☐ 토지와 자산의 사용
- ☐ 특별히 필요한 시설
- ☐ 특허
- ☐ 하수처리
- ☐ 학교
- ☐ 행동목표
- ☐ 혁신
- ☐ 호수와 연못
- ☐ 혼합사용
- ☐ 홍수
- ☐ 환경예술
- ☐ 활동계획(다양한 시간, 기간 대로)
- ☐ 활동시설
- ☐ 휴지통

기획의 요소

커뮤니티 계획이 더 효과적으로 진행되도록 하는 종합적인 정책기획의 점검표이다. 당신의 나라, 지역, 장소, 환경에 적합하게 맞추어 부분적으로 다시 개발하라.

☐ **계획 결정**
- 모든 관련된 사회와 환경적 이슈에는 계획에 대한 항의, 공공조사와 지역계획의 결정을 고려해야만 한다.
- 공공조사검사인의 권고는 중앙정부에 의해 국가안보와 같은 불가피한 이유를 제외하고는 뒤집혀서는 안 된다.
- 커뮤니티 단체에는 필요한 자료에 접근할 수 있도록 한다. 그들에게는 상황에 맞게 효과적으로 활용할 수 있는 자료의 접근이 필요하다.

☐ **계획능력 위임**
- 계획능력은 지역에서 위법행위와 주요 전략적 문제에 대해 조정능력을 가진 지방자치단체와 같이 정부의 가능한 낮은 단위에 위임되어야 한다.

☐ **계획적용**
- 개발에 대한 재산소유자의 제안을 시각적 세부사항과 정책보고서에 포함하도록 권장하고 요구해야만 한다.
- 또한 의견에 대한 제안은 가까이에서 가능하게 한다. 다시 말하자면 먼 공공기관에 힘들게 가는 것보다 오히려 지역상점 또는 카페에서 하는 것이 좋다는 것이다.
- 결국, 제안은 해결되어야 할 문제가 있는 장소에 눈에 띄도록 나타내어야 한다.

☐ **공공 재원조달**
- 공공자금의 수령에 대한 책임절차는 커뮤니티 촉진을 장려하기 위해 규정되어야 하며, 장기적 재원조달이 향후 계획의 촉진을 위해 자발적인 조직들에게 안정적으로 제공되어야 한다.

☐ **공공영역의 조력자들**
- 중앙 또는 지방정부는 커뮤니티 조직들에 대한 신뢰를 배워야 하고, 커뮤니티 조직의 형성과 발전을 적극적으로 도와야 한다.
- '제공하는 것'에서 '가능하게 하는 것'으로의 근본적인 정책의 변화가 있어야 한다.

☐ **관련 종사자들의 명단**
- 많은 경험의 커뮤니티 계획과 커뮤니티 건축의 종사자 명단이 만들어져야 한다. 지역당국, 개발자들과 커뮤니티 단체에게 적절한 전문가의 의견을 얻도록 도움을 준다.

☐ **기술지원**
- 커뮤니티 관리의 네트워크들은 공적자금이 투자된 각 전문분야에 협력기술지원센터를 설립하고, 유지해야 한다.

☐ **더 나은 실행정보**
- 더 좋은 실행가이드가 제작되어야 하고, 최신정보로 이용할 수 있도록 만들어 제공해야 한다.
- 다음과 같은 특정항목이 포함되어 있다.
  ☐ 이미 활용되었던 사례정보 목록
  ☐ 방법에 대해 어떻게 해야 하는지에 대해 자세히 기술한 정보
  ☐ 문서와 형식의 견본 모음집
  ☐ 관련된 조직과 사람들을 접촉할 수 있는 자료
  ☐ 사례를 사진과 자료로 볼 수 있도록 적절하게 제공
  ☐ 교육훈련 프로그램과 배치방식 제공

☐ **마케팅**
- 커뮤니티 계획의 중요성과 성과를 시장에 효과적으로 내놓아야 한다.

☐ **버려진 땅과 건물들**
- 버려진 땅과 건물(공유물과 사유물 모두 포함)은 커뮤니티 주도형 기획에 이용할 수 있

게 만들어져야 한다.
- 또한 버려진 땅과 건물의 생산적인 사용을 촉진하도록 징벌적 세금이 주제가 되어야만 한다.

□ **법령 절차에 대한 재검토**
- 계획, 개발, 관리 진행순서는 최대의 참여를 통해 그들이 이용할 수 있는 실행의 통합을 확보하도록 항상 재검토해야 한다.
- 적용 가능한 부분들
준비중인 지역계획
준비중인 개발에 대한 설명회
계획신청절차
주민들의 문의가 가능한 절차
도시에서 이루어지는 관리절차

□ **쉽고 간결한 용어 사용**
- 규정을 제정할 때 이해하기 쉽고 간결하게 써야 한다.

□ **시민참여 보고서**
- 중요한 프로젝트 개발자들은 '시민참여보고서'를 만들도록 요구해야 한다. '시민참여보고서'에서 개발자들은 영향을 받는 것들과 어떻게 그것들을 개발과정에 포함시킬 것인지를 확인한다.
- 이것은 적용과정을 계획하는 주요부분이다.

□ **연구조사**
- 반복해서 같은 실수를 하지 않기 위해 정부와 개발산업이 건설환경에 대한 연구조사에 많은 재원의 투자가 필요하다.
- 연구개발 프로그램은 다른 접근법의 장기적 비용효율성(비용에 대한 수익률)과 확대를 통한 성과가 보증되어야 한다.
- 참여형 계획과 디자인 기술의 발전을 위해 특별한 주의를 가지고 관리해야 한다.

□ **이득의 정량화**
- 자금조달은 커뮤니티 계획의 이익을 생각한 체계적인 분석과 정량화로 배분할 필요가 있다.

□ **이력조성**
- 커뮤니티 계획의 전문기술은 인정받아야 한다.
- 더 효과적이고 체계적인 커뮤니티 계획교육 훈련 프로그램들과 직업기회를 촉진한다.

□ **자발적 부분에 권한이양**
- 자발적인 조직 – 지리적으로 구성된 커뮤니티와 그 커뮤니티의 이해관계를 말함 – 은 (생태학적·사회적·문화적) 환경을 창조하고 관리하는 데 더 많은 책임을 자발적으로 요구하고 받아들여야 한다. 또한 자발적인 조직은 개발자와 자산관리자로서 더 큰 영향력을 발휘하기 위해 강화하고 개조해야 한다.
- 특히 주거협동조합, 특별 프로젝트 집단, 개발 트러스트, 근린주구 토론, 개발협력의 형성을 장려해야 할 것이다.

□ **재원을 위한 로비활동**
- 조정·지원·리더십 기관들간 협력활동은 재원을 늘리기 위한 로비에 필요하다.
- 참여형 지역단위의 계획활동과 전국 또는 지방단위에 공공서비스를 지원하는 재원을 위한 로비활동을 한다.

□ **전문가의 보수**
- 추천된 전문가의 보수 정도는 실수요자의 참여에 필요한 여분의 시간까지 고려하여 결정되어야 한다.

□ **점진적인 개발**
- 일반적으로 계획된 정책들은 가장 작은 짜임새 있는 계획으로 자세히 분석되어 큰 개발현장으로 증대되고 개발이 발전되도록 장려해야 한다.

□ **정보**
- 정보체계는 커뮤니티 계획의 성공적인 사례와 널리 이용할 수 있는 개발방법에 대한 자

료를 만들기 위해 확립되어야 한다.
- 프로그램은 다양한 성격의 단체들 사이에서 더 많은 경험의 교환이 이루어지도록 만들어야 한다. 단체들은 공적이거나 사적이거나에 관계없이, 전문적이고 자발적인 단체들 모두 포함될 수 있다.
- 관련된 교훈을 가능한 최단기간 동안에 배우기 위한 방법으로 정보의 국제적 교환이 고안되어야 한다.

☐ 정보공개
- 토지소유권은 공공정보화하고 최신정보로 항상 유지해야 한다.
- 공공자산 또는 사회적 소유물이 팔릴 때는 사전에 그 사용에 대해 공공토론회를 통한 검토가 이루어져야 하고, 그것이 자동적으로 최고 입찰자에게 팔려서는 안 된다.

☐ 지역기반 건설활동 장려
- 경제적 성장에 대한 이득이 지역 커뮤니티 안에 남도록 하기 위해 지역기반 건설활동을 장려해야 한다.
- 지역 내 노동자에 대한 고용과 지역주민의 기술습득을 위한 교육훈련에 대한 조항이 포함되도록 모든 건설계약이 충분히 고려되어야만 한다.

☐ 참여문화
- 계획에 대해 참여가 자연스럽고 당연시되도록 보편적인 참여문화를 장려해야 한다.

☐ 참여에 대한 예산계획
- 모든 중요한 개발은 모든 활동단계별에서 효과적인 참여를 할 수 있도록 재원조성에서 구체적인 총액을 예산안에 포함한다.

☐ 촉진자 교육
- 건축과 계획을 양성하는 기관의 교육과정에서는 전문적인 촉진자에 대한 적절한 교육훈련이 포함되어야 한다.
- 커뮤니티 프로젝트를 착수할 수 있도록 현장 프로젝트 수업 – 도시디자인 스튜디오와 같

은 – 을 모든 학교에 새로 만들어야 한다.

☐ 커뮤니티 개발사항
- 모든 주요 장소들에 대한 개발사항은 커뮤니티들과 함께 제작되어야 한다.
- 개발사항은 되도록 토지가치평가와 토지취득에 대한 기준으로 의무화되어야 한다.

☐ 커뮤니티의 외부계획자들
- 더 많은 전문계획자들은 그들이 활동하는 커뮤니티 전문협력지원 사무실에 실제로 있어야 한다.
- 도시지역 안에서 그러한 사무실은 가까운 거리에 있어야 한다.
- 이런 방향성을 건축센터, 커뮤니티 디자인센터, 근린주구사무실 모두가 추진해야 한다.

☐ 환경교육
- 인공적인 환경에서 일하는 방법과 그들이 그것의 개선에 참여할 수 있는 방법을 배울 수 있도록 대중을 위한 환경교육 프로그램들이 전개되어야 한다.
- 환경교육은 초등학교와 중학교 교육과정의 일부로 구성되어야 한다. 그리고 도시와 지방 간에 학습센터의 폭넓은 네트워크가 형성되어야 한다.
- 특히 지역 특유의 건축양식과 건설기술을 강조해야 한다.

☐ 활동정보센터
- '새로운 센터' 또는 '네트워크 센터'에서는 커뮤니티 계획을 국가적이고 지역적인 수준에서 좋은 교육과정으로 보급하고, 전문가의 조언을 제공하며, 사업과 활동에 대한 진행관리와 평가를 확립해야만 한다.

용어 해설 Glossary

커뮤니티 계획에 사용되는 일반적 또는 일반적이지 않은 용어와 개념을 알기 쉽게 설명하였다.

추가 정보에 대한 참조사항과 함께 다른 부분에서 다루어 지지 않은 방법들도 포함되어 있다.

➡ 비슷한 의미의 용어해설 항목 참조

📖 다른 항목 혹은 페이지 참조

A-Z 방법에서 더욱 잘 설명된 항목

✓ 출판물 혹은 영상에 대한 추가 정보(217쪽 리스트)

❧ 단체에 대한 추가 정보(224쪽 리스트)

편집자의 변

이 책을 편집하면서 용어의 정리에 많은 어려움을 겪었다. 같은 용어를 사용하지만 사람들에 따라 그 의미가 다르거나, 다른 용어를 사용하지만 같은 의미인 경우가 많았다. 가능하면 전문용어를 배제하고 단순하면서도 보다 잘 설명될 수 있는 용어를 사용하고자 하였다. 그러나 전문용어의 사용에는 너무 구애받지 않는 것이 좋다. 만약 '디자인 워크숍'이란 말보다 '상호작용을 할 수 있는 계획 모임'이란 말을 사용하는 것이 더 적절하다면 그렇게 부르는 것이 맞다. 대부분의 경우 간단 명료한 단어를 사용하는 것이 관심과 의욕을 불러일으키기 가장 적합하다.

Hands-on exhibition
상호작용 전시

KISS (Keep It Simple, Stupid)
단순함과 어리석음을 유지하라는 의미. 복잡한 상황에서 유용한 조언

People's organisation
➡ 지역에 바탕을 둔 조직

People's wall 거주지
방문자들이 축제 또는 워크숍에서 전지 위에 작성하고 그린다.
📖 공공의 벽

SWOT 분석 (SWOT analysis)
단체나 사업에 대한 강점, 약점, 기회, 위협으로 설명하여 수립하는 기법

감상질문 (Appreciative inquiry)
새로운 변화에 대한 가능성, 해결방안, 이점 등을 토대로 하는 그룹 작업 과정
✓ The This Book of Appreciative Inquiry
❧ Appreciative Inquiry Group

개발 사무원 (Development officer)
프로젝트나 조직을 세우거나 경영하는 사람

개발 트러스트 (Development trust)
한 지역에서 실제 개발을 조정하고 수행하는 지역주민이 관리하는 독립, 비영리 단체. 커뮤니티가 상당한 개입이나 통제를 하며, 광범위한 기술과 이익을 합치고 세입을 발생시키는 지속적 사업의 유지가 목표이다.
📖 A-Z 62쪽
📖 커뮤니티 개발 협회

개발 파트너십 (Development partnership)
보통 민, 관 부문 사이에서 개발을 촉진하기 위해 둘이나 그 이상의 단체의 협력을 위한 제도

갤러리 작업 (Gallery work)
워크숍의 플립차트가 핀으로 고정되어 있고, 리포터들이 그 장소에서 일어났던 것을 요약하고 말하기 위해 종이 위를 걸어다니며 돌아보고 작성하는 과정

거대 모임 중재 (Large group interventions)
➡ 비판적 대중 이벤트

거리 전시대 (Street stall)
지역주민의 다양한 견해를 확보하는 방법. 계획 쟁점에 대한 견해를 직접 확인하기 위해 지역의 거리나 광장에 상호작용 전시물 등을 설치한다.
📖 A-Z 128쪽

거리 파티 (Street party)
지역의 거리에서 진행되는 커뮤니티 전체를 위한 파티. 지역재생 선도사업의 준비에 박차를 가할 때도 활용된다.

거리조사 (Street survey)
쇼핑센터나 거리에 있는 사람을 대상으로 조사가 실행된다. 그 장소 살거나 직장이 있는 사람들 보다 다양한 활동을 하는 사람들의 견해를 얻고자 할 때 사용된다.
📖 조사연구

거리홍보 (Roadshow)
메마른 환경의 개선가능성과 실행촉진에 대한 공공워크숍, 설명전시, 공공포럼 등과 연계된 지속적인 활동
📖 A-Z 124쪽

거주 적합성 (Livability)
일반적으로는 흔히 있는 삶의 질에 대한 여유로운 대책의 요구는 정당한 것이다.

거주자 선택목록 (Residents' choice catalogue)
📖 A-Z 선택목록

THE **COMMUNITY PLANNING** HANDBOOK

부록

거주자를 위한 도구대여 서비스(Residents' tool loan service)
거주자들이 지역환경의 구축에 있어 수월한 수행을 돕는 도구와 장비를 대여하는 서비스

거주자(Habitat)
웰빙을 위해 본질적인 물질적인 것뿐만 아니라 사회적·경제적인 보호

건물 협동조합(Building cooperative)
건물 계약자의 협동조합. 모든 회원은 보통 같은 비율을 가지고 있으며 집단적 의사결정을 한다.

건물구조체와 내장(Supports and infill)
책임에 대한 사적구역과 공적구역의 분리를 목표로 하는 구상과 디자인, 관리의 개념. 네델란드 SAR(Stichting Architecten Research)에서 발전되었다.

건축 보조원(Barefoot Architects)
마을에서 자신의 집을 짓는 사람들을 도와주는 건축가. 아시아에서 쓰인다.
🔎 커뮤니티 건축가

건축 센터(Architecture centre)
사람들에게 지역 스스로가 만든 환경 디자인을 이해시키고 참여할 수 있도록 지원하기 위한 시설
🔎 A-Z 38쪽

건축 워크숍(Architecture workshop)
건축에 대한 워크숍 세션. 건축이나 커뮤니티 디자인 센터의 설명에 사용되기도 한다.

건축 주간(Architecture week)
건축에 대한 관심을 돋우고 토론을 활성화시키기 위해 고안된 활동을 위한 주간. 보통 흥미로운 건물을 일반에게 개방하는 것을 포함
🔎 활동주간

게임하기(Gaming)
실재적 상황들을 재현하는 게임들의 사용
🔎 A-Z 78쪽

🔎 역할게임. 시뮬레이션

견학(Visit)
커뮤니티의 기획을 계획하는 사람들이 유사한 기획을 최초로 시도한 개인이나 단체의 경험을 배우기 위한 공식적인 필기, 인터뷰와 평가 세션으로 체계화 할 수 있다. 비공식적으로 이루어지기도 한다.
🔎 25쪽 사진

결과(Outcomes)
프로젝트 또는 프로그램의 결과는 보통 헤아릴 수가 없다.(예를 들어, 사람들은 얼마나 행복한가 등)
🔎 산출

경관특성 평가(Landscape character assessment)
장소와 지역에 대한 감정 그리고 특징과 속성을 파악하기 위한 과정. 지역을 위한 계획수립과 토지경영의 결정을 위한 유용한 토대
🔎 지역특성 워크숍
✉ Countryside Agency

경제 회계감사(Economic audit)
지방경제의 회계감사, 보통 독립적인 선문회계사에 의해 시행된다.

계절달력(Seasonal calendar)
지역 커뮤니티가 매달 하는 작업활동과 사회활동을 보여주기 위한 달력. 매달 생활·건강·지역커뮤니티 관계 등의 문제점과 주요사항을 강조해 작성된다.
✅ 커뮤니티 개요정리

계획 보조 도구모음(Planning assistance kit)
워크 시트의 시리즈는 커뮤니티 조직의 실천계획, 실행과 그들의 환경관리를 도울 수 있도록 한다.

계획 원조 기구(Planning aid scheme)
자유롭고 독립적인 정보의 준비와 도시 계획에 관한 자문비를 낼 여유가 없는 그룹과 개인들에게 제공된다.
🔎 A-Z 106쪽

계획 지원팀(Planning assistance team)
디자인 지원팀과 유사하다.
🔎 디자인 지원팀

계획의 날(Planning day)
장소 또는 근린주구를 위한 도시디자인을 선택하고 개발하는 날로, 이해 관계자가 대상지와 그 주변을 위해 도시의 디자인 옵션을 개발하며 집중하여 함께 일할 수 있다.
🔎 A-Z 108쪽

계획의 발전(Planning department)
지방 자치 구역의 계획의 문제와 관련이 있다. 공공의 어메니티(쾌적성)를 관리하기 위하여 설립된 공익 단체
🔎 개발 트러스트

공동소유(Co-ownership)
임차인이 임차기간동안 점진적으로 구입했던 부분을 부분적으로 소유하는 재산상의 제도

공동주거(Cohousing)
생활공간을 나눈 주거형태. 정원부터 작업장, 세탁장, 부엌까지도 나누는 등 다양하다.
✅ Cohousing

공평적 분배(Equity sharing)
➡ 공동소유

광고전단(Leaflet)
정보를 제공하기 위한 전단지이며 보통 많은 양을 제작한다. 일반적으로 많이 알려진 방법

교차 순위법(Pair-wise ranking)
가장 중요한 문제나 지역에 당면한 문제를 선택하는 데 빠르고 간편한 방법이다. 브레인스토밍은 사전리스트를 만들어 낼 수 있다. 매트릭스를 사용한 아이템이 아닌 한 그룹의 사람들이 중요한 모든 아이템에 대해 투표하는 것을 말한다.

국제비정부기구(NGO; Non-governmental organisation)
자원봉사와 비영리광역 조직. NGO와

용어 해설

CBO(커뮤니티에 근거를 둔 조직)의 차이는, NGO는 일반적으로 조직화되어 있고 활동에 필요한 자금을 지역 커뮤니티 밖에서 조달한다는 것이다.
☞ 지역 기반 조직

권한부여(Empowerment)
개인이나 커뮤니티가 그들 자신의 운명을 좀더 통제할 수 있도록 이끄는 자신감에 대한 기술
☞ 능력 만들기

균형잡힌 점진적 개발(Balanced incremental development)
상호 관련된 여러 단계에서 진행되는 개발 과정. 여러 계획들이 유기적으로 발전되도록 한다.

그룹 모형 제작(Group Modelling)
환경에 대하여 배우고, 탐구하고, 결정을 내리기 위한 그룹 작업의 기본으로서 물리적 모델들이 사용된다.

그룹 인터뷰(Group interview)
쟁점들의 리스트 또는 지역 관심에 대해서 화제나 쟁점을 분석하기 위한 것으로 미리 초대받은 그룹과 함께하는 회의
☞ 인터뷰

근린주구계획 사무소(Neighbourhood planning office)
커뮤니티 사무소에서 커뮤니티 계획활동을 공동으로 하기 위하여 설립된다.

근린주구 기술 조사(Neighbourhood skills survey.)
근린주구의 사람들이 어떠한 기술과 능력을 가지고 있는지 조사한다. 지역에서 스스로 할 수 있는 것과 관심을 유발할 수 있는 일이 무엇인지 알아내어 활용한다. 근린주구 역량의 조사를 의미한다.
☞ 근린주구 기술 조사 항목. 자원 조사. 근린주구 역량 조사. 근린주구 기술 조사

근린주구 위원회(Neighbourhood council)
법률과 같은 수준에서 근린주구에 의해 선발된 단체. 교구 회의와 효율적이고 작은 지방의 권위와 동등한 권력을 가지고 있다.

근린주구 포럼(Neighbourhood forum)
근린주구와 관련된 업무를 토론하기 위한 합법적 기구로 개선을 위한 압력단체와 같은 역할을 한다. 구성원은 대중에 의해 선출되거나 - 일반적으로 거주자, 실업가, 성직자 등의 구분을 나눈다. 또는 조직 내에서 대표자격이 있는 사람을 추천하기도 한다. 다양하고 많은 절차의 연습을 통해 효과적으로 합법적 근린주구 위원회를 운영할 수 있다.

기록자(Reporter)
본회의에 제출하는 워크숍의 결과보고서를 작성하는 사람

기본 자산(Asset base)
단체 운영의 기반이 되는 재산이나 현금의 자본자산. 임대를 통한 수익 창출 등을 들 수 있다.

기술조사(Skills survey)
기술과 재능 평가. 자주적 커뮤니티 스스로 할 수 있는 것과 요구사항에 특별한 도움이 되는 것을 확인하기 위해 근린주구에서 진행된다. 또한 기술검사나 기술목록으로 알려져 있다.
☞ 근린주구 기술조사

기획 에이전시(enterprise agency)
경제와 지역 커뮤니티에 필요한 실질적인 조치와 교육을 근본 목적으로 하는 비영리 회사. 원칙적인 활동은 소규모 사업의 발전이 지속 가능하도록 하고, 창업을 뒷받침할 무료상담과 조언을 제공한다. 대개 공공부문이 주도하고 시민과 함께 하는 파트너십 형태가 많지만 예외도 있다.

기획 트러스트(enterprise trust)
➡ 기획 에이전시

네트워킹(Networking)
같은 분야의 사람들끼리 자신의 경험을 공유한다. 비공식적으로 이루어진다.

노력자산(Sweat equity)
개인이나 커뮤니티가 돈보다는 노동력의 제공으로 얻을 수 있는 자산

논리적 구조분석(Logical framework analysis)
어떠한 프로젝트 계획의 유효성을 철저하게 시험하기 위한 방법. 목표, 목적, 생산물, 효과와 투입물 평가. 국제적인 자금제공회사들에 의해 많이 사용된다.

농산물 직판장(Farmers market)
지역음식 생산자와 지역 생산물을 위한 독점적 시장

능력 및 취약성 평가(Capacity and vulnerability analysis)
➡ 취약성 및 능력 평가

다섯 가지의 W와 H의 부가(Five Ws plus H)
What, When, Why, Who, Where and How. 활동 계획에 있어 유용한 체크리스트이다.

다이어그램(Diagrams)
미래 제안이나 현재 이슈의 설명을 돕는 정보의 시각적 표현
☞ A-Z 64쪽

다이어그램화(Diagramming)
집단으로 도표(설계도)를 만드는 것
☞ 다이어그램

답사(Reconnaissance trip)
지역전문가와 기술전문가로 구성된 팀이 검토중인 구역을 답사
☞ A-Z 118쪽

대체안(Alternative plan)
어떤 부지나 근린주구 커뮤니티에 대하여 현재 채택된 계획과는 다른 접근 방법을 제시
☞ 커뮤니티 계획

덜 형식적이고 좀더 창조적인 회의로 공공회의나 위원회의 기능과 비슷하다. 주제가 있는 워크숍은 특정한 이슈에 초점을 맞춘다. 디자인 워크숍은 참여 디자인 기술을 사용한다.
☞ 설명 워크숍, 디자인 워크숍, 공공

회의, 세미나, 주제가 있는 워크숍

보도 형식(Transect walk)
지역의 토지이용, 사회자원, 경제자원, 환경상황 등의 정보수집을 위해 사전에 정해진 길을 따라 걸어가며 진행하는 체계. 일반적으로 커뮤니티 구성원이나 조력자 또는 기술적 전문가와 함께 수행한다. 진행결과 얻어진 정보는 지도나 글로 작성되어 기록된다.
☞ 답사

도시 농장(City farm)
주로 지역 주민의 자치 위원회가 운영하는 도시 구역의 운영농장. 생산 자체보다는 교육이 주된 목적이다.

도시 농장(Urban farm)
➡ 도시 농장

도시 디자인 게임(Urban design game)
역할극 게임은 장래 실행안을 모의실행함으로써 다른 것들에 대해 전망과 계획과정을 이해하기 쉽도록 한다. ☞ 게임하기

도시디자인 스튜디오(Urban deign studio)
도시디자인 스튜디오는 지역 커뮤니티의 프로젝트 작업활동 등에 초점을 맞추며, 건축 또는 계획학교에 부속되어 있다.
☞ A-Z 134쪽

도시디자인 워크숍(Urban design workshop)
➡ 디자인 워크숍

도시디자인 지원팀(Urban design assistance team)
➡ 디자인 지원팀

도시디자인 활동팀(Urban design action team)
➡ 디자인 지원팀

도시디자인(Urban design)
도시디자인은 근린주구와 도시들의 3차원 건설형태와 거리의 생태학에 중요한 분야이다.

도시 연구 센터(Urban studies centre)
환경교육 센터는 일반적으로 주변의 환경에 초점을 둔다.
☞ 건축센터, 환경교육

도시 연구소(Urban laboratory)
➡ 도시 디자인 스튜디오

도시 자원 센터(Urban resource centre)
지역과 지방의 센터는 전문적 기술의 훈련을 조화시키고, 재생과 커뮤니티 계획으로 최고의 실행과 혁신을 보급하는 것을 목표로 하고 있다.

도시 지원책(Urban aid)
정부의 자금조달은 도시의 커뮤니티 개발을 위한 목적으로 사용된다.

도시 커뮤니티 지원팀(Urban community assistance team)
➡ 디자인 지원팀

도시거주 장려정책(Homesteading)
기본보수나 원주민들에 의해 감시되는 규범들의 혁신적 행위를 위해, 재산소유자들(보통 지역당국)이 시간을 할애하여 집을 위해 일할 주택소유자들에게 표준 이하의 낮은 가격으로 집값을 제공하는 프로그램

틀르는 사무실(Drop-in office)
대중에게 개방된 사무실. 디자인 과정에서 지역 개입을 촉진하기 위해 인근에서 일하고 있는 건축가 또는 도시 디자이너에 의해 설립된다. 영구적이거나 임시적일 수 있다.(예를 들어, 개방하는 날)

디자인 가이드(Design guide)
한 지역에서 개발에 있어 꼭 필요로 하는 일반적인 도시 디자인 원칙을 정해 놓은 문서
☞ 지역 디자인 설명서

디자인 게임(Design game)
계획상 가능한 디자인 특징들을 다른 색깔로 오려내는 등 주민들이 건물과 풍경 배치를 고안해내는 방법

디자인 모임(Design meeting)
디자인을 개발하기 위한 모임. 보통 프로젝트의 디자인 단계에서 수시로 구성됨. 사용자와 전문가들은 발표를 듣고 고객이나 사용자들이 의제를 설정하지만 모임은 보통 전문가들에 의해 수행된다. 정보를 발표하고 결정하기 위한 다양한 기술들이 사용된다. 슬라이드, 모형, 그림, 카달로그의 제공. 보통 참여자들을 위해 원형 테이블이 준비됨

디자인 시뮬레이션(Design simulation)
디자인 과정에서 사람들을 다양한 역할에 익숙해지도록 하기 위한 디자인 단계에서 실행된다.

디자인 워크숍(Design workshop)
그룹이 창조적으로 계획과 디자인을 선택하고, 개발작업을 하도록 하는 실질적인 세션
☞ A-Z 60쪽
☞ 디자인 토론회

디자인 지원 컴퓨터(Computer aided design)
컴퓨터 상에서 3D 디자인에 의해 시각적으로 시뮬레이션하는 방법

디자인 조력팀(Design assistance team)
보통 실천계획행사 후에 그 지역을 방문하여 실천하도록 권고하는 복합훈련팀. 도시디자인 지원팀(UDAT)과 주거지원팀(HAT)(주거만 포함되어 있음) 용어와 비슷하게 쓰인다.
☞ A-Z 54쪽

디자인 진료실(Design surgery)
건축가, 계획가가 다른 전문가와(예를 들어, 새로운 주거계획의 거주자들과 같이) 함께 디자인 문제에 대해 작업하는 곳

디자인 축제(Design fest)
복합훈련 디자인팀이 개발하고 그들의 생각을 대중 앞에서 발표하는 실천계획 행사

디자인 토론회(Design charrette)
종종 철야를 필요로 하는 집중 디자인 세션. 건축 전공의 학생들로부터 시작

용어 해설

되었지만, 최근에는 공공 분야와 전문가들도 참여하고 있다. 용어는 세기가 바뀌는 시기의 Paris Ecole des Beaux-Arts에서 기원한다. 학생들은 지정된 시간 내에 차트(토론회)에 프로젝트를 수집하고 작업을 정리하며 계획에 접목한다. 현재 이 용어는 미국에서 집중적인 그룹 브레인스토밍 시도의 표현 등에 폭넓게 쓰인다. 토론회는 종종 앞에 '디자인' 없이 사용된다. 디자인 워크숍과 비슷하다.
☞ 디자인 워크숍

디자인에 의한 조사(Enquiry by design)
도시 디자이너와 지역투자자를 동반하는 집중 활동전략 워크숍 과정. 새로운 도시와 마을을 개발하기 위해서 고안된다.
✦ Urban Villages Forum

디자인의 날(Design day)
건축가와 지역주민이 팀을 구성해 특정한 건물 문제에 대한 디자인 해결책을 찾기 위한 브레인스토밍을 진행하는 날. 또한 지역주민이 전문가와 같이 디자인 아이디어를 통해 대화하는 날을 표현하는 데 사용되기도 한다.
✓ Building Homes People Want
➡ 들르는 사무실

로비 활동(Lobbying)
개인과 그룹을 마주보고 설득하거나 편지를 쓰는 등으로 의사 결정자들에게 영향을 미치는 것

마을 디자인 보고서(Village design statement)
마을 디자인 보고서는 마을 커뮤니티에 의해 제작된다.
☞ 지역 디자인 보고서

마을 디자인의 날(Village design day)
사람들이 집중하여 그들의 마을에 대한 아이디어 개발을 함께 작업하는 날
☞ 계획의 날

마인드 맵(Mind map)
다이어그램은 사람들의 경향과 관계의 인지를 보여준다. 지리학적인 지도가 아니다. 미래조사회의 때 사용된다.
☞ 다이어그램. 미래조사회의

막대기(Stick)
관리를 위한 은유적 표현, '지시하는 손'은 조력자나 전문가를 의미하는 용어로 많이 사용된다. 조력자나 전문가는 분필이나 펜, 마이크를 사용하며, 지역주민들의 분석자, 계획가, 조력자가 되어 그들이 원하는 지역의 상태를 가능하게 만든다.

매트릭스(Matrix)
두 가지 변수의 비교가 가능한 격자 형태의 그림도식. 선택사항들을 평가하는 데 사용된다.
☞ 다이어그램

모델링(Modelling)
모델을 만드는 것이다. 일반적으로 그룹으로 모델을 제작한다. 지도와 유사하나 2차원보다는 3차원이 효과적이다. 모범사례보다 넓게 적용 가능하며 따를 가치가 있는 개념과 중요성, 방법, 행동 등 응집력 있고 공통으로 사용할 수 있는 예들을 말한다.

모험 놀이공원(Adventure playground)
어린이들이 스스로의 환경을 만들고 관리할 수 있도록 만들어진 놀이터

모형(Models)
건물 또는 근린주구의 시뮬레이션을 위해 3차원적으로 만든 것

미래 워크숍(Futures workshop)
워크숍에 사용되는 용어는 미래를 위한 선택사양을 토론을 위하여 고안된다. 다양한 형태가 가능하다.
☞ 브리핑. 워크숍. 디자인 워크숍

미래조사회의(Future search conference)
공유된 비전의 향후를 계획하기 위하여 커뮤니티 또는 조직이 2.5일 과정으로 구성된다. 64명은 8명씩 8개의 테이블로 나누는 것이 이상적이다.
☞ A-Z 76쪽

발표공유(Shared presentation)
그룹 또는 몇몇 개인의 발표

밴 다이어그램(Van Diagram)
다른 크기의 원을 사용하는 도형은 다른 조직들의 역할과 그 조직들간의 관계를 보여준다. 공공단체와 커뮤니티 네트워크를 분석하는 데 이용된다.

범위확정(Scoping)
범위확정을 위한 문제점 또는 프로젝트에 대한 예비답사의 실행

보물찾기(Treasure hunt)
보물찾기는 질문에 대한 답을 맞추면 상을 주는 방법으로 구성한다. 커뮤니티 계획 이벤트는 지역사람들에게 지역의 물리적 특성을 상세하게 바라보게 하고 흥미를 유발하게 하는 유익한 분위기 조성방법이다.
☞ 흔적 찾기

보조 자료(Secondary data)
파일, 보고서, 지도, 사진, 책, 기타 등등의 간접적인 정보자원

보조 협동조합(Secondary co-operative)
기술지원과 같은 서비스를 협동조합에 제공하는 조직단체. 그 협동조합이 관리 운영하는 소속단체
☞ 협동조합, 주거협동조합

보조자료 검토(Secondary data review)
지도, 보고서, 인구통계조사, 신문기사 등의 구체적 간행물과 비간행물을 수집하고 분석한다. 일반적으로 현장작업에 앞선 사전조사활동에서 실시한다.

복지 순위(Well-bing ranking)
다양한 가속늘의 목지 수순을 평가하며, 일반적으로 파일 분류 방법을 사용한다. 부의 순위로도 알려져 있다.
☞ 커뮤니티 개요정리

부의 순위(wealth ranking)
➡ 복지(福祉) 순위

부지 서비스(Site and services)
자가시공자를 위한 부지에 제공되는

부록

서비스. 일반적으로 정부에서 서비스를 제공하나 차츰 민간영역에서도 제공하고 있다.

불가능화(Disabling)
사용자들을 진행 과정에서 발언하지 못하도록 하는 비참여 형태의 서비스

브레인스토밍(Brainstorming)
모든 가능성을 고려한 아이디어를 만들어내기 위한 활발한 토론. 문제점에 대한 해결책을 내는 첫 단계에서 많이 사용된다.

브리핑 워크숍(Briefing workshop)
프로젝트 의제나 개요를 만들기 위한 프로젝트나 행동 계획 이벤트의 초기 단계에 열리는 협동작업 세션

블록 모형(Block models)
나무 블록으로 만들어진 건물들이 있는 물리적 모형
☞ 모형

블루택(Blu-tack)
표면에 종이 등을 고정시키는 데 사용되는 접착제의 제품이름

비디오 박스(Video box)
사람들이 비디오를 통해 생각과 의견들을 말하고 소통한다. 프레젠테이션 또는 토론의 수단으로 이용한다. 특히 젊은 사람들이 의견을 내는 데 유용하다.
☞ 비디오 숍 박스

비디오 숍 박스(Video soapbox)
공공장소에 위치한 대형화면을 이용해 프로젝트와 관련된 사람들에게 생각과 의견들을 말한다.
☞ A-Z 138쪽
☞ 비디오 숍 박스

비디오 평가(Video appraisal)
➡ 커뮤니티 평가

비전 설명회(Vision fair)
사람들이 선호하는 비전을 선택하는 행사이다. 일반적으로 사전 워크숍 또는 브레인스토밍을 통해 나온 비전의 보고서 또는 상을 공개적으로 발표한다. 사람들은 스티커나 다른 것을 이용해 그들이 추구하고 싶은 비전을 선택해 표시한다. 또한 그들은 활동에 대해 개인적으로 회원신청을 할 수도 있을 것이다.
☞ 선택 방법, 비전

비전 수립 회의(Visioning conference)
➡ 미래추적회의

비전 수립(Visioning)
무엇에 대한 미래를 생각하는가의 비전을 창조하는 것
☞ 커뮤니티 비전 수립, 비전

비전 형성(Envisioning)
➡ 상상

비전(Vision)
미래를 어떻게 바라볼 것인가에 대한 상이다. 글이나 그림으로 보여질 수 있다. 개발프로젝트와 프로그램의 우선순위에 대해 유용한 길잡이가 된다. '비전을 가지는 것'은 풍부한 상상을 하는 것이다.
☞ 비전 수립

비전형성의 촉진(enspirited envisioning)
개인이나 단체 개발을 통해 개인을 발전시키고 미래의 비전을 공유하는 방법
✓ Participation works!

비평적 대중 행사(Critical mass event)
조직 개발 기술에 대해 총괄한 용어이며, 종종 수백 명의 사람들을 포함시켜 몇 일간 지속되는 대규모 행사를 포함한다. 보통 조직적인 변화에 사용되지만 커뮤니티 계획에 적합할 수도 있다. 수준은 행사의 특정한 유형에 따라 다른 방법으로 구성되고 다른 사람들에 의해 촉진된다. 미래조사회의, 대규모 상호작용 과정, 회의 모델, 실시간 전략적 변화, 참여적 작업 재설계와 공공장소 워크숍을 포함한다.

☞ 미래조사회의, 공공장소 워크숍

비형식적인 면접(Semi-structured interview)
지역주민들이 그들의 필요사항, 문제점, 희망목표 등에 대해 스스럼없이 이야기하는 열린 토론회. 질문점검표를 사용하는데, 이 질문일람표는 형식적인 질문서와는 다른 유연한 안내서와 같다. 개인, 단체, 초점집단, 주요 정보제공자 등 서로 다른 유형들을 포함한다.
☞ 인터뷰

사업 계획 워크숍(Business planning workshop)
참여자들을 작은 그룹으로 나누어 프로젝트 우선순위와 프로그램 목표를 결정하는 세션. 보통 사업 계획 초안에 대해 토론하며, 합의된 현금흐름에 도달할 때까지 수정한다.

사업 계획(Business planning)
수입과 지출을 예측함으로써 프로젝트나 단체의 경쟁력을 알아본다.

사용자 고객(User-client)
비록 지불에 대해 기술적인 책임이 없더라도, 사용자는 최종 사용이며 고객으로 대우를 받는다.

사용자 그룹(User group)
현재 또는 미래의 건물 또는 근린주구의 소유자 또는 공공서비스의 수혜자의 집단을 말한다.
☞ A-Z 136쪽

사용자(user)
현재 또는 미래의 건물 또는 근린주구의 소유자 또는 공공서비스의 수혜자이다.
☞ 사용자 고객

사진 조사(Photo survey)
카메라를 이용한 지역 조사
☞ A-Z 104쪽

사회감사(Social audit)
조직에 대한 이해와 평가를 도와주는 방법으로 이해관계자들의 시각으로 사회활동에 대해 보고한다. 접근방법은

시간이 지나면서 조직의 사회활동 개선을 돕는 데 활용된다.
🔖 New Economics Foundation

사회사업가(Social entrepreneur)
개인적 이익보다는 커뮤니티의 중요 이익을 위한 사업이 일어나도록 만드는 사람

사회자본(Social capital)
개인을 위한 지원체계를 제공하는 사회구조와 제도의 역량. 안정, 무역, 화합, 가족, 커뮤니티, 자원봉사단체, 법률행정제도, 교육기관, 건강서비스, 금융기관, 재산권제도 등이 포함된다.

사회적 건축(Social architecture)
커뮤니티 건축과 유사한 뜻으로 주로 미국에서 사용된다.
🔖 커뮤니티 건축

사회조사(Social survey)
커뮤니티의 특징에 대한 조사연구. 연령, 성별, 재산, 건강 등의 관점이 포함된다.
🔖 조사연구

삽화가 첨부된 질문표(Illustrated questionnaire)
사람들의 디자인 선호를 알아내기 위한 그림들로 이루어진 질문표
🔖 카달로그 선택, 질문표 개관

상가 재건 계획(Living over the shop scheme)
보통 무상으로 사람들이 지역의 곳곳에 있는 빈 점포를 사용하도록 독려하는 프로그램. 마을중심부 재생 방법

상부하달 방식(Top-down)
당국에 의해 주도되는 선도사업의 진행을 지칭할 때 사용된다. 커뮤니티가 주도하는 선도사업 방식인 '하부상달 방식'과는 반대되는 용어다.

상상의 날(Imaging day)
사람들이 전문적 예술가들을 도와주며 미래를 구체화시키는 날

상상하기(Imagine)
미래상을 그리기 위해 체계적 접근

을 바탕으로 하는 긍정적이고 혁신적 기획을 확립하는 방법
✓ Participation Works!

상점 앞 스튜디오(Storefront studio)
커뮤니티 디자인사무실은 실행계획행사나 전문토론회를 위해 특징적인 상점에 임시적으로 설치된다. 미국에서 많이 사용되는 용어이다.

상호원조(Mutual aid)
사람들이 어떤 형식적인 조직 없이 서로를 돕는 것

상호보완(Subsidiarity)
지자체를 최대한 활용

상호작용 전시(Interactive display)
사람들이 참여하여 추가하거나 또는 변경할 수 있는 시각적 전시. 체험 전시로도 잘 알려져 있다.
🔖 A-Z 82쪽

상호작용 전시회(Interactive exhibition)
🔖 상호작용 전시. 오픈 하우스 이벤트

생태마을 디자인 과정(Permaculture design course)
그룹이 주도적으로 자신을 가지고 지속 가능한 형태로 진행할 수 있도록 돕는 것을 목표로 한다. 소개의 과정은 마지막 주에 한다. 주요 과정은 두 번째 주 또는 주말에 한다.
✓ Permaculture Association
✓ Permaculture Teachers Handbook

생태마을(Permaculture)
자연과 함께 협력의 생태학적 원리에 기반하여 지속 가능한 환경을 디자인하는 마을

서먹함을 푸는 활동(Icebreaker)
그룹 활동에서 사람들이 서로에게 편안함을 느낄 수 있도록 만드는 것을 목표로 한다. 흔히 활동계획 이벤트의 시작단계에서 사용된다.

선택목록(Choice catalogue)
가능한 디자인 선택사항을 보여주는 항목의 선택표. 주로 눈으로 볼 수 있게

그림으로 되어 있다.
🔖 A-Z 46쪽

선택 방법(Choices method)
비전 형성은 다음 네 단계를 거친다.
1. 더 나은 삶에 대한 아이디어를 모으기 위한 커뮤니티 모임
2. 아이디어를 목표와 비전 성명서에 통합
3. 어떤 비전을 추구하고 싶고 개인적인 참여 서약을 하고 싶은지를 투표할 '비전 설명회'
4. 채택된 아이디어를 수행하기 위한 실행 그룹을 구성
✓ Chattanooga. Participation works!

세미나(Seminar)
교육적 내용으로 진행되는 회의나 워크숍

세부계획 워크숍(Micro planning workshop)
집중적인 계획 절차에 최소한의 준비와 재료, 학습만이 필요하며, 특히 개발도상국 정착민들의 개발향상을 위해 유용하다. 또한 이것은 커뮤니티 활동 계획과 관련이 깊다.
🔖 A-Z 88쪽

소규모 비전화(Mini visioning)
기본적이고 간결한 시각적 워크숍.
🔖 비전화

소단위 그룹 작업(Small group work)
사람들이 8~15명의 소그룹으로 함께 작업을 한다. 이 활동은 토론·평가·교육·계획을 함께 할 수 있는 초점집단과 워크숍 같은 유사한 방법들을 포함하여 활용한다.

소단위 그룹 토론(Small group discussion)
🔖 소단위 그룹 작업

소액 금융(Micro-finance)
담보없이 재정이 어려운 사람에게 융자를 제공하는 제도

소유권(Ownership)
첫 시작 또는 프로젝트에 대한 책임감

부록

을 언급할 때 사용하는 용어이다. 예를 들어, 사람들이 창작활동에 포함되어 있었다. 프로젝트나 아이디어의 소유권을 가지게 된다.

수상 제도(Award scheme)
뛰어난 작품이나 노력에 대한 상을 제정하여 활발한 실행을 도모하기 위한 프로그램
☞ A-Z 42쪽

스토리텔링(Story-telling)
현실상황 또는 가공된 이야기를 자세하게 말로 표현하는 방법. 지역의 가치, 규범, 지역활동, 관계성을 이해하는 데 사용된다. 특히 아이들과 문맹자에게 유용하다. 또한 지역구전민요를 부르고, 구전설화 등을 구술한다. 스토리텔링 실행은 지역지식과 상황에 대한 토론의 장을 만든다.

슬라이드 쇼(Slide show)
명료한 이미지를 보여주는 발표. 참가자가 제공하고 준비하며 워크숍에서 많이 활용된다. 비디오보다 쉽게 이용된다. 사람들이 참석자에게 시각적인 정보의 제공이 가능하다.

시각적 시뮬레이션(Visual simulation)
건물 또는 도시경관이 어떻게 보여지는가를 합성 사진으로 보여준다.

시각화의 제공(Guided visualisation)
커뮤니티의 열망을 확정하기 위해 정신적인 시각화 기법들을 사용하는 그룹 과정
☑ Participation Works!

시간 화폐(Time money)
시간을 지칭하는 대안통화로 사람들은 다른 사람들을 돕기 위해 소비한다. 참가자들은 일을 하기 위해 화폐를 획득한다. '당신의 1시간은 다른 누군가의 1시간이다' 라며 부여된다. 당신의 시간화폐는 '시간은행' 에 예금하고, 참가자들은 그들 자신의 도움이 필요할 때 회수하게 된다.

☛ New Economics Foundation

시간대별 촬영사진(Temporal snapshot)
장소가 낮과 밤의 다른 시간대에 어떻게 활용되는지 알 수 있는 방법

시간사용분석(Time-use analysis)
하루 또는 계절별로 다양한 활동에 소비되는 시간을 평가

시간표(Time-line)
역사적인 행사나 활동들의 전후관계를 보여주기 위해 눈금으로 상세하게 작성된 선
☞ 다이어그램, 역사적 개요정리

시뮬레이션(Simulation)
공식적인 계획에 앞서 통찰력과 정보를 얻는 방법으로 행사 또는 활동을 모의로 실행해 본다.
☞ A-Z 126쪽

시민 단체(Civil society)
주와 시장 부문단위를 벗어나 조직된 시민 활동의 장. 사람들은 여러 형태의 단체와 형식을 통하여 자신의 관심사를 규정하고 표명하며 행동한다.

시민 심사단(Citizens Jury)
커뮤니티 대표로 선정된 16명 정도의 사람들이 며칠동안 문제를 검토하고 증인의 말을 들은 후 보고서를 만드는 비공식적인 조사 방법
☑ Participation Works!

시민 포럼(Civic forum)
➡ 포럼

시민참여 계획(Advocacy planning)
소외계층을 위하여 일하는 전문적인 계획가. 1970년대 초 미국에서 많이 사용된 용어

시장(Market)
재화와 서비스를 사고 팔기 위한 장소. 중요한 재생도구. 시장의 종류: 거리시장, 지붕이 있는 시장, 농산물 시장, 축제시장

신문 부록(Newspaper supplement)
신문의 특별게재 또는 섹션. 지역의 디자인 문제들을 다룰 수 있다.

실물크기 모형(Mock-up)
최종 디자인을 확정하기 전에 일반적으로 변경되거나 발전된 곳을 발표하는 실물 사이즈를 말한다.

실물크기 시뮬레이션(Full-scale simulation)
설계개념을 테스트하기 위하여 실물 크기의 실제 모형들을 사용하여 시나리오를 실연하는 것. 사람들이 새로운 건축물 모양을 디자인하도록 도와주는 데에 특히 유용하다.
☞ 설계실험, 실물크기모형

실천 디자인하기(Design for real)
건물이나 한 장소를 위한 세부적인 디자인 제안들을 개발하기 위한 채택 가능한 모형 사용을 표현할 때 쓰이는 용어. 참여자들은 모형 주변을 돌아보면서 선택한 것들을 본다. 예를 들어, 건물의 부분들이나 전체 실천계획과 개념이 비슷하나 좀더 작은 규모가 있다.
☞ 실천 계획

실천 사업 계획(Business planning for real)
새로운 혹은 현재의 조직이 사업 계획을 개발할 때 직면할 문제들을 잘 헤쳐 나가도록 도와주는 컴퓨터 시뮬레이션. 그룹은 맡고자 하는 프로젝트들을 정리한다. 컴퓨터에 입력하면 예상 비용이 출력된다.
☑ Good Practice guide to community planning and development

실천개발 계획(Development planning for real)
개발도상국을 위해 특별히 고안된 실천개발의 채택

실천계획(Planning for Real ®)
계획에 있어 커뮤니티 참여방법의 등록상표명으로 구조개발에 초점을 맞추고, 유연한 카드지로 만든 모델과 우선권 카드를 사용한다.
☞ A-Z 110쪽

싱크 탱크(Think tank)
창조적 사고 집단. 정부와 지역당국에서 점점 많이 사용되고 있다. 전문가로만 이루어진 단체이다. 실행계획 형태를 사용한다. 간혹 토론회나 전문위원회를 싱크 탱크로 부른다.

아이디어 대회(Ideas competition)
공모는 근린주구와 건축물의 향상을 위한 항목을 촉진 또는 대상지에 대한 창조적 사고의 재연과 지속적 관심을 목적으로 실시된다.
📖 A-Z 80쪽

아트 하우스(Art house)
지역 예술가들이 커뮤니티와 함께 혹은 커뮤니티에 대한 예술품의 제작과 전시를 중심으로 하는 건물. 지역의 자긍심과 역량을 발전시키기 위한 재건 방법에 사용된다.
📖 아트 센터

아트 센터(Art center)
예술이나 지역 예술가에 초점을 맞춘 장소

어반 빌리지(Urban village)
복합용도개발. 협의는 일반적으로 개발자나 계획자들이 제안한 단순한 내용보다 주민들이 그들의 다양한 생각과 역동적 아이디어를 제안할 때 성공적으로 된다.

업적평가회의(Appraisal)
➡ 커뮤니티 평가 회의

역량(Capability)
능력에 대한 질. 어떤 것을 할 수 있는 능력

역량구축 워크숍(Capacity building workshop)
성장의 측면에서 공공영역, 사적영역, 자발적영역 사이의 파트너십을 구축하기 위해 만들어진 이벤트

역량구축(Capacity building)
주로 커뮤니티에서 목표를 달성하기 위한 인식, 지식, 기술, 관리자의 운영

능력 등의 발전
📖 권한부여

역사적 개요(Historical profile)
커뮤니티의 발달에 따른 핵심 사건과 동향. 대체로 시각적으로 전시

역사적 개요정리(Historical profiling)
그룹에 의한 건축물의 역사적 개요의 정리. 지난 사항에 대한 정보는 현재를 설명하고 미래에 가능한 시나리오들을 예측하기 위하여 수집된다. 접근법은 특정 문제에 대해 그들의 생활사를 설명하고 설명하는 사람들을 참여시킨다. 정보는 사건과 커뮤니티의 자양분이 되거나, 영향을 미치는 이슈의 포괄적인 스케줄을 만들기 위하여 지도나 차트에 표시된다.

역사적 건물 트러스트(Historic buildings trust)
역사적 건조물들을 보존하기 위해 공익재단에 의해 제공되고 있다.

역할극(Role play)
다른 사람의 역할로 바꾸어 행동해보는 기획활동. 다른 사람이 가지는 견해와 열망에 대한 이해를 돕기 위한 활동
📖 게임하기

연결된 다이어그램(Linkage diagram)
순환, 연결, 인과관계를 보여준다.
📖 다이어그램

연구의 날(Study day)
특별한 쟁점에 대해 조사연구만을 진행하는 날이다. '계획의 날'과 유사하지만 덜 체계적이다. 단순한 쟁점에 더 유용하다.
📖 계획주간

연구조사 협의회(Search conference)
프로젝트 자문과정의 첫 단계에서 주요 이해관계 단체를 위해 준비하는 협의회 또는 워크숍. 설명회, 역할극, 답사, 상호작용 전시, 워크숍 및 총회 등의 연계가 가능하다. 호주지역에서 많이 활용하는 형식이며, 계획의 날, 커뮤니티 계획 포럼과 유사하다.

✅ **Community Participation in Practice**

예술 워크숍(Art workshop)
주변 환경을 개선하기 위하여 예술가들이 지역 주민들과 함께 예술작품을 디자인하고 만드는 세션
📖 A-Z 40쪽

오픈 데이(Open day)
오픈 데이에는 사람들이 무슨 일을 해야 하고, 어떻게 해야 하는지 방향을 잡을 수 있도록 프로젝트나 조직이 고무시켜주어야 한다. 일에 대한 관심과 추진력이 발생되도록 해야 한다.

오픈 디자인 공모(Open design competition)
모두를 대상으로 하는 디자인 대회를 개최한다. 참가가 제한되거나 공모내용이 제한되지 않도록 한다.

오픈 스페이스 기술(Open space technology)
워크숍 개최장소를 포함하는 틀을 유지한다.
📖 오픈 스페이스 워크숍

오픈 스페이스 워크숍(Open space workshop)
지역 또는 조직의 활동에 대한 의견을 모으기 위한 워크숍 과정이다. 예정된 계획 없이 시작하는 것이 특징이다.
📖 오픈 스페이스 워크숍

오픈 하우스 이벤트(Open house event)
이벤트 설계는 보다 많은 사람들에게 소개하여 발전을 촉진시킨다. 비공식적인 방법으로 사람들의 반응은 비밀로 보장할 수 있게 한다.

옹호자. (주의·주장 따위를 위해 싸우는)**투사**(Champion)
아이디어에 대한 신뢰를 가지고 어려움이 있어도 추진하는 사람

완화, 경감(Mitigation)
재해의 충격을 최소로 하게 하는 조치. 자체의 위험을 수정하거나 취약부분을 줄인다. 홍수와 같은 위험에 대해 위험범위를 축소하여 사람들이 더 이상 위험 지역에 살지 않도록 생활수준을 끌

부록

어 올린다. 완화는 재해 전, 재해기간, 그 후에 시작될 수 있다.

외부 사람(Outsiders)
지역 외 사람들. 주로 조력자와 전문가를 말한다.

운명의 수레바퀴(wheel of fortune)
사람들을 위한 길 위에 그려진 그림에 공동으로 서로의 상반되는 우선순위들을 정렬한다.
📖 115쪽

운영그룹(Steering group)
프로젝트나 목표를 추구하기 위해 구성된 비공식적 단체
📖 이용자집단

운영위원회(management committee)
프로젝트나 조직의 주요부를 관리하는 곳. 회사 안에서의 이사회와 유사

울타리 방법(Fence methods)
서로 상반된 사람들의 시각들을 중간에서 울타리로 경계를 짓는 방법의 우선순위 절차

워크숍(Workshop)
이슈에 대해 탐구와 아이디어 개발, 결정하는 소그룹의 회의 등이 있으며, 상황에 따라 촉진자의 도움을 받기도 한다.

원탁회의 워크숍(Round table workshop)
지역비전형성과 지역전략 수립에 있어 주요 이해관계자와 협의하기 위한 워크숍. 사전에 반대세력간의 합의형성을 위한 워크숍으로도 활용
✓ Participation Works!
♣ Urbed

원형(Archetypes)
확연히 눈에 띄는 특징이 있는 장소. 사람들이 동경하는 장소(예를 들면, 어떤 도시의 어떤 부분 혹은 어떤 건물 등)를 묘사하기 위한 브리핑과 디자인 워크숍에서 사용된다.

위원회(Committee)
주로 모임에서 의사결정을 하도록 선출되거나 위임된 사람들
📖 워크숍

위험 평가(Risk assessment)
어떠한 커뮤니티에서나 존재하는 재난에 대한 위험조사. 위험감소원칙의 3가지요소를 포함한다. 위해분석, 취약점분석, 자원분석
📖 A-Z 122쪽

위험(Hazard)
사람, 구조 또는 경제적인 자산 등의 재난을 일으킬지도 모르는 것에게 위협받고 있는 현상

위험분석(Hazard analysis)
커뮤니티, 위험의 세기, 빈도수 그리고 장소에 따른 직면된 위험에 대한 유형

유지관리 매뉴얼(Maintenance manual)
건물의 수리나 오픈 스페이스의 보수방법에 대한 소개. 사용자들이 용이하게 장소를 유지하도록 도와주는 중요한 역할을 한다.

의견 조사(Opinion survey)
사람들이 문제에 대해 어떻게 생각하는지 조사한다.
📖 조사

의뢰인(Client)
건물이나 다른 프로젝트를 위임한 개인 혹은 그룹
📖 사용자 - 위임자

의식의 지도화(Mental mapping)
사람들이 어떻게 그들의 이웃을 지각하는지를 보여주는 개인 또는 커뮤니티에 의한 지도의 제작(지리적으로 정밀한 지도과는 다르다)
📖 지도화

의장(Chairperson)
모임을 조정하고 누가 언제 말할 수 있는지 결정하는 사람(개인)
📖 촉진자

의제(Agenda)
회의를 위한 계획, 토론거리

이동 스튜디오(Mobile unit)
대형운반차나 트레일러를 커뮤니티 활동을 계획하기 위한 사무실·스튜디오로 개조한다.
이벤트 설계는 보다 많은 사람들에게 소개하여 발전을 촉진시킨다. 비공식방법으로 사람들의 반응은 비밀로 보장 할 수 있게 한다.

이해관계자(Stakeholder)
이해에 대한 영향을 받거나 영향을 미치는 개인이나 단체

인식 고양의 날(Awareness raising day)
커뮤니티 계획안에 대한 관심을 불러일으키기 위해 고안된 활동들을 위한 날. 주로 계획의 날이나 다른 집중적인 활동을 시작하기 전에 열린다.

인식 산책(Awareness walk)
➡ 시찰 여행

인적자본(Human capital)
생산적인 일을 하기 위한 개인들의 능력. 육체적, 정신적인 건강, 체력, 끈기, 지식, 기술, 동기와 건설적이고 상호협력적인 자세
📖 사회자본

인터뷰(Interview)
보통 개인이나 그룹이 함께 준비한 질문들을 녹취한 대담. 정보수집에 용이하고 질문표보다 유연하며 상호작용적이다.
📖 그룹 인터뷰, 핵심 통보자 인터뷰, 반 구성된 인터뷰

일상 차트(Daily routine chart)
사람들의 일상 활동과 목표를 성취하기 위해 주어진 시간을 보여주는 그림. 보통 여성, 남성, 어린이 그룹이 따로 만들어진다. 계절별 일정에 대한 심도 깊은 분석과 노동과 책임의 구분을 강조하는 데 유용하다.
📖 커뮤니티 개요정리. 계절별 일정

용어 해설

일시적 주거(Short-life housing)
빈 건물 등을 일시적으로 사용하며, 일반적으로 자원봉사단체에 의해 운영된다.

임대인 관리단체(Tenant management organisation)
주택 임대인이 그들의 집을 스스로 관리할 수 있는 권리를 위해 설립된 단체

임무 전략(Mission statement)
프로젝트, 이벤트 또는 조직의 목적에 대한 설명을 작성한다. 언제나 간략하게 요점만 작성한다. 특별히 파트너와의 오해의 소지가 없도록 하라.

자가시공(Self-build)
건설작업과 수리작업을 현재거주자 또는 미래거주자가 직접 시공하는 것. 시공은 개인이나 커뮤니티가 책임진다.

자격을 부여함(Enabling)
전문적이며 의식적으로 사용자를 독려하거나 참여하도록 하는 서비스
☞ 정신적으로 지원하는 사람

자급자족(Self-sufficiency)
다른 사람에 대한 의존도를 줄여 자립적이고 스스로 관리할 수 있도록 한다.

자기관리(Self-management)
사용하는 사람들에 의해 관리·운영되는 시설을 의미한다.

자문(Consultation)
사람들의 의견을 구한다. 그러나 그들이 의사결정에 필요한 것은 아니다.

자발적 부문(Voluntary sector)
조직은 일반적으로 무보수로 활동하는 선출된 사람에 의해 통제관리되며, 법령에 의한 정부기관 형태는 아니다. 전국 또는 지방조직으로 분포되어 있다. 공공단체, 민간단체, 자발적 부문의 구분은 점점 불분명해지고 있다.

자원 센터(Resource centre)
힘과 열의를 가진 커뮤니티 단체의 센터로 구성. 모든 센터가 똑같을 수 없으나, 다음과 같은 항목의 일부 또는 전부를 제공할 수 있다. 제공하는 활동은 정보제공, 사무실장비, 전문적인 조언과 지원, 회의장소 제공, 회의와 자금조달을 위한 기술, 단체를 대상으로 하는 아이디어 공유와 정보교환 방법에 대한 교육훈련 기회 및 과정 등이 있다.
☞ 근린주구계획 사무실

자원 조사(Resource survey)
이용 가능한 지역자원을 분석하기 위한 조사. 인적자원, 단체, 재원, 기술장비, 기타 등등 포함
☞ 마을기술조사

자원 평가(Resource assessment)
커뮤니티의 자원과 역량을 확인
☞ 자원 조사

자조(Self-help)
어떤 문제해결에 있어 개인이나 커뮤니티 스스로 책임을 진다.

작업 그룹(Working group)
특정한 과업을 완수하기 위한 일원의 소규모 집단

작업 모임(Working party)
➡ 작업 집단

작업 커뮤니티(Working community)
➡ 작업공간 관리

작업공간의 관리(Managed workspace)
공동으로 관리되는 개인적이고 독립적인 건물. 공동의 편의와 서비스를 분배하는 계획. 때때로 작업하는 커뮤니티라 일컬음

재난 관리(Disaster management)
재난에 대한 계획과 바우의 모두 국면

재난 구제(Disaster relief)
재난에 대처하기 위해 필요한 특별한 조치방법

재난 방어준비(Disaster preparedness)
재난의 결과에 대처하거나 예선하고 반응할 수 있는 능력

재난 완화(Disaster mitigation)
위험요소이나 재앙에 대한 사회의 취약성을 감소시킴으로써 사회에 대한 재앙의 충격을 줄이는 것
☞ 완화

재난(Disaster)
가지고 있는 자원으로 대처할 수 있는 능력을 넘어선 인간, 자원이나 환경의 광범위한 손실을 야기시키는 심각한 사회 기능의 혼란(UNDP91)

재능 조사(Talent survey)
➡ 기술 조사

저가 주택(Low-cost housing)
저소득자들에게 알맞은 주택

적용 가능한 모델(Adaptable model)
사람들이 다른 디자인 옵션을 적용해 볼 수 있도록 만들어진 일부분 또는 건물 전체에 대한 이동 가능한 모델
☞ 모델

적정기술(appropriate technology)
커뮤니티의 사회적·경제적 필요성과 가능성 및 물적 자원에 맞는 물적 요소와 기술을 구상. 사용자중심의 기술이라고도 불린다.

전과 후(Before and after)
같은 시점에서 어떤 장소의 개발 전과 후를 보여주는 사진, 그림, 혹은 컴퓨터 시뮬레이션. 사람들에게 제안을 이해시키는 가장 효과적인 방법 중 하나이다.
☞ 예시 30쪽

전략적 계획(Strategic planning)
커뮤니티의 정의, 명분의 설정, 방향성과 시침의 확성을 위한 노력으로 구성된다.

전문 그룹(Buzz group)
어떤 주제에 대한 소규모 그룹의 사람들. 초점 그룹이나 워크숍과 비슷한 의미. 전시, 공개 정보의 신일. 손쉽게 정보와 평가를 얻기 위해 활용된다.
☞ 상호작용전시

부록

전시담당(Staffed exhibition)
주체 단체의 토론에서 제공하는 설명 전시
📖 상호작용 전시, 오픈 하우스 이벤트

전시를 통한 의견수렴(Table scheme display)
디자인 제안에 대한 의견을 확보하는 단순한 방법. 책상 위에 고정시킨 여러 도면들에 점 스티커를 사용하여 투표함으로써 사람들의 요구사항 등의 의견들을 수렴한다.
📖 A-Z 130쪽

전통 유산 센터(Heritage centre)
사람들이 환경을 만드는 데 있어 역사적 지역을 이해하고 일하도록 도와주는 것을 목표로 한다. 핵심요소 : 오래된 사진들, 오래된 공예품, 광고전단, 서적, 정보지, 지도, 엽서, 설계도, 흔적
📖 건축센터, 지역유산기획

점유(Squatting)
부동산이나 거주지를 불법으로 점령하는 행위

정신적으로 지원하는 사람(Enabler)
사람들이 스스로 할 수 있도록 지원하는 기관의 사람이거나, 기술적 전문지식을 가진 사람 또는 전문가. 또한 이 용어는 그렇게 행동하는 조직을 말할 때도 사용된다.

제3의 물결(Third wave)
일반적으로 고도의 과학과 정보체계의 성장으로 사회기반에 변화를 가져온 혁명. 제1의 물결은 농업혁명이고, 제2의 물결은 산업혁명이다.

제안상자(Suggestions box)
특정 장소나 계획에 대한 견해와 제안을 작성할 수 있는 장소에 위치한 상자. 참가자들이 익명으로 참여하는 협의에 유용한 장치이다.

조각 인터뷰(Jigsaw display)
서로 다른 분야의 그룹이 전체적 방향에 따라 준비하는 전시

조사(Survey)
체계화된 정보수집활동
📖 의견조사, 설문조사, 자원조사, 사회조사, 거리조사

조정, 중재(Mediation)
제3자의 도움으로 사람들이 그들의 이견을 해결하도록 도와주는 자발적인 진행

조치(Surgery)
📖 디자인 조치

종합기본계획(Masterplan)
정착의 향후를 위한 종합적인 구조를 계획하는 것. 아마도 매우 세부적이거나 도식적이다. 비전의 제공이나 개발의 관리 구조에 사용된다.

주거 상호작용(Housing co-operative)
주택을 소유하거나 경영하는 조직. 그리고 그 주택의 거주자들에 의하여 소유되고 경영되는 조직. 흔히 주택 상호작용이라고 불려진다.
📖 상호작용, 부가적 상호작용

주택소유자 파일(Homeowners file)
부기 일정 파일은 가족이 그들의 주택 건설과 관리 통제를 가능하도록 도와준다.

주택 외관(Shell housing)
계단, 벽, 지붕 등의 서비스만을 제공하는 건축시스템으로, 임대인이 그들이 원하는 인테리어로 시공할 수 있도록 한다.

주택협회(Housing association)
협회는 정부가 우선순위가 되어야 한다고 믿는 사람들을 위해서, 지역에 주택공급을 제공하기 위해 공적자금을 사용하는 선임된 경영위원회에 의해 운영된다. 주택금융조합의 자금은 공동주택건설조합의 자금으로 사용된다.

중심 인물(Moving spirits)
보다 좋은 환경을 만들기 위해 발전을 원하고 그를 위해 시간을 할애할 수 있으며, 도움을 줄 수 있는 지역 사람들. 이주자, 지역 실업가도 포함된다.
📖 캠페인

즉석 보고서 작성(Immediate report writing)
보고서의 작성은 현장에서 하거나 오히려 이벤트 후에 사무실에서 하는 것이 낫다.

증거 제공(Giving evidence)
정보의 형식적인 서류 제시. 예를 들면, 공공조사 또는 지방자치제위원회

지도화(Mapping)
2차원적으로 지역의 다양한 특성에 대한 물리적 구획정리. 개인 또는 그룹으로 행해진다.
📖 A-Z 능동적 지도화, 커뮤니티 지도화, 지능적 지도화, 기억지도, 행정교구 지도화
📖 A-Z 86쪽

지방신속평가방법(RRA; Rural rapid appraisal)
➡ 참여평가
지방영역에서 사용하는 유사접근법

지속 가능한 개발(Sustainable development)
미래 세대의 필요를 충족시킬 능력을 저해하지 않으면서 현 세대의 필요를 충족시키는 발전(브룬틀란트 보고서의 정의)

지속 가능한 커뮤니티(Sustainable community)
다른 커뮤니티와 외부환경에 피해를 주지 않으며, 현재와 미래의 지역환경과 화합하며 더불어 사는 커뮤니티. 삶의 질과 미래세대의 이익은 직접적인 소비수준과 경제성장으로 평가된다.

지역 사회에 대한 봉사(Outreach)
지역 사람들이 스스로 오길 기대하는 것이 아닌 직접 가서 상담을 해주는 것

지역 유산의 기획(Local heritage initiative)
지역 경관과 랜드마크의 전통을 기록하고 보존하는 사람들을 도와주는 진행 과정
🏷 Countryside Agency

용어 해설

지역 지도화(Parish mapping)
지역이 다양한 재료를 사용하여 그들의 지역을 지도로 표현함으로써 중요한 것이 무엇인지를 탐색하고, 표현하는 방법에 기초한 예술이다.
📖 지도화
♣ Common Ground

지역(Local)
특별한 시골이나 도시의 장소 혹은 지역에 관계된 것

지역/도시 디자인 지원팀(Regional/urban design assistance team)(R/UDAT)
명칭은 1967년 미국건축가협회가 진행한 계획주간 프로그램에서 최초로 사용되었다. 일반적인 R/UDAT는 많은 지역사회의 공통된 문제해결 과정에서 주로 활용된다. 소규모 R/UDAT는 학생들이 사용하는 유사한 과정으로 진행된다.
📖 디자인 지원팀(Design assistance team)
📖 계획주간

지역당국(Local authority)
지역구역을 통치하는 조직. 예를 들면, 자치도시위원회, 지역위원회, 마을위원회, 촌락위원회

지역 디자인 보고서(Local design statement)
장소의 개성적인 특성을 파악하기 위해 커뮤니티에 의하여 만들어진 공인된 성명서. 목적은 미래 개발과 긍정적인 변화, 계획 당국이 공동체의 지원을 보증하는 데 목적이 있다.
📖 A-Z 84쪽

지역의 지속가능성 모델(Local sustainability model)
현재위치의 평가나 프로젝트의 효과와 같은 실험에 커뮤니티를 참여시키는 과정
✓ Participation Works!

지역자원 센터(Local resource centre)
커뮤니티의 각 단계에서 사람들을 위한 정보와 지원을 공급하는 장소

📖 자원 센터

지역재생 에이전시(Local regeneration agency)
지역의 재생작업을 책임지기 위한 조직이 구성된다.

지역주민(Local people)
특정한 지방이나 도시의 장소나 지역에 거주하는 사람

지역지원팀(Local support team)
지역을 기반으로 하며 활동이나 이벤트를 위해 전문가의 의견을 제공하는 팀

지역특성 워크숍(Local character workshop)
워크숍은 사람들이 지역을 특별하게 만들어주는 것을 받아들일 수 있도록 구성된다. 보통 지역계획보고서의 준비나 경관특성평가 등으로 이루어진다. 지도화나 사진조사가 포함된다.
📖 경관특성평가, 지역계획성명

지역환경자원 센터(Local environmental resource centre)
지역환경 이슈에 초점을 맞춘 자원 센터
📖 자원 센터

직접적 행동(Direct action)
전략에 의한 정치적 압력의 행사. 보통 파업, 점거 운동

차트(chart)
글을 쓰거나 그림을 그리기 위한 큰 종이. 보통 벽이나 이젤에 붙여서 사용한다. 참여형 작업에서 꼭 필요한 도구
➡ 플립 차트

착수(Launch)
기획의 시작 또는 계획을 촉진시키기 위한 이벤트. 일반적인 관심의 증대나 분쟁조정에 유용

참여 광(Participationitis)
모든 것이 모든 사람들에 의해서 진행되는 것. 너무 많은 참여자가 있을 때

참여 매트릭스(Participation matrix)
참여에 있어 단계가 어떻게 다른지에 대한 간단한 설명은 프로젝트의 각 단계에서 하는 것이 적절하다.

참여 민주주의(Participatory democracy)
대의(절대)민주제도에서와 같이 MPs 또는 평의원과 같은 정식적으로 선출된 대표자들을 통해 그들에게 영향을 주는 의사결정에 직접적으로 사람들을 관여시키는 방법

참여 심사(Participatory appraisal)
개발계획에 대한 시각적 기술과 참여를 토대로 한 커뮤니티의 명확한 접근은 사람들이 그들 자신의 상황에 대한 양상, 삶의 조건들, 목표(염원의 대상), 지식, 인지정도, 선호, 행동에 대한 기록을 공유할 수 있도록 한다. 쟁점들의 계획에 제한을 받지 않는다. 많은 기관들이 참여하여 학습하고 실천하는 것 등의 유사한 개념을 수반하곤 한다.
📖 커뮤니티 개요정리
✓ Whose Reality Counts?

참여(Participation)
어떤 것에 관계되어 행동하는 것

참여기술(Technology of participation)
조력자들이 단체들의 작업활동을 도와주는 실용방법으로 구성. 용어는 ICA(Institute of Cultural Affairs)에서 사용하였다. 토론방법, 워크숍방법, 활동계획 방법 등을 포함한다.
♣ Institute of Cultural Affairs

참여비율(Percent for participation)
총 개발비용을 얻기 위한 캠페인은 참여활동에 쓰인다. Royal Institute of British Architect's Community Architecture Group에 의해 시작된 지역 건축 그룹
♣ Community Architecture Group

참여의 사다리(Ladder of participation)
사다리의 일련의 단을 통해 어떠한 활동에 대한 시민 참여의 단계를 비유하

기 위한 유용하고 인기있는 유추법. 1969년에 Sherry Arnstein이 8단계로 구성하여 처음으로 제안하였다.
1. 시민통제
2. 대리적 권력
3. 제휴
4. 회유
5. 상담, 협의
6. 정보화
7. 치료요법
8. 조종, 조작

이것은 많은 사람들에 의해 다양한 방법으로 수정되어 왔다.
📖 18쪽
✅ The Guide to Effective Participation

참여적인 극장(Participatory theatre)
사람들의 경험을 조사하고, 공통의 목적을 발전시키기 위한 신체적 움직임과 독창성을 사용한 것이다.
✅ Participation Works!

참여형 건물평가(Participatory building evaluation)
사용자와 공급자가 완공이 끝난 뒤 건물의 효율성을 공동으로 평가하기 위한 방법
✅ User Participation in Building Design and Management

참여형 교육(Participation training)
참여를 통해 진행 과정과 워크숍 세션을 경험하는 것. 이 교육은 전문화 또는 커뮤니티 활동에 목적이 있다.

참여형 긴급평가(PRA: Participatory rapid appraisal)
➡ 참여형 평가

참여형 디자인(Participatory design)
아이템이나 장소를 디자인할 때에 사용자를 참여시키는 것을 말한다.

참여형 모니터링과 평가(PME: Participatory monitoring and evaluation)
감시활동에 참여했던 사람들의 참가와 함께 진행되고, 평가되는 모니터링과 평가

참여형 편집(Participatory editing)
보고서의 작성에 많은 사람들을 참여시킨다.

청소년 계획의 날(Youth planning day)
계획의 진행과정에 청소년을 포함시켜 활동하는 날을 구체적으로 계획하는 것이다.
📖 계획의 날

초점 그룹(Focus group)
워크숍의 과업이나 이슈들에 대해 연구하는 소규모 그룹. 회원자격은 매우 주의를 요하며, 전적으로 임의적이 될 것이다.

촉진(Facilitation)
사람들이 하고 싶은 것을 하도록 모이게 하거나, 그것을 진행하는 방법을 함께 결정하도록 하는 것

촉진자(Facilitator)
모임이나 워크숍의 과정을 제어하는 사람. 사회자보다는 덜 지배적인 역할. 중재자로 잘 알려져 있다.

최적의 계산자(Best fit slide rule)
거리를 대체할 해결방법과 그 결과를 메울 수 있는지 검토할 수 있도록 고안된 시각적인 토론수단. 노면의 높이를 그리거나, 사진과 삽입된 대체 디자인과 함께 제작한다.
✅ Participatory design

축제 시장(Festival market)
골동품과 공예품 시장

취약점(Vulnerability)
커뮤니티의 체계나 서비스는 생각지 못한 사고에 의해 손해를 입거나 붕괴되는 경향이 있다.
📖 재난

취약점과 대처능력 분석(Vulnerability and capacity analysis)
분석방법은 자연재해와 같은 극단적인 사고의 여파에 대해 커뮤니티의 취약점과 대처능력에 대한 정보를 체계화

한 매트릭스 차트를 사용한다.
📖 122~123쪽

친환경 상점(Environment shop)
사람들이 그들의 환경을 개선하도록 정보를 제공하고 물건들을 파는 상점. 건축 상점, 보존 상점과 유사하다.
📖 A-Z 70쪽

커뮤니티 개발 트러스트(Community development trust)
➡ 개발 트러스트

커뮤니티 개발협회(Community development corporation)
커뮤니티의 이익을 위한 개발을 수행하는 비영리회사(단체). 미국에서의 개념은 영국의 개발 트러스트와 유사하다.
📖 개발 트러스트

커뮤니티 개요정리(Community profiling)
커뮤니티의 적극적인 개입으로 커뮤니티의 자원과 욕구의 이해에 도달하는 방법. 참여형 평가와 유사한 접근방법
📖 A-Z 52쪽

커뮤니티 건물(Community building)
커뮤니티의 필요에 따라 커뮤니티가 구상하고 관리하며 때로는 건설하는 건물. 물리적, 사회적, 경제적으로 커뮤니티를 구축하는 의미로도 사용된다.

커뮤니티 건축(Community architecture)
최종 사용자의 활발한 참여를 동반하는 건축. 커뮤니티 디자인, 커뮤니티 계획 등과 비슷하다.

커뮤니티 건축가(Community architect)
커뮤니티 건축을 하는 건축가. 자신이 디자인하는 곳의 근처에 살며 작업한다.
📖 커뮤니티 건축

커뮤니티 경관(Community landscape)
최종 사용자들의 활발한 참여 속에서 수행되는 경관 건축이나 디자인

용어 해설

커뮤니티 경제(Community business)
지역 주민들이 자력으로 일어설 수 있도록 경쟁력있는 일자리의 제공과 수익성 높은 고용, 커뮤니티를 위한 서비스 제공, 지역의 자선사업을 돕는 것을 목표로 하는 커뮤니티가 소유하고 운영하는 거래조직

커뮤니티 계획 포럼(Community planning forum)
정보의 명확화와 아이디어의 생성, 이익집단 사이의 상호작용을 창조하기 위해 고안된 다목적 세션
☞ A-Z 50쪽

커뮤니티 계획 협회(Community planning council)
계획문제를 중점적으로 다루는 근린주구 보호조직. 1982년 영국 Royal Town Planning 연구소가 개발하고 추천한 개념. 협회는 자발적 관심과 다양한 분야별 대표자들로 구성된다.
☞ 포럼

커뮤니티 계획(Community plan)
지역 커뮤니티가 기획한 커뮤니티의 미래를 위한 계획. 커뮤니티가 미래의 변화에 대응하고 개발하고 싶은 방법에 대한 제안내용을 준비. 설정된 형식은 없다.

커뮤니티 계획의 날(Community planning day)
➡ 계획의 날

커뮤니티 계획주간(Community planning weekend)
➡ 계획주간

커뮤니티 계획하기(Community planning)
최종 사용자들의 활발한 참여 속에서 수행되는 계획. 커뮤니티 건축, 커뮤니티 디자인 등과 유사하다

커뮤니티 기반 단체(Community based organization)
• 커뮤니티나 이해단체를 대변하기 위해 지역차원에서 운영되는 자발적인 단체. 국제적인 수준에서도 점점 많이 활용되고 있다. 커뮤니티 그룹과도 비슷한 의미
☞ 커뮤니티 그룹, 비정부단체

커뮤니티 기업(Community enterprise)
커뮤니티 내 사람들에 의한 개인적인 이익보다 커뮤니티의 이익을 위한 기업

커뮤니티 단체(Community group)
지역 수준에서 운영하고 있는 자원봉사 조직
☞ 커뮤니티 기반 조직

커뮤니티 디자이너(Community designer)
커뮤니티 디자인을 하는 사람. 사람들을 위해서보다 사람들과 함께 디자인하는 사람

커뮤니티 디자인 센터(Community design center)
지불할 능력이 없는 사람들에게 무료 혹은 약간의 보조금으로 건축, 계획, 디자인 서비스를 제공. 커뮤니티 기술 촉진 센터라고도 한다.
☞ A-Z 48쪽
☞ 커뮤니티 기술 지원 센터

커뮤니티 디자인 요약(Countryside design summary)
조경, 정착 형식과 건물 사이의 디자인 관계에 관한 간단한 설명. 보통 계획당국이 한 지역을 위해 만들며 종종 지역 내 근린주구권을 위한 지역 디자인 설명의 결과물과 결합된다.
☞ 지역 디자인 성명서
◆ Countryside Agency

커뮤니티 디자인 하우스(Community design house)
커뮤니티 디자이너나 커뮤니티 건축가가 사용하는 지역 사무실. 일본에서 사용된다.
☞ 커뮤니티 디자인 센터

커뮤니티 디자인(Community design)
최종 사용자의 활발한 참여를 동반하는 디자인. 커뮤니티 건축, 커뮤니티 계획 등과 비슷하다.

커뮤니티 발전(Community development)
지역이 필요를 충족하기 위하여 스스로 관리하고 비영리 목적의 프로젝트를 도모

커뮤니티 비전 구상(Community visioning)
예상되는 미래에 대해 집단적으로 구상. 용어는 단체가 커뮤니티를 한 장소나 지역, 조직의 미래에 대한 비전을 공유하기 위해 상상력을 개발하도록 돕는 과정 수행의 묘사에 사용된다. 접근은 어젠다 21 프로세스의 부분으로 지역 당국에 의해 채택되기도 한다.
◆ New Economics Foundaiton
☞ 미래조사회의

커뮤니티 숲(Community forest)
커뮤니티와 그 근교에서 생활하고 있는 주민들을 위해 개발되고 관리되는 삼림지대. 지방 에이전시와 숲 협회에 의해 영국에서 설립된 프로그램
◆ Countryside Agency

커뮤니티 숲(Community woodland)
➡ 커뮤니티 숲

커뮤니티 신문(Community newspaper)
지역 커뮤니티에 의해 운영되는 정보 자료. 커뮤니티 뉴스레터와는 작은 규모에서 유사하다.

커뮤니티 안전 계획(Community safety plan)
범죄와 무질서를 줄이기 위해 지역 커뮤니티에 의해 작성된 계획

커뮤니티 예술(Community art)
커뮤니티의 필요에 초점을 맞춘 시각 예술 혹은 행위예술. 많은 경우 환경문제와 연관되어 있다.
☞ 예술 워크숍

커뮤니티 자문(Community consultation)
지역사람들이 무엇을 원하는지 알아보는 것
☞ 자문

커뮤니티 전문 원조(Community technical aid)
커뮤니티 단체가 토지와 건물 개발에서 활동적인 역할을 할 수 있도록 하는 복합 훈련 전문가의 지원 '전문원조'는 건축, 계획, 조경, 기술, 측량, 생태, 환경교육, 재정계획, 경영, 행정, 그래픽을 포함한 필요할 것으로 예상되는 다

양한 기술적 범위을 포함한다.

커뮤니티 전문 원조 센터(Community technical aid centre)
건물과 토지개발을 포함한 프로젝트의 수행을 돕는 복합훈련 전문가집단이 자발적으로 상근하는 곳. 어떤 원조든지 필요한 디자인, 계획, 조직, 의사결정, 경영 – 개념화부터 완성까지 제공된다. 커뮤니티 디자인 센터와 유사하다.
☞ 커뮤니티 디자인 센터

커뮤니티 정원(Community garden)
자원봉사 그룹이 만들고 관리하는 공공에게 열린 정원이나 작은 공원

커뮤니티 정치(Community politics)
사람들이 자신의 운명을 컨트롤할 수 있는 정치적 활동방식. 참여민주주의를 추구하는 정치적 활동과 동일하다.

커뮤니티 주도(Community driven)
기획에서 커뮤니티의 중요한 역할을 반영하기 위해 사용되는 용어

커뮤니티 지도화(Community Mapping)
하나의 자치활동으로써 지도 만들기
☞ 지도화

커뮤니티 지시자(Community indicators)
중요한 문제와 경향에 관심을 끌고 이해를 돕기 위해 커뮤니티가 고안해내고 사용하는 방법. 교육과 활동을 위한 의제를 세우는 데 유용하다.
✓ Community Count!

커뮤니티 트러스트(Community trust)
지역 커뮤니티의 기획에 자금을 조달하는 독립적 자금조달 및 교부금구성 자선단체

커뮤니티 평가(Community appraisal)
필요로 하는 것과 기회 등을 규정하기 위한 커뮤니티 스스로에 의한 조사. 보통 커뮤니티가 만들어서 각 가정으로 보내지는 문답형 설문조사지를 사용한다.
✓ Village Appraisals Software for Windows

☞ 커뮤니티 개요정리

커뮤니티 프로젝트 자금(Community projects fund)
➡ 실행 가능한 자금

커뮤니티 프로젝트(Community project)
커뮤니티로부터 선출되거나, 선출되지 않은 자발적 위원회에 의해 만들어지고 관리되는 지역 커뮤니티를 위한 시설

커뮤니티 학습교육센터(Community learning and deucation centre)
커뮤니티 단위의 정보와 교육을 위한 거점

커뮤니티 활동 계획(Community action planning)
➡ 세부 계획 워크숍
☞ 활동 계획

커뮤니티 활동(Community Action)
사람들의 필요를 스스로 규정하고 충족시킬 방법을 결정하는 과정. 주로 현재의 정치적 제도 밖에서 이루어진다.

커뮤니티(Community)
여러 의미로 사용된다. 보통 작고 지리적으로 규정된 지역 내의 삶을 지칭한다. 그러나 관심거리를 공유하는 사람들의 모임도 커뮤니티라 불린다. 사람들의 모임보다 물리적 지역을 말할 때 사용되기도 한다.
☞ 커뮤니티 이하 항목들

케이스 스터디(Case study)
프로젝트에 대한 기술. 사람들이 성공한 경우와 그렇지 못한 경우를 이해하기 쉽도록 도와주는 데 사용된다.

타당성 기금(Feasibility fund)
커뮤니티 프로젝트들에 대한 타당성 조사의 준비를 위한 전문가 감정료의 대가로 지불하기 위해 커뮤니티 그룹들에 제공되는 회전 자금. 커뮤니티 프로젝트 기금으로 잘 알려져 있다.

타당성 조사(Feasibility study)
개념의 실행가능성에 대한 조사. 보통 보고서로 이루어진다.

타운 개발 신탁(Town development trust)
조직은 지역 커뮤니티의 부흥을 위해 설립된다. 커뮤니티의 물리적 환경을 부흥시키기 위한 목적을 가진다.
☞ 개발신탁

타운 센터 관리자(Town centre manager)
모든 이해단체와 함께 작업하고 선도사업을 이끌며 타운 센터를 향상시키기 위해 고용된 사람

타운 워크숍(Town workshop)
타운의 미래를 위해 워크숍을 준비한다.

태스크 포스(Task Force)
학생과 전문가로 구성된 전문분야 협력팀. 태스크 포스는 장소나 커뮤니티를 기반으로 하는 선도사업 프로그램을 위한 완성도 높은 제안을 도출한다. 장소와 커뮤니티를 위한 연구, 강의, 참여훈련실습, 스튜디오 작업활동 등의 선도사업을 제시하며, 일반적으로 몇 주간 지속적으로 활동한다.
☞ A-Z 132쪽

토론회(Charrette)
➡ 디자인 토론회

토속건축(Vernacular architecture)
특정한 지역에 정착된 그 지역 사람들만의 건축양식

토의 방법(Discussion method)
집단 안의 모든 일원이 참여하도록 하는 효과적인 대화의 구조
☞ 참여의 기술

토픽 워크숍(Topic workshop)
특별한 화제에 대한 워크숍 회의
☞ 워크숍

투표(Referendum)
지역주민들이 특히 중요한 쟁점에 대해 투표를 한다. 전략적 계획의 쟁점에 대해 이루어진다. 네덜란드를 예로 들 수 있다.

용어 해설

트러스트(Trust)
용어는 조직의 이름으로 사용되며, 일반적으로 공익의 목적을 가지고 있다. 또한 '신뢰하고 있다'라는 의미를 가지고 있다.

특수영리단체(Special interest group)
특별한 주장이나 이익을 대변하는 단체. 지리적 구성 또는 특별한 주제를 토대로 구성된다. 공식적이거나 비공식적으로 형성된다.

팀 구성(Team-building)
서로를 알아가면서 목표, 가치, 실무활동 개발을 공유하는 모임과 같이 함께 하는 작업활동에 대해 배우는 것

파일 분류(Pile sorting)
카드 구분 또는 다른 항목의 파일을 분류하는 방법. 그룹 섹션에 사용된다.

파트너십 협정(Partnership agreement)
파트너십 협정의 기간과 조건을 기입한 일반적인 서류를 작성한다.
☞ 파트너십

파트너십(Partnership)
공동의 목적을 성취하기 위해 둘 또는 그 이상의 개인 또는 기관들이 함께 협약하는 것이다.
☑ Managing Partnerships

패턴 랭귀지(Pattern language)
전문 설계교육을 받지 않은 사용자가 자신의 건물을 설계할 수 있는 좋은 설계지침이 설명되어 있다.
☑ A Pattern Language

포럼(Forum)
변화를 위한 압력단체로서 활동과 행동을 토론하고 통합하기 위한 법령에 준하지 않은 단체
☞ 환경포럼, 근린주구 포럼
또한 창조적인 상호작용의 생성을 목표로 하는 공개회의의 설명에도 사용된다.
☞ 커뮤니티 계획 포럼, 공공 포럼

포스터 붙이기(Fly-posting)
보통 건물주나 당국의 허가없이 공공장소에 포스터를 붙이는 것

플립차터(Flipcharter)
플립차트 또는 참가자들이 전체적으로 볼 수 있는 벽에 핀으로 꽂은 큰 종이에 워크숍 또는 전체회의의 사항들을 기록하는 사람
☞ 플립차트

플립차트(Flipchart)
이젤 위의 큰 종이철. 눈으로 보며 필기가 가능하기에 참여 워크숍을 위한 표준적인 도구로 사용된다.

피시 보울(Fish Bowl - 워크숍 기술의 일종)
참가자들이 둘러앉아 관찰하며, 스스로가 분열없이 문제를 해결해 나가는 계획적인 팀이 일하는 워크숍의 기술
☑ Community Participation in Practice

하부 중심(Bottom-up)
커뮤니티가 주도하는 기획을 지칭하는 말. 반대말로 정부가 주도하는 기획을 상의하달(top-down)이라 한다.

학교의 건축(Architects in schools)
건축작업에 학교 어린이들을 참여시키는 환경교육프로그램
☜ Royal Institute of British Architects

합성 입면도(Elevation montage)
사람들의 이해를 돕고 거리환경의 변화를 위한 전시기술
☞ A-Z 68쪽

합의 도출(Consensus building)
다른 의견을 가진 사람들을 토론, 프로젝트, 민감한 계획과 쟁점 상에서 상호 합의를 통해 서로 만족할 수 있는 해결책이나 방법의 동의로 이끄는 절차

핵심 비용(Core costs)
조직을 계속 유지하는 데 필수적인 지출. 프로젝트 비용과 반대되며, 직원 인건비, 임대비, 난방비를 포함한다.

핵심 정보자 인터뷰(Key informant interview)
특별한 지식을 가지고 있는 사람들과 질문 이전에 구성의 근거가 되는 비공식적 토론
☞ 인터뷰

핵심 정보자(Key informant)
특별한 지식을 지닌 사람

행운(Serendipity)
우연한 상황에서 행복을 발견하는 생각 만들기

현장 워크숍(Field workshop)
장소에 관한 워크숍 프로그램. 그 기간은 커뮤니티의 범위나 위험평가나 계획의 작성 등을 포함하며, 며칠간 지속되는 이벤트의 설명에 사용된다.
☞ A-Z 74쪽

협동조합(Co-operative)
회원들의 상호 이익을 위해 수행하는 회사. 이것은 각 구성원이 자본과 노동력 투입에 상관없이 한 표를 가지는 민주적 사업일 수도 있다. 경제적 잉여물은 사업개발을 위해 적립되고 모두 회원들의 소유가 된다.
☞ 주거 협동조합

형식없는 작업(Informal work)
일어서서 이야기하다가 문제를 토론하기 위해 멈추는 등 정해진 절차없이 진행하는 작업
☞ A-Z 커뮤니티 소개

홈페이지(Web site)
인터넷 상의 공간으로, 정보가 준비된 장소로서의 무한한 잠재력이 있으며, 토론그룹과 구체적인 커뮤니티 계획 프로젝트들간의 상호작용이 가능하다.
☞ 웹사이트는 224쪽에서 시작하는 연락처 부분에 몇 개의 사례가 있다.

환경 교육(Environmental Education)
프로그램은 그들이 환경과 환경 형성에 영향력을 주는 것들의 파악에 초점을 맞추고 있다.

부록

환경 영향 평가(Environment impact assessment)
개발에 대해 모든 충격이 규정되고 그들의 의미가 평가되는 과정, 계획허가 이전에 법령에 의한 요건이 지역적 권위를 얻어 승인된다.

환경 자본(Environmental Capital)
포괄적으로, 지역이익모임들과 타당한 환경적 특징과 중요한 마음가짐을 평가하기 위한 참여 과정
📌 Countryside Agency

환경 주간(Environment week)
환경에 대한 관심을 증가시키고, 논쟁을 하도록 구상되어 있는 활동하는 주

환경 포럼(Environment forum)
지역 내 환경 문제에 관한 토론과 조정을 위한 임의단체
📌 포럼

활동계획(Action plan)
활동에 대한 제안. 보통 필요한 단계와 누가 맡아야 하고 언제인지 등에 대한 목록 형태
📌 188쪽

활동계획 이벤트(Action planning event)
커뮤니티의 전부문이 활동 제안을 만들기 위해 모든 분야의 독립적인 전문가와 긴밀하게 작업할 수 있도록 치밀하게 구성된 합작 이벤트
📌 A-Z 34쪽

활동계획 수립(Action planning)
활동에 대한 제안작성을 위해 구성된 합작 이벤트의 주최 단체가 참여한 계획 수립과 도시 디자인에 대한 접근방법
📌 활동계획 수립 이벤트, 활동 계획을 발전시키는 의미로도 사용
📌 A-Z 활동계획

활동 그룹(Action group)
보통 눈에 띄거나 대중적인 주장을 통하여 어떤 목적을 달성하기 위하여 조직된 비공식적인 단체

활동 시간(Action minutes)
필요한 단계와 누가 맡아야 하고 모임은 언제인지 등을 목록 형태로 기록하는 것

활동 연도(Activity year)
선택된 주제에 대한 관심을 돋우고 토론을 활성화하기 위해 고안된 활동을 위한 연도. 예: 글래스고 1999, 건축과 디자인의 영국 도시

활동의 지도화(Action mapping)
어떤 것을 활용하는 것이 좋은지를 이해하기 위한 방법으로 사람들이 어떻게 장소를 사용하는지에 대한 지도나 계획을 작성
📌 지도화

활동 주간(Activity week)
선택된 주제에 대한 관심을 돋우고 토론을 활성화하기 위해 고안된 활동을 위한 주간. 예: 건축 주간, 도시 디자인 주간, 환경 주간 등
📌 A-Z 36쪽

회의(Meeting)
사람들이 토의나 결정을 위해 서로 모이는 일. 아마 공식적이거나 비공식적이고, 공적이거나 사적일 수도 있다.

회의록 작성자(Notetaker)
워크숍 또는 전체총회의 결과발표내용을 기록하는 사람이다. 편견에서 벗어나서 행동이나 학습에 기초한 비판적 사고가 필요하다.

흔적 찾기(Trail)
사람들에게 문제와 기회를 이해시키기 위해 구역에 대한 신중히 답사가 계획된다. 동행자 없는 답사가 기획될 수도 있다.
📌 답사

희망사항(Wish poem)
희망사항은 워크숍의 참가자들의 바람을 결합해 만든다.

출간 및 영상물 Publications and film A-Z

활용 가능한 자료의 주석(알파벳 순서)

정보 목록
- 제목
- 매체
  - 책   책
  - 컴   컴퓨터 소프트웨어
  - 영   영화
  - 모   모음들
  - 전   전단지
  - 잡   잡지
  - 포   포스터 및 벽보
  - 보   보고서 및 소책자
- 부제
- 작가/편집자/감독
- 출판사
- 최신판 날짜
- ISBN
- 주석
- 영어 외에 가능한 언어
- 일반적 출판사가 아니거나 224쪽의 A-Z목록에서 찾을 수 없는 출판사일 경우 구할 수 있는 방법

웹사이트 업데이트
www.wates.demon.co.uk
최근 목록 업데이트

새로운 자료
만약 웹사이트나 본서에 추후 추가되어야 할 자료가 있다면 237쪽에 있는 주소로 서평용 견본을 보내주시기 바랍니다.

4B책
재난상황에서의 프로젝트 개발, 모니터링, 교육, Merdi Jean Arcilla et al(eds), Citizne's Disaster Response Center, 1998, 971-9031-00-X, 필리핀(재해 대책 센터)에서 만들어진 활용 가능한 방법을 담고 있는 편리한 지역 가이드

Action planning책
환경향상을 위한 계획주간과 도시디자인 활동팀의 활용방법, Nick Wates, Prince of Wales's Institute of Architecture, 1996, 1-898465-11-8
사진(혹은 삽화)으로 설명된 실용 안내서. 중국어, 독일어 체코어로도 번역되어 있다.(The Prince's Foundation)

Action planning for cities책
커뮤니티 실행을 위한 가이드, Nabeel Ham and Reinhard Goethert, John Wiley & Sons. 1997. 0-471-96928-1
개발 도상국에서 커뮤니티 계획 이론과 실행에 대해 잘 설명

At Risk책
자연위험요소, 사람들의 역량과 재해, Piers Blaikie. Terry Cannon, Ian Davis, and Ben Wisner. Routledge. 1994, 0-415-08477-2
왜 사람들에게 첫 대응이 중요하고 어떻게 시작해야 하는지에 대하여 포괄적으로 설명

Brick by Brick보
커뮤니티 구축의 발전방법, English Partnership, 1997
커뮤니티를 위해 필요한 자산의 설립과 정비를 하고자 하는 단체를 위한 지침

Building domocracy책
도심의 커뮤니티 건축, Graham towers, UCL Press, 1995, 1-85728-089-X
몇몇 영국 사례와 함께 커뮤니티 건축의 발전에 대한 상세한 설명

Building Design Pack모
근린주구 기획재단으로 정기적으로 업데이트됨. 그룹에게 기존 혹은 신축 건물에 적용하기 좋은 3차원 모델을 만들 수 있는 자료를 제공

Building Homes People Want보
사회적 주거의 디자인과 발전에 있어 임차인의 참여를 위한 가이드, Pete Duncan and Bill Halsall, National Housing Federation, 1994, 0-86297-272-8
실천가에 의한, 실천가를 위한 활용 가능한 가이드(NHF, 175 Gray's Inn Rd. London WC1X 8UP. UK)
Tel: +44(0)20 7278 6571
Email: info@housing.org.uk)

The change Handbook책
미래형태를 위한 그룹의 방법, Peggy Holman and Tom Devane, Berett-Koehler, 1999, 1-57675-058-2
커뮤니티와 그룹에서 사람의 가능성을 발견하고 만들기 위한 18가지 변화전략에 대한 지침

Changing places책
환경계획에서의 어린이의 참여, Eileen Adams & Sue Ingham, The Children's Society, 1998, 1-899783-00-8
계획과 디자인 과정에 어린이들을 참여시키고자 하는 실천가와 교사들을 위한 실천 가이드

Chattanooga영
비전을 가진 커뮤니티, Anne Macksoud, Leonardo's Children Inc., 1993, 25 mins
특별한 결과를 얻기 위한 도시 전체의 미래 구상 과정에서 통찰력을 고취 (New Economics Foundation)

Co-design책
참여형 디자인의 진행, Stanley King et

부록

al, Van Nostrand Reinhold, 1989, 0-442-23333-7
뛰어난 그림이 곁들어진 미국의 197개 사례 연구에 기초한 디자인 워크숍 수행 지침서

cohousing^책
주택에서 현대적 접근법, Kathryn McCamant & Charles Durrett, Habitat Press/Ten Speed Press, Berkeley, 1994, 0-89815-306-9
덴마크에서 고안되었으며 공유요소로 주거계획을 개발하는 법

Communities Count^책
지속 가능한 커뮤니티를 위한 지시자의 단계별 가이드, Alex MacGillivray, Candy Weston & Catherine Unsworth, New Economics Foundation, 1998. 1-899407-20-0
교육과 실천을 위한 의제의 작성과 중요한 동향을 파악하기 위한 지침. 지시자가 사용하는 바로 쓸 수 있는 지침서

Community Action Planning^포
실천을 위한 계획, SIGUS Wall Charts, 1998, 22″×28″
Wallchart는 소규모계획을 운영하는 주요 단계의 개요나 커뮤니티 활동 계획, 현장 워크숍 내용을 제공한다.(SIGUS Wall Charts, 건축 계획학교, Room N52-357A, Massachusetts Institiute of Technology, Cambridge, MA 02139, USA)
Email : sigus@mit.edu
Fax : +1 617 253 8221

Community & Sustainable Development^책
미래 참여, Diane Warburton(ed), Earthscan, 1998. 1-85383-531-5
현 상황에서 예술의 문서 수집을 촉진한다.

Community Architecture^책
사람들이 스스로 환경을 만드는 방법, Nick Wates & Charles Knevitt, Penguin, 1987, 0-14-010428-3

중국과 일본 등지에서 진행된 건축과 계획에서 커뮤니티 참여 운동의 개요
(Text on www.wates.demon.co.uk.)

Community Design Primer^책
Randolph T Hester, Ridge Times Press, 1990, 0934203067
커뮤니티 디자이너가 되기 위한 자기 훈련방법과 함께 미국 스타일 커뮤니티 디자인에 대한 좋은 사례 소개

Community Participation in Practice^{책/영}
Wendy Sarkissian, Andrea Cook and Kelvin Walsh, Institute for Science and Technology Policy, Murdoch University
커뮤니티 계획과 디자인 작업을 돕기 위해 고안된 훌륭한 출판, 영화 시리즈 포함
- 실제 가이드, 1997, 0-86905-556-9
  호주에서 진행된 많은 유용한 방법을 다루고 있음
- 워크숍 체크리스트, 1994, 0-869053 027
  워크숍 간사들을 위한 방법
- 사례집, 1994, 0-86905-363-9
  호주의 12가지 사례연구 묘사 및 설명
- 모든 목소리 듣기
  28분짜리 비디오
  실천 방법을 보여주고 토론함
- 커뮤니티 참여 핸드북; 계획 과정에서 대중을 참여시키기 위한 자원, 1986, 1994 개정
  0-86905-359-0
  많은 작가들에 의해 쓰여진 실제적이고 이론적인 에세이
위의 품목들은 할인된 패키지로 개인적으로 구입할 수 있다.(Murdoch University)

Community Participation Methods in Design and Planning^책
Henry Sanoff, Wiley, 2000, 0-471-35545-3
전문가들과 학생들을 위한 상세한 설명의 지침서. 실제 디자인 게임과 광범

위하게 적용할 수 있는 국제 사례 연구 자료로 이론적 분석을 포함하고 있다.

Community Involvement in Planning and Development Processes^책
환경국 HMSO, 1994, 0-11-753007-7
커뮤니티 참여에 대한 가치를 검증하는 계획조사연구의 결과들

Community Planning Toolkit
커뮤티니 계획 출판물, 2000. 커뮤니티 계획 활동의 원 문서(선택) : 프로그램, 일정표, 리플렛, 레포트. 촉진에 유용하며 재개발에 필요한 시간 낭비를 절약한다.(CPP 카달로그)

Community Visions Pack^모
New Economics Foundation, 1998
커뮤니티 비전 만들기 연습, 미래조사의 개요, 시각화된 지도화와 참여 극장, 사례연구의 준비방법을 포함하고 있다.

The Connected City^보
도시 작업의 새로운 접근방법, Robert Cowan, Urban Initiatives, 1997, 1-902193-008
도시와 근린주구를 위한 실천계획 준비의 체크리스트가 포함되어 있다.
(Urban Initiatives, 35 Heddon Street, London W1R 7LL, UK. Tel: +44(0)20 7287 3644)

Creating a Design Assistance Team for Your Community^보
American Institute of Architects(AIA), 1996
AIA의 지원팀 프로그램 상의 지침서. 자신의 후원 시스템을 만들고자 하는 조직에 특히 유용하다.

Development at risk?^보
자연 재해와 제 3세계, John Twigg(ed), UN International Decade for Natural Desaster Reduction, 1999
예상되는 자연재해로부터 커뮤니티의 내·외부의 차이점에 대한 명확하고 간결한 설명(Tony Eades, RAE, 29 Great

Peter Street, London SW1P 3LW, UK. Tel : +44(0)20 7222 2688)
Email : eadesa@raeng.co.uk. 혹은 www.gfzpotsdam.de/ewc98/

Disaster Mitigation보
커뮤니티에 기반한 접근법, Andrew Maskrey, Oxfam, Oxford, 1989, 0-85598123-7
매우 독창적인 논쟁

The Do-ers guide to Planning for Real Exercises보
Tony Gibson, Neighbourhood Initiatives Foundation, 1998, 1-902556-06-2
훌륭한 그림 등을 통한 실천 계획의 설명

Duke Street/Bold Street Planning Weekend보
John Thompson &Partners for English Partnerships, 1997
커뮤니티 계획주말의 상세한 보고서와 좋은 예시. 유럽에서 사용 가능한 또 다른 주말계획 보고서

Economics of Urban Villages책
Tony Aldous(ed), Urban Villages Forum, 1995, 0-9519028-1-4
어반 빌리지의 개발에 있어 현실적이며 실용적인 가이드(The Prince's Foundation)

Effective working with rural communities책
James Derounian, Packard Publishing, 1998, 1-85341-106-X
커뮤니티 평가에 유용한 항목이 담겨있다.

From Place to Place책
일반지도와 분야별 지도, Sue Clifford and Angela King(eds), Common Ground, 1996, 1-870-364-163
여러 작가의 기부에 의한 열악한 곳의 지도화 경험과 배경

Future Search책
조직과 커뮤니티의 공통의 장소를 찾기 위한 활동 가이드, Marvin R Weisboard and Sandra Janoff, Berrett-Koehler, 1995, 1-881052-12-5
좋은 단계적 미래 탐색 회의의 주관에 대한 지침

Good Practice Guide to Community Planning and Development책
Michael Parkes, London Planning Advisory Committee, 1995
숙련된 실무자에 의한 사례연구가 포함된 상세한 가이드(LPAC, Artillery House, Artillery Row, London SW1P 1RT, UK. Tel: +44(0)20 7222 2244)

The Good, the Bad and the Ugly책
위기의 도시, Rod Hackney, Frederick Muller, 1990, 0-09-173939-X
선구적인 커뮤니티 건축가에 의해 자신의 환경을 만들고자 하는 사람을 돕기 위한 개선운동에 고무적인 개인 보고서

The Guide to Development Trusts and Partnerships보
Michael Parkes, London Planning Advisory Committee, 1995
숙련된 실무자에 의한 사례연구가 있는 상세한 가이드(LPAC, Artillery House, Artillery Row, London SW1P 1RT, UK. Tel: +44(0)20 7222 2244)

The Guide to Effective Participation보
David Wilcox, Partnership Books, 1994, 1-870298-00-4
전반적인 참여 방법의 개관(David Wilcox, 1/43 Bartholomew Close, London EC1, UK e-mail: david@partnerships.org.uk. web: www.partnerships.org.uk)

Guiding urban design series영
도시디자인에 대한 3가지 분야의 비디오, Tony Costello, Martin Cramton Jr, Bruce Race and Nore Winter, American Institute of Certified Planners, 1994, 312-955-9100
총 6시간의 비디오: 커뮤니티의 의사결정, 이해력 있는 디자인 맥락, 디자인 실행(American Planning Association Bookstore)

Here to Stay보
커뮤니티 기반조직을 위한 공공정책의 틀, Caroline Davies(ed), Development Trusts Association, 1997, 0-9531469-0-1
영국의 개발 트러스트 운동의 재검토와 그것의 향상에 필요한 정책

Housing by people책
건축환경의 구조분석을 위해, John F C Turner, Marion Boyars, 1976, 0-7145-2569-3
거주자 관리의 보편적 필요성을 표현하기 위한 개발도상국에서의 드로잉 경험과 독창적인 주택작업의 예

Hucknall 20/20 Vision Conference영
Audio Visual Arts, 1997, 12 minutes
영국에서의 미래탐색회의의 사례연구. 유용한 소개와 과정에 대한 인지력 (from New Economics Foundation)

Ideas Annuals책
혁신적인 아이디어와 성공적인 커뮤니티 작업실행의 예, Community Links, 1997 &1998 available
커뮤니티 조직을 대상으로 한 설명이 훌륭한 간행물

Imagine Chicago영
David Szabo, 1998, 15 mins
미래탐색과 평가조사에 기초를 둔 프로젝트에 관한 사례 연구(from New Economics Foundation)

Innovations in Public Participation보
Jane Morris(ed), IDeA, 1996, 0-7488-9599-X
시민들의 참여증가의 구조를 설명하고, 시민배심원세노, 학습공동체, 전자민주주의, 소비자집단, 미래탐색과 비전만들기 등을 포함한 내용 소개

(Layden House, 76-86 Turnmill Street, London EC1M 5QU, UK. Tel: +44(0)20 7296 6600)

Involving communities in urban and rural regeneration보
실행가를 위한 가이드, Pieda plc, Department of the Environment, 1995, 1-85112201-X
편리와 체크리스트와 요점이 정리되어 있어 일반적 접근법에 유용한 개요

Involving Citizens in Community Decision Making보
캘리포니아 GLENDALE의 의뢰로 만들어진 원본을 기본으로 디자인과 개발, 주민참여관리프로그램에 있어 지방정부를 지원하기 위한 아주 쉽고 명확한 가이드(915 15th Street, NW., Suite 601, Washington DC 20005, USA)

Large Group Interventions책
Barbara Benedict Bunker and Billie T Alban, Jossey-Bass, 1997, 0-7879-0324-8
구조 개선에 있어, 모든 사람들이 참여하는 다양한 방법들을 제시하는 실질적인 지침서

The Linz Cafe책
Christopher Alexander, Oxford University Press, 1981, 0-19520-263-5
사용자 참여에 근거한 오스트리아의 카페 경영 구성 및 고안에 대한 우수한 평가

Making Cities Better보
비전과 실행, Ziona Strelitz, George Henderson and Robert Cowan(eds), 도시를 위한 시각, De Montfort University, 1996, 0-9527500-0-7
Report on a series of 20 Vision for Cities workshops in the mid 1990s
1990년 중반 실시된 도시비전을 위한 20가지 워크숍 보고서(건축학 부문, De Montfort University, The Gateway, Leicester LE1 9BH, UK)

Making Places보
EDAW Consultants, 영국 파트너십 English Partnerships, 1998
발전계획이 혼합된 유용한 실행 가이드(원칙적인 기초)

Managing Partnerships보
시민 사회와 사업, 공공 부분을 개발 파트너로 결집시킬 수 있는 방안들. 1998년 WALES 사업 지도자 포럼의 군주, ROS TENNYSON. 유용한 대조표의 정보와 사례 문헌들로 채워진 훌륭한 협력 방법

Measuring Community Development in Northern Ireland보
1996년 건강과 사회 봉사 북 아일랜드 부서, 자발적 행동 구성. 그룹화된 지침자들과 전문 종사자들을 위한 안내서. 커뮤니티 생활의 질적 향상과 커뮤니티 권한 부여(VAU, CDP, DHSS, Dundonald House, Upper Newtownards Road, Belfast BT4 3SF, UK)

Open Space Technology책
사용자를 위한 가이드, Harrison Owen, Abbott Publishing, 1992, 0-9618205-3-5
오픈 스페이스에서의 공동 연구 방식을 통한 단계적 진전

The Oregon Experiment책
Christopher Alexander et al, Oxford University Press, 1975, 0-19-501824-9
15,000개의 커뮤니티가 입안과 설계에 포함된 OREGON 대학의 입안 과정의 전형적인 해설

Parish Maps보
Common Ground, 1996
사례가 포함되어 있는 전문적인 지도를 어떻게 만들어야 하는지. 2006년판 ANON의 저서 공공 운송 관리 그룹. 공공 관여, 참여, 협의 등 매우 실용적인 지침. 보다 자세한 정보를 위해 사례내용과 연구를 포함한 공공 운송의 커뮤니티 계획 가이드. http://www.pteg.net/ 에서 출판내용을 PDF파일로 다운받을 수 있다.

Participation Works!책
Useful standard summary profiles on a varied range of general participation methods
1998년 판, 새로운 경제학, 1-899407-17-0
21세기의 커뮤니티 참여의 21가지 기술들

Participatory Action in the Countryside보
문헌 평론, DIANE WARBURTON의 지역 사람들의 대리, 1998
유용한 주석이 달린 목록

Participatory Design책
1990년판, NORTH CAROLINA 대학의 HENRY SANOFF의 이론과 기술들, 1990, 0-9622107-3-0
미국의 경험에 의한 특별하고 실용적인 소재와 이론적 흥미가 풍부한 개론

Participatory Learning and Action책
훈련자의 가이드. 환경과 개발을 위한 국제적 설립, JULES PRETTY, IRENE GUIJT, JOHN THOMPSON, IAN SCOONES의 저서, 1995년판, 1-899825-00-2
참여 방법들을 사용하는 데, 훈련자들을 포함시키는 훌륭한 안내서

Participatory Workshops책
생각과 행동의 21가지 자료집, ROBERT CHAMBERS 저서
수준 높고 경험이 풍부한 전문 종사자와 학문 연구가

The Permaculture Teachers Handbook책
Andrew Goldring(ed), WWF-UK, 2000, 1-85850-168-7
permaculture 디자인 과정의 운영방법에 대한 설명

PLA Notes
환경과 개발의 국제 연구소의 시골지역 생계 프로그램과 자연환경 친화적인 농업을 위해 1년에 3번 발간된다.

Plan, Design and Build책
21st Century Halls for England, Action with Communities in Rural England (ACRE), Alan Wilkinson, 1997, 1-871157-48-X
커뮤니티 센터를 포함한 지역과 관련한 것을 어떻게 창조할 것인가에 대한 문제에 유용하다.

Permaculture
퍼머컬처는 지속 가능한 주거환경을 창조하기 위한 디자인 체계이다. 퍼머컬처라는 용어 자체는 영구적(permanent)이라는 말과 농업(agriculture, 혹은 문화culture)이라는 말의 합성어이다.

Plan for Action - 영
커뮤니티 활동계획을 알기 쉽게 정리한 영상자료, 1999
사례연구. 과정에 대한 통찰력과 소개가 유용한 자료. 25분(알기 쉬운 실무계획에 대한 영상자료)

Planning for Real Community Pack모
Neighbourhood Initiatives Foundation, 1999 개정판
현재의 마을 또는 새로운 마을의 3차원 모형을 만들기를 원하는 단체를 위한 구체적인 제품을 제공

Planning for Real - the video영
Neighbourhood Initiatives Foundation, 1997
2개의 사례연구를 포함하여 마을모형 만들기 가치와 기원에 대한 좋은 정보 제공. 상영시간 : 17분

The Power in our Hands책
마을을 기반으로 한 활동조성, Jon Carpenter 출판, Tony Gibson, 1996, 1-897766-28-9
전 세계에서 놀라운 활동을 이루어낸 보통사람의 훌륭한 보고서

Projects with People책
농촌개발의 실무참여
ILO(IT Publications), Peter Oakley et al., 1991, 922-107-2827
다년간의 국제적 경험을 바탕으로 한 포괄적인 분석. 특히 이론적 설명, 이익, 실제적 문제와 극복방법들이 유용하다. 요약과 목록이 뛰어나다.

Real Time Strategic Change책
Berrett-Kohler, Robert Jacobs, 1994, 1-881052-45-1
경영에 대한 참여적 접근방법

Rising from the Ashes책
재난시기의 개발전략, Intermediate Technology Group, Mary B Anderson and Peter J Woodrow, 1998 재발간, 1-85339-439-4
역량과 취약점 분석으로 프로젝트 적용방법 설명

Recycling Streets Workshops전
Jack Sidener
무료자료이며, 홍콩중국대학의 Jack Sidener에게 받을 사람의 주소를 작성한 봉투를 보내면 자료를 송부받을 수 있다. 마을개선 워크숍의 진행지침을 세밀한 삽화로 설명한 리플릿 자료

Reducing Risk책
남아프리카의 재난완화 활동을 배우기 위한 참여활동
남아프리카 Natal 대학과 세계적십자연맹, Geneva, Astrid von Kotze and Ailsa Holloway, 1997, 0-85598-347-7
커뮤니티의 재난완화를 바탕으로 한 현장작업자들을 위한 교육훈련과 학습수련 참여에 대한 구체적인 아이디어를 제공하는 참고자료

Reducing Urban Risk모
프로젝트 조력자를 위한 커뮤니티 수준에 맞는 도시위험 감소방법의 CD와 실행계획카드로 인도의 프로젝트 연구를 토대로 하고 있다.(비상대책 및 개발 실무센터)

The Scope of Social Architecture책
Van Nostrand Reinhold, Richard Hatch, 1984, 0-442-26153-5
12개 국가의 프로젝트 계획활동과 커뮤니티 건축물의 훌륭한 사례연구가 상세히 기술되었다. 주거 프로젝트에서 전체도시 재계획 영역까지 다루고 있다.

The Self-Build Book책
자신의 집을 건축하고 디자인하기 위한 재미있는 방법 제공
Green Books, Jon Broome and Brian Richardson, 1995, 1-900322-00-5
목재구조를 만드는 방법까지 포함된 다양한 자가시공 기술을 건축가 Walter Segal의 명쾌한 설명으로 구성

Small is Bankable책
영국의 커뮤니티에 대한 재투자, 신경제재단, Ed Mayo et al, 1998, 1-85935-047-X
지속 가능한 재생 수립을 도와주는 커뮤니티 재정선도사업 분야에 대한 지침서

Streetwise
커뮤니티 계획활동의 쟁점을 자주 다루는 잡지. 색인은 사람들을 연결하는 장을 제공한다.

Taking Power책
커뮤니티의 경제적 재생을 위한 의제
신경제재단, Ed Mayo, Stephen Thake and Tony Gibson, 1998, 1-899407-14-6
스스로 사회적 마을을 재건할 수 있도록 커뮤니티 단위의 사람들이 할 수 있는 방법을 수행하도록 자극하는 문서

The Thin Book of Appreciative Inquiry보
Kodiak Consulting, Sue Annis Hammond, 1998, 0-9665373-1-9(장점탐구재단)
장점탐구 기술에 대한 소개

Tenant Participation in Housing Design보
실무지침서, RIBA Publications, Royal Institute of British Architects and the

Institute of Housing, 1988, 0-947877-02-9
개발전문가와 주거관리자의 실무적인 조언으로 구성된 책

Unleashing the Potential보
재생센터로 거주민을 이끌어냄.
Marilyn Taylor, Joseph Rowntree Foundation, 1995. 1-85935-014-3
the Foundation's Action on Estates의 프로그램의 33가지 연구에서 이끌어내는 기술을 배움. 커뮤니티의 고충에 대한 많은 의견수렴방법과 토지재생의 거주민에게 중심적 역할을 하는 방법들을 가르쳐준다. 일반원칙과 사례들에 대해 유익한 정보를 제공한다.

Urban Design in Action책
미국 지역건축가협회와 도시디자인 지원팀(R/UDAT)의 역사, 이론, 발전, Peter Batchelor and David Lewis, North Carolina State University School of Design and the American Institute of Architects, 1985. 0-913962-80-5
고전적인 방식은 미국 내 활동계획의 발전에 영향을 준다.

Urban Projects Manual책
저소득 그룹의 개선을 용이하게 하는 새로운 개발 프로젝트의 준비를 위한 가이드, Forbes Davidson and Geoff Payne(eds), Liverpool University Press, 1986, revised 1999, 0-85323-484-1
현장경험을 통해 설명하고 있으며, 자세히 그려진 삽화가 있는 가이드임. 대부분 이집트에서의 활동을 바탕으로 설명되어 있다.

Urban Villages책
지속 가능한 규모로서 다목적 도시를 개발하기 위한 개념, Urban Villages Forum, 1997. 0-9519028-0-6
주택건축업자, 투자자, 계획가와 개발자들이 다목적의 지속 가능한 개발을 통해 사람들에게 더욱 친밀하게 다가간 사례(The Prince's Foundation)

User Participation in Building Design and Management책
David Kernohan, John Gray, John Daish, Butterworth-Heinneman, 1996, 0-7506-2888-X
건물을 세운 후의 건물에 대한 참여 평가에 유용한 방법. 과정의 면밀한 검토에 좋으며, 적절한 그림이 있다.

Village Appraisals Software for Windows컴
질문표 작성과 분석, 마을, 광장, 커뮤니티에 대한 평가 사업을 위한 프로그램. 사용이 쉬운 IBM compatible. £50(from Countryside & Community Unit, Cheltenham & Gloucester College of Higher Education, Francis Close Hall, Swindon Road, Cheltenham GL50 4AZ, UK. Tel: 01242-544083)

Village Design모
Making local character count in new development, Countryside Commission UK, 1996, CCP 501(Part 1)
커뮤니티 디자인 보고서의 작성 방법을 알기 쉽게 설명한 우수한 안내서 모음집. 사례집 2권이 포함되어 있다.(CC Postal Sales, PO Box 124, Walgrave, Northampton NN6 9TL, UK.>Tel: +1(0)1604 781848)

Village Views영
새로운 개발에 있어 지역특징의 고려방법, Eye to Eye for the Countryside Commission UK, 1996, CCV 05
커뮤니티 디자인 보고서에 유용한 서문은 영국마을의 전후관계를 기초로 하고 있다. 10mins(CC Postal Sales, PO Box 124, Walgrave, Northampton NN6 9TL, UK. Tel: +44(0)1604 781848)

A Vision of Britain책
한 개인이 건축에 대한 견해를 서술한다. HRH The Prince of Wales, Doubleday, 1989. 0-385-26903-X
지역 유력자의 감동적인 보고서는 인간미 있는 환경에 대한 10가지 원칙을 포함하여 건축에 대해 서술하고 있다.

Viterbo; Santa Maria in Gradi책
Brian Hanson and Liam O'Connor(eds), Union Printing Edizioni, Viterbo, 1994. 1-898465-09-6
이태리 도시디자인 태스크 포스를 자세히 설명했다. 이태리어판도 있다. (The Prince's Foundation)

The Weller Way책
Weller Streets 주거협동조합의 이야기, Alan McDonald for the Weller Streets, Faber and Faber, 1986, 0-571-13963-9
61명의 노동자계층 가족들이 꾸준한 투쟁을 통해 리버풀에 최초로 새로운 건설주거협동조합을 만들었던 이야기를 역동적이면서 매우 상세하게 기술한다.

The What, How and Why of Neighbourhood Community Development보
Christine Flecknoe and Neil McLellan, Community Matters, 1994
커뮤니티 개발을 알기 쉽게 설명하고 있다. 커뮤니티 개발이 가지는 가치와 근린주구가 어떻게 이루어질 수 있는지에 대해 설명하고 있으며, 그들의 업적 평가를 위한 몇 가지 모형을 제공한다. 내용이 우수하고 간결하며 읽기 쉽다.

When we build again책
주택을 건설하자!, Colin Ward, Pluto Press, 1985. 0-74530-022-7
온정주의적 정부주거정책으로부터 사람들이 스스로 집을 짓도록 하기 위해 고쳐야 할 방법을 매우 읽기 쉽게 적어 놓았다.

Whose Reality Counts?책
Putting the first last, Robert Chambers, Intermediate Technology Publications, 1997, 1-85339-386-X
Participatory Rapid Appraisal(PRA)의 최신 보고서

Your Place and Mine 보
계획의 혁신, Town & Country Planning Association, 1999. 0-902797-33-6
커뮤니티 계획 접근방법을 반영한 계획 시스템을 재구성한 제안서

Youth Planning Charrettes 책
계획가, 교사, 청소년연대(IYA; youth advocatesInternational Youth Advocates=(국제청년주창자회), International Youth Advocates(국제청년연대), Voice of Youth Advocates(청소년 활동가들의 목소리)를 위한 입문서. t, Bruce Race and Carolyn Torma, American Planning Association,1998
청소년과 함께하는 계획가, 교육자들을 위한 자료로 활용되도록 쓰여져 있음. 지식의 확대와 상호작용 진행을 통한 디자인 방법에 대한 조언

부록

관련기관 연락처 Contacts A-Z

커뮤니티 계획에 대한 더 많은 정보와 지원을 제공하는 관련기관의 연락처와 설명을 달았다.

간행물과 영상물과 지역, 국가와 국제적인 관련기관 또는 유용한 웹사이트의 연결을 제공하고 핸드북의 방법에 대한 더 많은 정보를 제공할 수 있는 조직을 중심으로 하였다.

정보 목록
- 단체명 또는 개인명(영문)
- 주소
- 전화번호(t)
- 팩스번호(f)(전화번호와 같으면 제외)
- 이메일(e)
- 웹사이트(w)
- 접촉 가능한 사람명
- 간단한 설명

웹사이트 업데이트
www.communitylpanning.net
최근 목록 업데이트

새로운 자료
만약 웹사이트나 본서에 추후 추가되어야 할 자료가 있다면 237쪽에 있는 주소로 서평용 견본을 보내주시기 바랍니다.

Action Towards Local Sustainability
e anna@environ.org.uk
w www.sustainability.org.uk
유럽에서 지속 가능한 개발을 통하여 삶의 질을 개선하도록 지역조직을 돕는 계획이다. 웹사이트는 정책안내와 기술적 연구사례를 제공한다. 참여 기술의 '커뮤니티 도구모음'을 포함하고 있다.

Action with Communities in Rural England(ACRE)
Someford Court, Sonerford Road, Cirencester, Glos GL& 1TW, UK
t +44(0)1285 653477 f 654537
e acre@acre.org.uk
w www.acreciro.demon.co.uk
지방 커뮤니티 협회의 전국연합. 지역개발과 마을회관의 간행물과 정보 인쇄물과 설명서

African Academy of Sciences
PO Box 14798, Nairobi, Kenya
t +254 2 884401 f 884406
contact : Thomas R Odhiambo
유용한 지역의 관련기관 연락처

Appreciative Inquiry Group
c/o Anne Radford, 303 Bankside Lofts, 65 Hopton Street, London SE1 9JL, UK
t +44(0)7000 077 011 f 077012
e annelodon@aol.com
w www.aradford.co.uk
평가조사에 대한 지도와 자문 관리. 웹사이트에는 AI자원센터가 있으며, 회보와 출판물에 대한 이메일을 발송하고 있다.

American Institute of Architects
1735 New York Avenue, NW, Washington DC, 20006, USA
t +1(202) 626 7300 f 626 7365
e harta@aiamail.aia.org
w http://www.aiaonline.com/
디자인 지원팀(DAT) 프로그램을 장려한다. 미국 내 행사와 관련된 영상자료, 녹음 · 녹화자료, 소책자, 보고서를 가지고 있다. 경험 많은 구성원들의 주소와 지역과 미국 내 지원프로그램을 제공한다.

Architecture Centres Network
c/o Visual Arts: Architecture. Arts Council of England, 14 Great Peter Street, London SW1P 3NQ, UK
t +44(0)207973 6469 f 7973-6581
e claire.pollock@artscouncil.org.ukContact : Claire Pollock.
건축센터를 위해 구성된 네트워크

The Architecture Foundation
30 Bury Street, London, SW1Y 6AU, UK
t +44(0)20 7839 9389 f 7839 9380
e mail@architecturefoundation.org.uk
w http://www.architecturefoundation.org.uk/
현대 건축과 도시디자인에 대한 참여적인 접근방법의 영역을 촉진한다. 로드쇼, 공모, 전자지도와 가게 앞 회랑에 대해 전문가의 의견을 들을 수 있다.

Association for Community Design
Pratt Ostitute, 379 Dekalb Avenue, Brooklyn 11205, USA
t +1 718 636 3486
e rcurry7@ix.netcom.com
w www.communitydesign.org
미국 내 커뮤니티 디자인 센터의 네트워크 조직. 회의보고서와 회원목록이 있다.

Association of Community Technical Aid Centres
w www.liv.ac.uk/abe/actac/
미국 내 커뮤니티 디자인센터와 기술

지원센터의 네트워크 조직. 지역센터와 커뮤니티 기술지원센터의 목록을 볼 수 있다.

Azerbaijan Civil Engineering University
5A Sultanova St, Baku 370073, Azerbaijan
t +99412 39 10 19 f 39 07 48
e _fh@azeutotel.com
Contacts Tair Teyubov, Emil Gousseinov
유용한 지방 관련기관 연락처

Baga Toiruu City Government
Governor's Municipality, Baga Toiruu, Mongolia
t +976 1 324 072 f 324 072
Contacts Chogsom Erdene-Ochir
유용한 지방 관련기관 연락처

Ball State University
Community-Based Projects Program, College of Architecture & Planning, Muncie, Indiana, 47306, USA
t +1 765 285 5868 f 285 1765
e tcostell@bsu.edu
w www.bsu.edu/cbp
대학 내 설치된 도시디자인 스튜디오. 이동 스튜디오를 사용하며, 신문부록의 제작에 대한 '각 분야전문가의 도움으로 문제를 논하는 집단 토론회'를 개최한다. 우수한 웹사이트

Business in the Community
44 Baker Street, London, W1M 1DH, UK
t +44(0)20 7224 1600 f 7486 170
e information@bitc.org.uk
w www.bitc.org.uk/
법인조직의 커뮤니티 관련을 촉진, Professional Firms Group은 행동계획과 커뮤니티 조직에 전문가 지원의 중개와 같은 행동을 추진한다. Bristol 사무실은 매년 커뮤니티정신 수상제도 (annual Community Enterprise Awards schem)를 관리한다.
Contact graham Russell: BITC, 165 White Ladies Road, Bristol BS8 2RN, UK

t 0117 923 8750 f 923 8270
e southwest@bitc.org.uk

Centre for Development and Emergency Practice(CENDEP)
Oxford Brookes University, Gypsy Lane Campus, Headington, Oxford, OX3 OBP, UK
t +44(0)1865 483413 f 483298
w www.brookes.ac.uk/schools/be/cendep/
Contacts Nabeel Hamdi
대학원생의 프로그램. 특히 개발도상국에 커뮤니티 계획 전문기술을 제공한다.

Centre for Disaster Preparedness
Room 304, NCCP Bldg,879 EDSA, Quezon City, Philippines
t +63 2 9240386 f 9240836
e dtp@info.com.ph
Contacts Lorna Victoria
재난예방에 초점을 맞춘 커뮤니티를 기초로 한 지역과 도시계획의 교육훈련 강좌

Centre for Environment and Human settlements
School of Planning and Housing. 79 Grassmarket, Edinburgh EH1 2HJ, UK
t +44(131)221 6164 f 221 6163
e cehs@eca.ac.uk
w www.eca.ac.uk/planning/cehs.htm
개발도상국에 관련된 논점을 계획하고 근린주구를 계획하는 데 있어 교육, 훈련, 연구와 지식기반 서비스를 제공. 급속한 도시화 속에서 최적의 실행방법에 중요 초점을 맞추고 있다.

Centre for Environment and Society, University of Essex
John Tabor Labs, Wivenhoe Park, Colchester, CO4 3SQ, UK
t +44(0)1206 873323 f 873416
e jpretty@essex.ac.uk
w www2.essex.ac.uk/ces/

Contacts Jules Pretty
심의민주주의와 참여정부 방식에 대한 정보 제공

Centre for Social Work, Sombor
City Government, Karadjordjeva 4, Sombor 25000, Yugoslavia
t +381 35 22 499
Contect : Silvija Kranjc
유용한 지방의 관련기관 연락처

Chinese University of Hong Kong
Department of Architecture, Shatin, Hong Kong
t +852 2609 6581 f 2603 5267
e sidener@cuhk.edu.hk
Contacts Jack Sidener
축제의 개최에 필요한 조언을 제공한다.

Chuanshing Publishing Company
10F-3,No.60,SEC. 4, Chung Hsiao E. Road, Taipei, Taiwan
t +886 2 27752207 f 27318734
e chuanshing@ms11.url.com.tw
Contacts Jo Tsai, President : Ming-Cheu Chen
간행물과 정보제공, 유용한 지방 관련 기관 연락처

Civic Practices Network(CPN)
Center for Human Resources, Heller School for Advanced Studies in Social Welfare, Brandeis University, 60 Turner Street, Waltham, MA 02154, USA
t +1 617 736 4890 f +1 617 736 4891
e cpn@cpn.org
w http://www.cpn.org/
협력적이고 중립적인 프로젝트로 커뮤니티와 공공단체 사이의 공공문제를 해결할 수 있는 유용한 방안을 제공한다. 유용한 입문서이며, 정보교환의 기회를 제공하는 에세이 형식으로 구성되어 있다.

Civic Trust
Essex Hall, 1-6 Essex Street, London,

부록

WC2R 3HU, UK
t +44(0)20 7539 7900 f +44(0)2075397901
e info@civictrust.org.uk
w http://www.civictrust.org.uk/
건축환경에 초점을 맞춘 자선단체. 전국적인 환경주간 프로그램을 조직. 재생단위는 커뮤니티 재생에 대해 조언

Common Ground
Gold Hill House, 21 High Street, Shaftesbury, SP7 8JE, UK
t +44(0)1747 850820 f +44(0)1747 850821
e info@commonground.org.uk
w http://www.commonground.org.uk/
사람들과 장소를 연결해주는 환경기술 자선단체. 마을지도화와 커뮤니티 광장(정원)에 대한 조언 및 지역의 특수성에 대한 캠페인을 한다. 훌륭한 간행물이 있다. 책, 포스터, 카드 등. 보다 많은 정보는 웹사이트를 참고
http://www.england-in-particular.info

Communio Kommunikations – und Konfliktberatung
Am Wiesental 40a, 45133, Essen, Germany
t +49(0) 201 841 9914 f 841 9913
e mettler-meibom@uni-essen.d
Contacts Barbara Mettler v. Meibom
협력과 참여기술을 촉진시키고, 충동의 극복에 기여하는 소통방법에 대한 상담을 진행한다.

Communities Online
e info@communities.org.uk
w www.communities.org.uk
새로운 커뮤니케이션 기술을 사용한 커뮤니티 네트워킹을 촉진시키는 웹기반 프로젝트

Community Architecture Group
c/o Pollard Thomas & Edwards Architects, Diespeker Wharf, 38 Graham Street, London N18JX, UK
t +44(0)20 7336 7777 f 7336 0770
e cag@ptea.co.uk
Contact : Judith Marshall
Network of Community architects
소규모 프로젝트를 위한 커뮤니티 그룹의 실현가능성 연구에 관한 교부금을 지원하는 후원을 개발하는 커뮤니티 프로젝트 펀드를 관리한다.

Community Links
4th floor, Furnival House, 48 Furnival Gate, Sheffield, UK
t +44(0) 114 2701171 f 2762377
e community-links@geo2.poptel.org.uk
w www.shef.ac.uk/~cd
커뮤니티 작업의 실천을 촉진하는 사회실천훈련 네트워크. 유용한 간행물 발간

Community Matters
8/9 Upper Street, London N1 OPQ, UK
t +44(0)20 7226 0189 f 7354 9570
e communitymatters@communitymatters.org.uk
w www.communitymatters.org.uk
커뮤니티 연합을 위한 자선연합. 커뮤니티 조직과 건물의 설립, 운영에 관한 유용한 간행물 발간

Community Planning Publications
7 tackleway, Hastings, TN34 4DE, UK
t +44(0)1424 447888 f 441514
e info@wates.co.uk
w www.wates.co.uk
Contact : Nick Wates
웹사이트에 표시된 이 핸드북의 업데이트. 향후 출판을 위한 편집과 아이디어 개선에 관한 정보는 언제나 환영한다.

Community Technical Aid Centre
2nd floor, 3 Stenenson Square, Manchester M1 1DN, UK
t +44(0)161 236 5195 f 236 5836
Contact : Ian Taylor
지역 커뮤니티 기술지원센터. 커뮤니티 지원센터 국립협회를 위한 연락 거점이기도 하다.

CONCERN, Inc
1794 Columbia Rd. NW Washington , DC 20009, USA
t + 1(202) 328 8160 f 387 3378
e concern@igc.org
w www.sustainable.org
w www.smartgrowth.org
Contact : Susan F Boyd
지속 가능한 커뮤니티 건설에 중점을 둔 비영리 미국 환경 교육 단체. 환경적, 경제적 그리고 사회적 목소리의 프로그램, 정치, 실천을 위한 후원을 하며 이에 관한 공공의 이해를 만들어가는 것을 목표로 한 좋은 웹사이트

Congress for the New Urbanism
The Heart Building, 5 Third Street, Suite 500A, San Francisco, CA 94103, USA
t + 1 415 495 2255 f 495 1731
e cnuinfo@cnu.org
w www.cnu.org
토론, 의회, 태스크 포스 조직에 기반하여 만들어진 인간다운 환경을 만들기 위한 영향력 있는 운동

The Countryside Agency
John Dower House, Crescent Place, Cheltenham, Gloucestershire, GL50 3RA, UK
t + 44(0)1242 521381 f 584270
e info@countryside.gov.uk
w www.countryside.gov.uk
마을 디자인 서명서와 커뮤니티 숲을 포함하여 지역개선에 사람들을 참여시키는 혁신적 방법에 관한 정보와 훈련

Deicke Richards Architects
PO Box 10047, Adelaide Street, Brisbane, Queensland, Australia 4000
t + 61 7 38394380 f 38394381
e drarch@petrie.starway.net.au
풍부한 경험의 실천가들과 연구원들

관련기관 연락처

Department for International Development
94 Victoria Street, London SW1E 5JL, UK
t +44(0)20 7917 7000 f 7917 0019
e enquiry@dfid.go.uk
w www.dfid.gov.uk
개발도상국의 빈곤퇴치의 원조에 역점을 두고 있는 영국 정부 부서

Department of the Environment, Transport and the Regions
Eland House, Bressenden Place, London SW1E 5DU, UK
t +44(0)20 7890 3000
w www.detr.gov.uk
영국 전역을 다루는 정부 부서. 정보와 출판

Deutsche Institut fur Urbanistik
Strasse des 17. Juni 112, 10623 Berlin, Germany
t +49(0)30 39001 0 f 39001 100
독일에서의 실천계획에 관한 전문적 지식

Development Alternatives Group
B-32 Tara Crescent, Qutab Institutional Area, New Delhi 110016, india
t +91 11 665370 f 6866031
e tara@sdalt.ernet.in
w www.ecouncil.ac.cr/devalt
Contact : Shastrant Patara
참여를 통한 도시와 지역개발에 관한 훈련, 컨설팅, 출판

Development Planning Unit
9 Endsleigh Gardens, London WC1H OED, UK
t +44(0)20 7388 7581 f 7388 4541
e dpu@ucl.ac.uk
w www.ucl.ac.uk/DPU/
아시아, 아프리카, 라틴 아메리카를 중점으로 한 연구, 교육, 훈련, 컨설팅을 위한 국제 센터

Development Trusts Association
20 Conduit Place, London W2 1HZ, UK
t +44(0)20 7706 4951 f 7706 8447
e info@dta.org.uk
w www.dta.org.uk
커뮤니티 기반 조직 개발을 위한 영국의 국립 보호조직. 유용한 출판물, 훈련, 정보 교환

Dick Watson Community Projects
14 Riverside, Totnes, Devon TQ9 5JB, UK
t/f +44(0)1803 865773
이해관계자의 참여와 커뮤니티 프로젝트 관리에 관한 풍부한 경험의 컨설턴트

Directory of Social Change
24 Stephenson Way, London NW1 2DP, UK
t +44(0)20 7209 5151 f 7209 5049
e info@dsc.org.uk
w www.dsc.org.uk
자발적 분야에 목표를 둔 유용한 모금과 다른 인명부를 출판한다.

Drought Preparedness Intervention and Recovery Programme(DPIRP)
PO Box 954 Nanyuki, Kenya
t +254 176 31641 f 31640
e <dpirp@healthnet.ken.org
Contact : Mike Wekesa.
커뮤니티에 기반한 생활 모니터링을 지역과 국가개발, 재난계획에 통합시키는 방법에 관한 정보

Empowerment Zone and Enterprise Community Program
w www.ezec.go/
지역 커뮤니티에 권한을 부여하는 미국 대통령의 기획 프로그램

English Partnerships
3 The Parks, Lodge Lane, Newton-le-Willows, Merseyside WA12 OJQ, UK
t +44(0)1942 296900 f 296297
w www.enlispartnerships.co.uk
파트너십과 토지 관리 분야에 관한 정부지원의 전문 재생 에이전시

Environmental Design Research Association
P O Box 7146, Edmond, OK 73083 7146, USA
t +1 405 330 4863 f 330 4150
e edra@telepath.com
w www.telepath.com/edra/home.html
환경디자인 연구의 진보와 확대를 촉진하는 국제 연합

Environmental Partnership for Central Europe
Nadaci Partnerstvi, Panska 7/9, 602 00 Bmo, Cxech Republic
t +420 5 4221 8350 f 4222 1744
e pship@ecn.gn.apc.org
중앙유럽에서의 커뮤니티 계획을 촉진

Environmental Trainers Network
c/o BTCV Enterprises, Red House, Hill Lane, Great Barr, Birmingham B43 6LZ, UK
t +44(0)121 358 2155 f 358 2194
e entp@dia.pipex.com
w www.btcv.org
참여형 접근법에 관한 훈련 프로그램을 운영

European LEADER Observatory
AEIDL, 260 chaussee Saint Pierre, B-1040 Bruxelles
t +32 2 736 49 60 f 736 04 34
e info@aeidl.be
w www.rural-europe.aeidl.be
지역 커뮤니티 기반 재생 프로젝트에 관한 정보

Federal Emergency Management Agency(FEMA)
500 C.Street S.W, Room 824, Washington, D.C. 20472-0001, USA
t +1 800-480-2520
e info@fema.gov
w www.fema.gov
미국의 독립 재난 에이전시

부록

재난방지를 위한 커뮤니티 실천활동에 시민, 공무원, 비즈니스를 참여시키는 기획 'Project Impact'를 운영

Filipinos for Community Involvement
22 Solar Street, Bel Air lll, Makati City, Philippines
t +63(2) 8965475 f 8959503
e lshahani@mailstation.net
Contact : Leticia Ramos Shahani.
유용한 지역 연락 거점

Foros Tecnicos Ltda
Carrera 10 # 65-35, Oficina 402, Bogota, Columbia
t +571 2100480 f 2103149
e forostec@latino.net.co
w www.gbn.org
Contact : lnes de Mosquera
NGO, 국가 이익의 프로젝트 주변 전략적 연합, 전략적 시나리오 계획을 만들어내는 컨설팅 회사

Forum for the Future & Cheltenham Observatory
Francis Close Hall, Swindon Road, Cheltenham, Glos. GL50 4AZ, UK
t +44(0)1242 544082 f 543273
e observatory@chelt.ac.uk
w www.chelt.ac.uk/obseratory
지속 가능한 삶의 길을 만드는 데 헌신하는 독립 전문가들의 파트너십. 500명 이상의 지속 가능한 지역기획가의 리스트를 가지고 있다.

Free Form Arts Trust
57 Dalston Lane, London E8 2NG, UK
t +44(0)20 7249 3394 f 7249 8499
e contact@freeform.org.uk
커뮤니티 예술분야 자선전문. 구축된 환경과 관련된 기술을 보유한 예술가들의 리스트를 가지고 있음

Future Search Network
Resources for Human Development INC, 4333 Kelly Drive, Philadelphia, PA 19129, USA

t +1 800 951 6333 f 215 849 7360
e fsn@futuresearch.net
Contacts : Sandra Janoff, Marvin Weisbord, Saly Theilacker.
미래조사 실천가들의 네트워크. 출판물, 비디오, 지역 실천가들의 연락처를 제공

Georgian Technical University
Institute of Arcitecture, Tbilisi, Georgia
t +995 32 33 71 63 f 33 26 25
e urbia@access.sanet.ge
Contacts : Vladimir Vardosanidze, Magda Goliadze.
조지아 도시계획전문가 연합

Groundwork
85/87 Cornwall Street, Birmingham, B3 3BY, UK
t +44(0)121 236 8565 f 236 7356
e info@groundwork.org.uk
w www.groundwork.org.uk
빈곤한 지역의 삶의 질을 향상시키기 위해 공동협력으로 작업하는 영국의 지역 트러스트 네트워크. 일본과 미국의 자매기구, 유용한 출판물과 비디오

Habitat Budapest Office
VATI Magyar Regionalis Fejlesztesi Urbanisztikai KHT, Gellerthegy u.30-32, 1016 Budapest, PF 2011253, Hungary
t +361 375 5691 f 356 8003
Contacts Nora Horcher
지역에서의 접촉에 유용하다.

Habitat International Coalition
PO Box 34519, Groote-Schuur 7937, Cape Town, South Africa
t +27 21 696 2205 f 696 2203
w www.hic-net.org
인간다운 정착과 관계된 NGO를 위한 세계적 포럼

Hackney Building Exploratory
Queensbridge Building, Albion Drive, London, E8 4ET, UK
t +44(0)20 7275 8555

e mail@buildingexploratory.org.uk
w www.buildingexploratory.org.uk
혁신적 전시 기술을 개발하는 건축 센터

Hastings Trust
35 Robertson Street, Hastings, TN34 1HT, UK
t +44(0)1424 446373 f 434206
e post@htgate.demon.co.uk
w www.hastingstrust.co.uk
지역개발 트러스트 · 커뮤니티 재생을 위한 방법의 국제적 데이터베이스를 구축

Hertfordshire County Council
Environment Department, County Hall, Pegs Lane, Hertford, SG13 8DN, UK
t +44(0) 1992 555231 f 555251
Contacts David Hughes
미래탐색을 이용한 모든 정착전략의 발전에 있어 필요한 경험

HUD USER
P.O. Box 6091, Rockville, MD 20849, USA
e huduser@aspensys.com
w www.huduser.org
미국을 위한 정부 기관, 정보와 출판물

Imagine Chicago
35 East Wacker Drive, Suite 1522, Chicago, Illinois 60601, USA
t +1 312 444 1913 f 444 9243
e bbrowne@teacher.depaul.edu
w www.imaginechicago.org
Contacts Bliss Brown
사람들이 도시 창조자로서 상상력을 발전시킬 수 있도록 도와주는 혁신적 프로젝트로서 미래탐색과 평가질의방법에 기초를 두고 있다. 유용한 자원자료

InfoRurale
w www.inforurale.org.uk/inforurale/
지방발전 자원과 연결된 링크를 가진 인터넷 '게이트웨이 사이트'

관련기관 연락처

Institute of Cultural Affairs
Rue Amedee Lynen 8, Brussels, B-1210, Belgium
t +32(0)2 219 00 87 f 219 04 06
e info@ica-international.org
w www.ica-international.org
세계발전에 있어 인적 요인과 관계된 사적·비영리 조직의 세계적 네트워크

Institute of Development Studies, Brighton
University of Sussex, Brighton, BN1 9RE, UK
t +44(0)1273 877263 f 621202
e participation@ids.ac.uk
w www.ids.ac.uk/ids/particip
IDS의 참여그룹은 자료센터에 4,000건 이상의 기록문서, 이론적 접근을 공급하는 웹사이트를 가지고 있으며, IDS출판물 목록과 다른 조직과 자료가 링크되어 있다. 또한 뉴스레터를 만들고 있으며, 이메일 분류리스트를 제공한다.

Intermediate Technology Publications
103-105 Southampton Row, London, WC1B 4HH, UK
t +44(0)20 7436 9761 f 7436 2013
e orders@itpubs.org.uk
w www.developmentbookshop.com/
Intermediate Technology Development Group의 출판부문. 커뮤니티 참가를 포함한 유용한 기술관

The International Association of Public Participation Practitioners
IAP3 Headquarters, PO Box 82317, Portland, Oregon 97282, USA
t 503 236 6630 f 503 233 0772
w http://www.journalism.wisc.edu/cpn/sections/affiliates/iap3.html
세계의 좋은 사례의 교환을 통해 전문가들의 참여확대를 목표로 한 비영리 법인

International Centre for Participation Studies
Department of Peace Studies, University of Bradford, Bradford, West Yorkshire, BD7 1DP, UK
t +44(0)1274 236 044
e info@participationstudies.org
w www.brad.ac.uk/acad/icps/
참가정책 분야에서의 학문적으로 적합한 연구조직

International Institute for Environment and Development
3 Endsleigh Street, London, WC1H ODD, UK
t +44(0)20 7388 2117 f 7388 2826
e mailbox@iied.org
w www.iied.org
지속 가능한 세계발전을 추진하는 독립기구. 참가형 교육과 활동을 위한 자원센터는 주로 아프리카와 아시아, 남아메리카에 초점을 맞추고 최상의 참가형 접근법에 대한 2,000건 이상의 문서를 가지고 있다.

Involve
212 High Holborn, London, WC1V 7BF, UK
t +44(0) 20 7632 0120 f + 44(0) 20 7836 2626
e info@involving.org
w www.involving.org
결정에 있어 중심이 되는 사람들의 존재. 대중적 참여는 가장 절박한 도전을 해결해주고, 사람들의 참된 능력을 이끈다. 중심활동에는 보다 나은 실행과 네트워킹, 새로운 사고, 정책결정자들의 영향 등이 있다.

Isabel Val de Flor
Architecture, Urbanisme, Ecologie Urbaine, 91 Route de Carrieres, Chatou, 78400, France
t +33(0) 39 52 96 0
커뮤니티 참가와 생태보존을 추진하는 건축가와 도시계획가

John Thompson &Partners
77 Cowcross Street, London, EC1M 6EJ, UK
t +44(0)20 7251 5135 f 7251 5136
e jtplon@jtp.co.uk
w www.jtp.co.uk
Contacts John Thompson
영국과 유럽에서 많은 참가경험과 활동계획방법을 가진 건축가와 도시 디자이너, 커뮤니티 계획가

Joseph Rowntree Foundation
The Homestead, 40 Water End, York, YO30 6WP, United Kingdom
t 01904 629241 f 01904 620072
e info@jrf.org.uk
w www.jrf.org.uk
효과적인 커뮤니티 업무를 위한 많은 연구 프로젝트를 지원하는 자선재단. 매우 유용한 웹사이트

Kala Karthikeyan, Community Educator
C 1/1, Humayun Road, New Delhi, 110003, India
t +91 11 4632818 &4632919
e karthi@bol.net.in
지역과의 접촉에 유용하다.

Kobe University
Department of Architecture and Civil Engineering, Rokkodai Nada, Kobe, 657-0013, Japan
t +81(0)78 803 6039
e shiozaki@kobe-u.ac.jp
Contacts Yoshimitsu Shiozaki
일본을 포함한 재해복구에 있어 커뮤니티 건축과 계획의 연구와 실행경험

Living Streets
31-33 Bondway, London, SW8 1SJ, UK
t +44(0)20 7820 1010 f +44(0)20 7820 8208
e info@livingstreets.org.uk
w www.livingstreets.org.uk
보행을 위한 공공공간과 거리에 대한

THE **COMMUNITY PLANNING** HANDBOOK

부록

캠페인을 진행하는 영국의 기획. 창조성과 안전성, 활기있고 건강한 모든 거리의 실용적 프로젝트를 위한 작업

The Local Futures Group
5 Southampton Place, London, WC1A 2DA, UK
e mark.hepworth@lfg.co.uk
w www.lfg.co.uk
Contacts Mark Hepworth, Ian Christie
정책과 사적·공적 파트너십의 연계에 기반한 재생의 전문화. 초점그룹과 워크숍, 지식정보화를 통한 기업의 파트너십 마케팅. 사회적·경제적·정치적 그리고 문화적 동향의 미래분석

Massachusetts Institute of Technology
Department of Architecture, 77 Mass Avenue, Cambridge, Mass 02130, USA
e wampler@mit.edu
Contacts Professor Jan Wampler
많은 국가에서의 학구적·실용적인 전문지식. 유용한 출판물

MATCH(MAnaging The CHange)
Von Zadow를 보라.

Max Lock Centre
University of Westminster, 35 Marylebone Road, London, NW1 5LS, UK
t +44(0)20 7911 5000 f 7911 5171
e maxlockc@wmin.ac.uk
w www.wmin.ac.uk/builtenv/maxlock/
John Turner의 자료를 보유한 Max Lock Group의 도시분석과 참가 개념에 기반을 둔 연구조직

Medvode Community
Mayor and City Planning Dept., Cesta Komandanta Staneta 12, Medvode, si-1215, Slovenia
t +386(0)61 613 600 f 611 686
e obcina@medvode.si
w www.medvode.si/english.htm
Contacts Mayor Stanislav Zagar
지역적 접촉에 유용하다.

METREX – The Network of European Metropolitan Regions and Areas
Nye Bevan House, 20 India Street, Glasgow, G2 4PF, UK
t +44(0)141 339 384 f +44(0)141 339 9703
e secretariat@eurometrex.org
w www.eurometrex.org
Contacts Alastair Wyllie
공간계획과 발전에 관한 정보와 실행의 교환

Midlands Architecture and the Designed Environment(MADE)
122 Fazeley Street, Birmingham, B5 5RS, UK
t +44(0)121 633 9333 f +44(0)121 633 9444
e info@made.org.uk
w www.made.org.uk
Contacts Julia Ellis, Director; Vanessa Brothwell, Projects and Partnerships Manager
영국 West Midlands 지역의 건축센터. 도시와 지방, 교외지역의 디자인과 계획진행에 대한 사람들의 참여를 유도하는 광범위한 협력관계를 제공

Mount Wise Action Planning
Estate Management Office, 102 Pembroke Street, Plymouth, PL1 4JT, UK
t +44(0) 1752 607277
지역행동그룹. 활동계획에 대한 비디오와 보고서를 공급

Murdoch University
Institute for Science and Technology Policy, Murdoch, Perth,, Western Australia 6150, Australia
t +618 9360 2913 f 9360 6421
e istp@central.murdoch.edu.au
유용한 연구와 출판물

National Association of Planning Councils(NAPC)
11118 Ferndale Road, Dallas, Texas 7523, USA
t +1(214)342-2638
e NAPC@communityplanning.org
w www.communityplanning.org
질 높은 커뮤니티 계획을 추진하는 사적·비영리 조직으로, 인간봉사에 기반을 둔 커뮤니티와 풍부한 계획과 활동에 리더십을 제공할 수 있는 구성원을 지원한다.

National Coalition for Dialogue and Deliberation(NCDD)
114 W. Springville Road, Boiling Springs, PA 17007, USA
t +1(717) 243 5144
e ncdd@thataway.org
w www.thataway.org/dialogue/
Contacts Sandy Heierbacher, Director
커뮤니티에게 사람과 조직, 자원을 지원하고, 토론력의 향상을 통해 같이 하도록 이끈다.

National Tenants Resource Centre
Trafford Hall, Ince Lane, Wimbolds Trafford, Chester, CH2 4JP, UK
t +44(0)1244 300 246 f 300 818
w www.traffordhall.com/
임대인과 다른 커뮤니티 조직을 위한 훈련센터

Neighbourhood Initiatives Foundation
The Poplars, Lightmoor, Lightmoor, Telford, TF4 3QN, UK
t +44(0)1952 590777 f 591771
e nif@cableinet.co.uk
w www.nif.co.uk
커뮤니티 참가, 훈련, 발전, 그 외의 재단의 상표등록에 사용되는 특별자선기금. 구성원의 일정, 일반적인 소식, 훈련코스, 유용한 출판물과 도구모음을 가지고 있다. 커뮤니티 부흥을 위한 근린주구계획

Neighbourhood Planning for Community Revitalisation
330 Humphrey Center, 301-19th Ave

South, Minneapolis, MN 55455, USA
t 612.625-1551
e nelson@freenet.msp.mn.us
대학 프로젝트에 기술적 원조를 제공하고 지역 커뮤니티 조직에 대한 연구를 수행

New Economics Foundation
Cinamon House, 6-8 Cole Street, London, SE1 4YH, UK
t +44(0)20 7407 7447   f 7407 6473
e info@neweconomics.org
w www.neweconomics.org
Contacts Perry Walker/Julie Lewis, Centre for Participation
커뮤니티 비전 구축, 지시자, 커뮤니티 재정과 결산회계 감사를 추진하는 영국 참여 네트워크

Nick Wates Associates
7 Tackleway, Hastings, TN34 4DE, UK
t +44(0)1424 447888   f 441514
e nick@nickwates.co.uk
w www.nickwates.co.uk
Contacts Nick Wates
커뮤니티 계획 전문가. 이 웹사이트의 편집자

Nishikawa Tetsuya
Hosei University Graduate School of Architecture, 7-16-6 Yanaka Taitoh-ku, Tokyo, 110-0001, Japan
t +81(0)3 5685 1995   f 5685 1995
Contacts Yanaka Gakko
커뮤니티에 기반한 개발 및 계획, 디자인 경험

North Carolina State University
School of Design, Campus Box 7701. Brooks Hall. Pullen Road. Raleigh, North Carolina 27695-7701, USA
t +1 919 515 2205   f 515 7330
e henry_sanoff@ncsu.edu
w www4.ncsu.edu/unity/users/s/sanoff/www/henry.html
Contact: Henry Sanoff.
참여형 디자인의 전문가. 유용한 출판물 입수가능

North-South Research Network
e cehs@eca.ac.uk
w www.eca.ac.uk/planning/cehs.htm
인터넷을 기반으로 한 영국에 있는 연구기관들의 네트워크. 발전하는 세계의 인간거주에 대한 연구를 수행한다. 이 핸드북에 업데이트된 정보와 편의성의 의견 등을 스코틀랜드의 에딘버러에 있는 환경센터에서 주최하였다.

Novosibirsk State Academy of Architecture and Fine Arts
Krasny Prospect 38, Novosibirsk-99 630099, Russia
t +7 383 2 225 830   f 222 905
e zhurin@inline.nsk.ru
Contact: Nikolai P Zhurin
지역과의 접촉에 유용하다.

OKO - Stadt - Universite de Dortmund
공간계획학부, Paul-Linche-Ulfer 30, D10999 Berlin, Germany
t +49(0) 30 611 8511   f 611 2320
e oekocity@aol.com
Contact: Prof. Dr. Ekhart Hahn
프로젝트를 다루며 도시와 공간환경학을 연구하는 개인 사무소

Open Society Fund
A. Jaksto st. 9, 2600 Vilnius, Lithuania
t +370 2 62 90 50   f 22 14 19
e sarunas@osf.lt
Contact: Sarunas Liekes
지역과의 접촉에 유용하다.

Participatory Design Conference
e pdc@cpsr, org
w www.cprs.org/conference/pdc98/background.html
한 해에 두 번 북미에서 열리는 컨퍼런스를 기반으로 한 네트워크

PEP
2 Albert Mews, Albert Road, London N4 3RD, UK
t +44(0)20 7281 0438   f 7281 3587
e admin@pepltd.demon.co.uk
w www.pep.org.uk
커뮤니티를 기반으로 하는 주택 서비스, 거주와 관련된 비영리 상담과 훈련

Permaculture Association
BCM Permaculture Association, London WC1N 3XX, UK
t +44(0)7041 390170
e office@permaculture.org.uk
w www.permaculture.org.uk
Permadculture 설계 코스의 세부 내용과 지역 접촉의 세부내용을 제공

Places for People
c/o ETP, 9 South Road, Brighton, BN1 6SK, UK
t/f +44(0)1273 542660
e streetwise@pobox.com
w http://pobox.com/~streetwise
도시연구에 관한 영국국가협회의 네트워크. 잡지 Streetwise와 유용한 뉴스레터들을 제공한다.

Planners Network
Pratt GCPE, 200 Willoughby Ave, Brooklyn, NY 11205, USA
t +1 718 636 3461
e pn@plannersnetwork.org
w www.york.ac.uk/depts/prdu
Contact: Sultan Barakat
전후상황에 대한 커뮤니티 계획전문가의 의견

The Prince of Wales Business Leaders Forum
15-16 Cornwall Terrace, Regent's Park, London NW1 4QP, UK
t +44)0)20 7467 3600   f 7467 3610
e info@pwblf.org.uk
Contact: Ros Tennyson, Learning Programmes
세계의 발전에 초점을 맞추어 세계적인 이벤트 설립 능력을 위해 조직화된

부록

제휴

The Prince's Foundation
12-22 Charlotte Road, Shoreditch, London EC2A 3SG, UK
t +44(0)20 7916 7380 f 7916 7381
e info@princes-foundation.org
w www.princes-foundation.org
건축, 건물과 도시재생에 HRH The Prince of Wales의 기획을 결합시키고 확대시킨다. 커뮤니티의 계획과 디자인에 있어 보다 전체적인 관점과 인문학적 접근을 촉진시킨다.

Public Participation Campaign
c/o Friends of the Earth, 26-28 Underwood Street, London N1 7JQ, UK
t +44(0)20 7566 1687 f 7566 1689
e maryt@foe.co.uk
w www.participate.org
Contact: Mary Taylor. Co-ordinator
환경을 위한 의사결정에 있어 투명성과 참여를 향상시키기 위한 유럽 비정부기구들의 캠페인
뉴스레터 발행(Participate)
from: Mara Silina, FoE Europe, 29 RUE Blanche, B-1060, Brussels, Belgium
t +32 2 542 0180 f 537 55 96
e mara.silina@foeeurope.org
Eastern European contact point:
Svtlana Kravchenko
t +380 44 229 3690 f 229-3645
e skravchenko@gluk.kiev.ua

Rajyoga Education and Research Foundation National Coordinating Office
25 New Rohtak Road, Karol Bagh, New Delhi, India
t +91 11 752 8516 f 777 0463
e bkshanti@vsnl.com
Contact: Asha Puri.
지역과의 접촉에 유용하다.

Rod Hackney Association
St. Peters House, Windmill Street Macclesfield, Cheshire SK11 7HS, UK
t +44(0) 1625 431792 f 616929
e mail@stpeter.demon.co.uk
풍부한 경험의 커뮤니티 건축과 계획 실습

Roger Evans Association
59-63 High Street, Kidlington, Oxford OX5 2DN, UK
t +44(0)1865 377030 f 377050
e urbandesign@rogerevans.com
커뮤니티 계획에 대한 전문적 기술을 지닌 도시계획실습

Royal Institute of British Architecture
66 Portland Place, London W1N 4AD, UK
t +44(0)20 7580 5533 f 7225 1541
e admin @inst.riba.org
w www.riba.org
학교 프로그램 중의 정기 건축학과 과정. 커뮤니티 건축을 위한 계획 일정표를 서비스로 제공받을 수 있다. 고객조언 서비스는 지역 커뮤니티 건축가들의 리스트를 제공한다. 서점이나 도서관에서 유용한 출판물을 얻을 수 있다.

Royal Town Planning Institute
26 Portland Place, London W1 UK
t +1(0)20 7636 9107 f 7323 1582
e online@rtpi.org.uk
w www.rtpi.org.uk
환경교육, 설계공모전, 출판, 원조 계획을 통해 계획의 공공참여를 촉진한다.

Rural Development Network & RuralNet
National Rural Enterprise Centre, Stoneleigh Park, Warwickshire CV8 2PR, UK
t +44(0)24 7669 6986 f 7669 6538
e ruralnet@ruralnet.org.uk
w www.ruralnet.org.uk
지방조직의 발전을 위해 풀뿌리 지원을 제공한다. 다음도 마찬가지다.
InfoRurale
w www.nrec.org.uk/inforurale/
지방발전의 자료들을 링크시켜 놓은 Gateway의 인터넷 사이트

Samara State Academy of Architecture and Engineering
Nikutinskaya Square 5/28-19.
443030 Samara, Russia
t +7 846 2 362 119 f 321 965
e academy@icc.ssaba.samara.ru
Contact: Elena Akhmedova
지역과의 접촉에 유용하다.

Sarkissian Association Planners
11 Laurel Street, Highgate Hill, Queensland Australia 4101
t +617 3846 3693 f 3846 2719
e saki_w@arch.usyd.edu.au
Contact: Wendy Sarkussian
경험있는 실천가와 고등학원들. 지역과의 접촉에 유용하다.

Sheep Network
#204 Mejiro House K, 3-25-10
Mejiro, Toshima-ku, Tokyo ZIP171, Japan
t +81 3 3565 4781 f 3565 4061
Contact: Marico Saigo
커뮤니티 건축과 계획의 전문적 기술, 지역적 접촉

Shelter Forum, Kenya
PO Box 39493, Nairobi, Kenya
t +254 2 442 108 f 445166
e eliah@itdg.or.ke
Contact: Eliah Agevi
도시성장에 있어서 커뮤니티 발전에 대한 프로그램 연구와 훈련을 위한 동아시아 NGO연합

Shoevegas Arts and Media
Top floor, 24-28 Hatton Wall, London EC1N 8JH, UK
t +1(0)20 7916 6969 f 7916 9977
e studio@shoevegas.com
w www.shoevegas.com
멀티미디어 그룹. 창조적인 전자공학 지도의 경험을 축적

관련기관 연락처

Society for Development Studies
Opp. Pillanji, Saronji Nagar, New Delhi 110023 India
t +91 11 6875862 f 6875862
e sds@gias이01.vsnl.net.in
w www.sdsindia.org
Contact: Vinay D. Lall, Director.
연구, 훈련, 컨설턴트 기관. 지역과의 접촉에 유용하다.

Sofia University of Architecture, Civil Engineering and Geodesy
1 Smirnensky Blvd, Sofia 1421, Bulgaria
t +359 2 668 449 f 656 809
e st_popv_far@bcace%.uacg.acad.bg
Contact: Stefan Popov
지역과의 접촉에 유용하다.

SOFTECH Energie, Technologia, Ambiente
via Cernaia 1, 1-1021 Torino, Italy
t +39(0) 11 562 2289 f 540 219
e softech@softech-team.it
Contact: Roberto Pagani
통합적 기술, 경제, 공공행정과 도시재생에서 시민참여에 대한 컨설팅

South Bank University
Faculty of the Built Environment,
202 Wandsworth Road, London SW8 2JZ, UK
t +44(0)20 7815 7283 f 7815 7366
e nick.hall@sbu.ac.uk
Contact: Nick Hall
커뮤니티를 기반으로 한 재난관리 연구. 토지소유자 참여과정

Sustainable Strategies & Solution Inc.
1535 NE 90th Street, Seatle, WA 98115-3142, USA
t +1(206)979-9842 f 524-2524
e j_Gary_Lawrence@msn.com
Contact: J. Gary Lawrence
지속 가능한 발전이론과 실제의 결합을 통해 공공, 개인, 시민조직들이 그들의 개인적이거나 분배된 목표를 실현할 수 있도록 원조

Tallinn College of Engineering
Tallinn, Estonia
t +372 2 645 0588 f 645 0956
e info@joan.ee
Contacts: Aleksander Skolimowsk. Kristi Aija
지역과의 접촉에 유용하다.

Tamagawa, Community Design
House, 2-11-10 Tamagawa Den-en chofu, Setagaya-ku, Tokyo, Japan
t +81 3 3721 8699 f 3721-8699
e itoxx24@ibm.net
Contact: Yasuyoshi Hayashi
경험 있는 실천가들

Tenants Participatory Advisory Service
Brunswick House, Broad Street, Salford M6 5BZ, UK
t +44(0)161 745 7903 f 745 9259
e info@tpas.org.uk
w www.tpas.org.uk
사람들의 주택경영 범위 안에서 주택소유자를 포함하여 정보, 충고, 훈련, 컨설턴트, 세미나와 컨퍼런스들을 제공

Tirana Polytechnical University
Faculty of Engineering, Architecture Dept., Rruga Udhamed Gvolle, shavsha No. 54, Tirana, Albania
t +355 42 332 52
Contact: Nardiola Hoxa
지역과의 접촉에 유용하다.

Tokyo La-Npo
1-6, Akazuthumi 4 Chome, Setagayaku, Tokyo 156, Japan
t +81(0)3 3324 4440 f 3324 3444
e BYA17344@nifty.ne.jp
Contact: Misako Arai
일본 내에 지역 커뮤니티 계획 활동에 도움

Town & Country Planning Association
17 Charlton House Terrace, London SW1Y 5AS, UK
t +44(0)20 7930 8903
e tcpa@tcpa.org.uk
w www.tcpa.org.uk
계획 시스템의 혁신을 위한 캠페인 그룹. 유용한 출판물들

United Nations Centre for Human Settlements(Habitat)
Pob 30030, Nairobi, Kenya
t +254 2 624 231 f 624 265/66
e selman.erguden@unchs.org
w www.unchs.org
Contact: Selman Erguden
사회발전의 초점을 연결

Uban Design Group
6 Ashbrook Courtyard, Westbrook Street, Blewbury, Oxfordshire OX11 9QA, UK
t +44(0)1235 851415 f 851410
e admin@udg.org.uk
w rudi.herts.ac.uk
Contact: Susie Turnbull
도시디자인의 의제설립을 돕는 국가적 자발적인 조직. 공공참여 프로그램은 연구와 출판을 통한 좋은 연습을 촉진시키는 공공참여 프로그램이 있다. 이 핸드북과 관련된 정보를 포함하여 웹사이트 상에서 경험 많은 전문가와 좋은 안내의 등록부 역할을 한다.

Urban Design Alliance
w www.towns.org.uk/ppo/udal
도시디자인을 촉진하는 참여전문가적 캠페인 그룹

Urban Villages Forum
19-22 Charlotte Road, Shoreditch, London EC2A 3SG, UK
t +44(0)20 7916 7380 f 7916 7381
e info@princes-foundation.org
w www.princes-foundation.org
Contact: David Warburton

부록

어반 빌리지를 촉진하는 캠페인 조직. 통합되고, 지속 가능한 커뮤니티의 계획과 발전. 행동계획 이벤트를 위한 도움을 제공. 경험이 많은 전문가들의 리스트가 있으며 유용한 출판물의 입수가 가능

URBED
19 Store Street, London WC1E 7DH, UK
t +44(0)20 7436 8050 f 7436 8083
e urbed@urbed.co.uk
w www.urbed.co.uk
Contact: Nicholas Falk
오랜 지역 계획의 경험을 가지고 있는 도시재생 컨설턴트들. 라운드 테이블 워크숍의 전문적 지식

Vista Consulting
16 Old Birmingham Road, Lickey End, Broomsgrove B60 1DE, UK
t +44(0)1527 837930 f 837940
e vistaanne@aol.com
Contact: Ann Brooks
실시간 전략변화와 같은 비평적 대중 이벤트의 정보와 조언

Wikima
23 Leamington Road Villas, London W11 1HS, UK
t/f +44(0)20 7229 7320
e romys@compuserve.com
Contact: Romy Schovelton
공공 공간의 기술에 대한 정보와 조언. 유용한 출판물과 비디오들

Wilkison Hindle Hallsall Lloyd
98-100 Duke Street, Liverpool L1 5AG, UK
t +44(0)151 708 8944 f 709 1737
공공주택, 카탈로그의 선택과 디자인 모임에 대한 전문가의 의견을 중심으로 한 건축 실습

Wordsearch
5 Old Street, London EC1 9HL, UK
t 0171 549 5400 f 336 8660
e studio@wordsearch.co.uk
w www.wordsearch.co.uk

Contact: Lee Mallett
도시계획에 있어 공공참여에 대한 전문적 의견을 중심으로 한 소통 상담기관

Yale Urban Design Workshop
Centre for Urban Design Research, Box 208242, New Haven, Connecticut 06520, USA
t +1 203-432-2288 f 432 7175
e udw@yale.edu
w www.architecture.yale.edu/re/udw/FrontDoor/
Contacts: Alan Plattus, Michael Haverland
주변의 지역 커뮤니티와 함께 작업하는 예일대학의 도시디자인 스튜디오

Credits and Thanks

이 핸드북은 세 개의 기획이 관련된 산물이다.

커뮤니티 디자인 프로그램을 위한 도구(Tools for Community Design Programme)
프린스 협회 후원(전 Prince of Wales's 건축연구소), 이 기획은 고급 프로덕션, 보편적으로 적용 가능하며 참여 편집기술을 사용한 정보의 이용방법과 수준 높은 성과를 통해 좋은 사례를 촉진시키고 있다.

도시디자인그룹 공공참여 프로그램(UDGPPP)
영국 환경부, 운송과 지역부의 지원을 받은 이 활동 연구 프로그램은 영국에서 1996년과 1997년에 진행된 12곳의 공공 참여 행사와 10곳의 세미나를 평가, 지원하여 좋은 실천사례 원칙을 세웠다.

개발도상국 리서치 프로그램에서의 활동계획
영국 국제부(DFID)의 지원을 받은 이 프로젝트는 1998년과 1999년에 걸쳐 세계 여러 나라의 실천 계획의 평가를 통해 개발도상국에게 가장 적절한 방법을 만들었다.

이 책은 다른 관련 기획과의 밀접한 협력과 다음과 같은 도움을 받았다.

커뮤니티기반 재난완화
유럽 커뮤니티의 지원과 런던 사우스뱅크 대학에 기반을 둔 리서치 프로젝트

커뮤니티 재생 도구
영국 Hastings 트러스트에 기반을 둔 커뮤니티 재생 데이터베이스를 개발하기 위한 프로젝트

위 기획에서 개인 자격의 자문 단체는 - 날인된 페이지에 목록화된 - 보다 나은 책이 되도록 이끌어 주었다.

이 작업과정에서 많은 이들의 도움을 받았다. 특히 자료를 보내주고 편집 워크숍에 참여했고 초고에 대해 격려와 비평을 해준 모든 이에게 특별히 감사의 말씀을 드린다. 그들은 다음과 같다.

Adele Wilter
Akan Leander
Alan Plattus
Alex Rook
Alison Lammas
Andrew Goldring
Anne Kramer
Anthea Atha
Arnold Linden
Babar Mumtaz
Birgit Laue
Brian Hanson
Caroline Lwin
Catherine Tranmer
Charles Campion
Charles Knevitt
Charles Zucker
Christine Goldschmidt
Colin Ward
David Hughes
David Lewis
David Lunts
David Sanderson
Debbie Bartlett
Debbie Radcliffe
Dianah Bennett
Diane Warburton
Diane Warburton
Dick Watson
Emma Collier
Felicity Gu
Flora Gathorne-Hardy
Frances MacDermott
Frances MacDermott
Geoffrey Payne
Henry Sanoff
Ian Taylor
Jack Sidener
James Derounian
Jeff Bishop
Jenneth Parker
Jeremy Brook
Jeremy Caulton
Jo McCaren
Joan Kean
Joanna Gent
John Billingham
John F C Turner
John Thompson
John Twigg
John Worthington
Jon Aldenton
Jon Rowland
Jonathan Sinclair Wilson
Jules Pretty
Julie Lewis
Julie Witham
June Cannon
Lee Mallett
Lorraine Hart
Mae Wates
Mandy Heslop
Margaret Wilkinson
Mary Myers
Max Wates
Melanie Louise
Michael Hebbert
Michael Mutter
Michael Parkes
Miriam Solly
Nabeel Hamdi
Nicholas Wilkinson
Nick Hall
Nim Moorthy
Pat Wakely
Paul Jenkins
Perry Walker
Peter Blake
Peter Greenhalf
Peter Richards
Renate Ruether-Greaves
Richard John
Richard Pullen
Ripin Kalra
Robert Cowan
Robin Deane
Rod Hackney
Roger Bellers
Roger Evans
Romy Shovelton

Ros Tennyson
Sally King
Sam Jones-Hill
Simon Croxton
Simon Thomas
Sonia Khan
Stephanie Donaldson
Stephen Batey
Stephen Thwaites
Steve Smith

Susan Guy
Susie Turnbull
Suzanne Gorman
Tony Costello
Tony Meadows
Virginia Griffin
Yanaka Gakko
Yasuyoshi Hayashi
Yoshimitsu Shiozaki

도움을 주신 단체

Architecture Foundation
Ball State University
Building Design
Centre for Community Visions
Centre for Disaster Preparedness
Countryside Commission
CLAWS 2
Chinese University of Hong Kong
Edinburgh World Heritage Trust
Free Form Arts Trust
Hackney Building Exploratory
Hertfordshire County Council
Neighbourhood Initiatives Foundation
Planning Aid UK
RUDI
Roger Evans Associates
Shoevegas

누락된 단체가 있다면 양해해 주길 바랍니다.

책 개정 (Book evolution)

이 책은 좋은 실천 지침의 참여적 편집과 실험이 실천의 개선과 지식을 널리 보급시키는 데 가장 효과적인 방법이라는 믿음으로 출판되었다.

채택된 과정은 다음과 같다.

1. 제목과 형식
저자, 디자이너와 후원단체들이 전반적인 컨셉을 잡았다.

2. 홍보
정보가 담긴 리플렛을 널리 보급했다.

3. 시험프로젝트, 세미나, 조사
시험프로젝트의 모니터링과 평가, 세미나와 워크숍, 데스크 조사에 참여했다.

4. 출판된 예시자료
1998년 6월, 10개의 방법과 4개의 시나리오가 Urban Design Quarterly에서 출판됨. 1천부 이상 보급되었으며 Urban Design Group 웹 상에서 확인 가능하다.

5. 편집 워크숍
1998년 11월, 런던 South Bank University와 1999년 1월 필리핀에서 개최되었다.

6. 자문 초고
60명의 실천가들에게 돌렸으며, 35명 이상이 응답했다.

7. 최종 초고
주요 후원 단체들과 자문위원들에게 돌렸다.

비록 편집자가 표현된 모든 관점에 대한 책임을 지지만 각 단계에서 받았던 평가는 책을 개발하는 데 있어서 매우 가치있었다.

향후 편집과 번역, 특별한 지역의 내용들에 맞춘 각색의 과정이 계속 진행될 계획이다.

www.communityplanning.net을 참고하길 바란다.

이 책에 대한 의견

이 핸드북에 대한 개정판에서는 보다 나은 번역과 번안을 준비하고자 한다. 따라서 피드백이 가장 유용하고 좋다.

당신이 도울 수 있는 방법들

■ 비평
이 책에 대한 호평이든 악평이든 비평을 보내주어라. 광고를 위한 인용문은 특히 환영이다.

■ 변화
되도록 책에 색이 있는 펜으로 표시한 상세한 수정안이나 페이지의 사진을 복사하여 보내주길 바란다.

■ 추가 사항
이외의 원리, 방법론, 시나리오, 용어, 책, 영화, 연락책 등 추가되어야 할 상세한 요소들을 보내라. 이것들이 책과 같은 형식으로 작성된다면 아주 도움이 될 것이다.

■ 삽화
좋은 사진이나 그림은 언제나 환영이다(만약 돌려받고 싶으면 분명하게 조건으로 제시하라).

■ 편집 워크숍을 연다
편집 워크숍을 조직하고 결과를 보내라. 형식은 238쪽 쪽을 참고하라.

■ 번역과 번안을 돕는다
역자, 편집자, 지역 출판업자가 필요하다. 틀을 사용하고 당신의 사진과 지역 사례들을 넣는 것이 어떻겠는가.

편지, 이메일, 팩스나 전화 중 편리한 방법으로 연락하라.

모든 연락은 다음 주소로 …
Handbook Editor, Community Planning Publications
7 Tackleway, Hastings TN34 3DE, United Kingdom
Tel: +44(0)1424 447888 Fax: +44(0)1424 441514
e-mail: info@wates.demon.co.uk
최신 정보를 얻기 위해서는 Community Planning Handbook 웹사이트 (www.wates.demon.co.uk)를 체크하라.

편집자님께,

귀하의 안내서는 훌륭합니다. 하지만 개정판에서는 다음 사항들을 포함시켜 주십시오.

1. ....방법론에 대한 페이지 하나(정보는 동봉하였습니다)

2. 우리 프로젝트에 바탕을 둔 ....에 대한 시나리오(정보는 동봉하였습니다)

3. ....라고 불리는 정말 좋은 비디오(정보는 동봉하였습니다)

출판되면 알려 주십시오.

그럼.

추신. 아직 확인해보지 않으셨다면 www.........을 확인해보십시오. 유용한 정보들이 있습니다.

편집 워크숍 형식

이 핸드북은 사용방법에 따라 다양하게 적용할 수 있으며, 또한 전반적인 커뮤니티 계획에 대한 토론의 촉진에 유용하다. 독립적인 세션으로 운영되거나 회의의 한 부분 또는 다른 프로그램으로 운영될 수 있다. 참가자들은 이 책을 한번 훑어보고 오는 것이 이상적이지만 반드시 그래야 하는 것은 아니다.

1. 준비
모든 페이지 또는 일부를 벽에 전시한다. A3 크기로 확대복사하는 것이 좋다. '원리', '방법론', '시나리오' 등으로 위에 해당 제목을 크게 써서 배열한다. 각 란의 빈 종이에 '다른 원리', '다른 방법론', '다른 시나리오' 등의 제목을 써서 붙인다. 색깔 있는 펜을 제공하라.(2시간)

2. 소개
참가자들을 맞이한다. 행사의 목적과 책 전시의 구조를 설명하라.

3. 참여민주주의 편집
참가자들은 전시를 개별적으로 또는 소그룹으로 관람하고 페이지나 빈 종이에 직접 비평을 적는다. 비형식적인 토의를 권장한다.(사람들이 책을 읽고 왔는지 여부에 따라 20~60분)

4. 전반적인 토론
지역 활동, 발안 또는 필요한 기타 사항들에 대한 영향에 대해 토론한다.(20~40분)

5. 결과의 발송
토론에 대한 메모 등의 원본 또는 복사본을 동봉하여 다음 주소로 우편발송하거나 팩스로 보낸다.
Handbook Editor,
Community Planning Publications,
7 Tackleway, Hastings TN34 3DE, UK
Fax: +44(0)1424 441514

소요시간: 60~100분
이상적인 수: 5~20

편집 워크숍
이 책의 본문들을 확대하여 벽에 붙여놓으면 사람들이 비평과 수정안을 쓸 수 있다. 빈 종이를 붙여놓으면 사람들이 다음 개정판에 포함될 추가사항들에 대해 생각하도록 할 수 있다.

전시 재료
'The Community Planning Handbook'의 페이지 전시는 컬러든 흑백이든 다양한 크기로 Community Planning 출판사로부터 얻을 수 있다. 자세한 사항은 문의해주길 바란다.

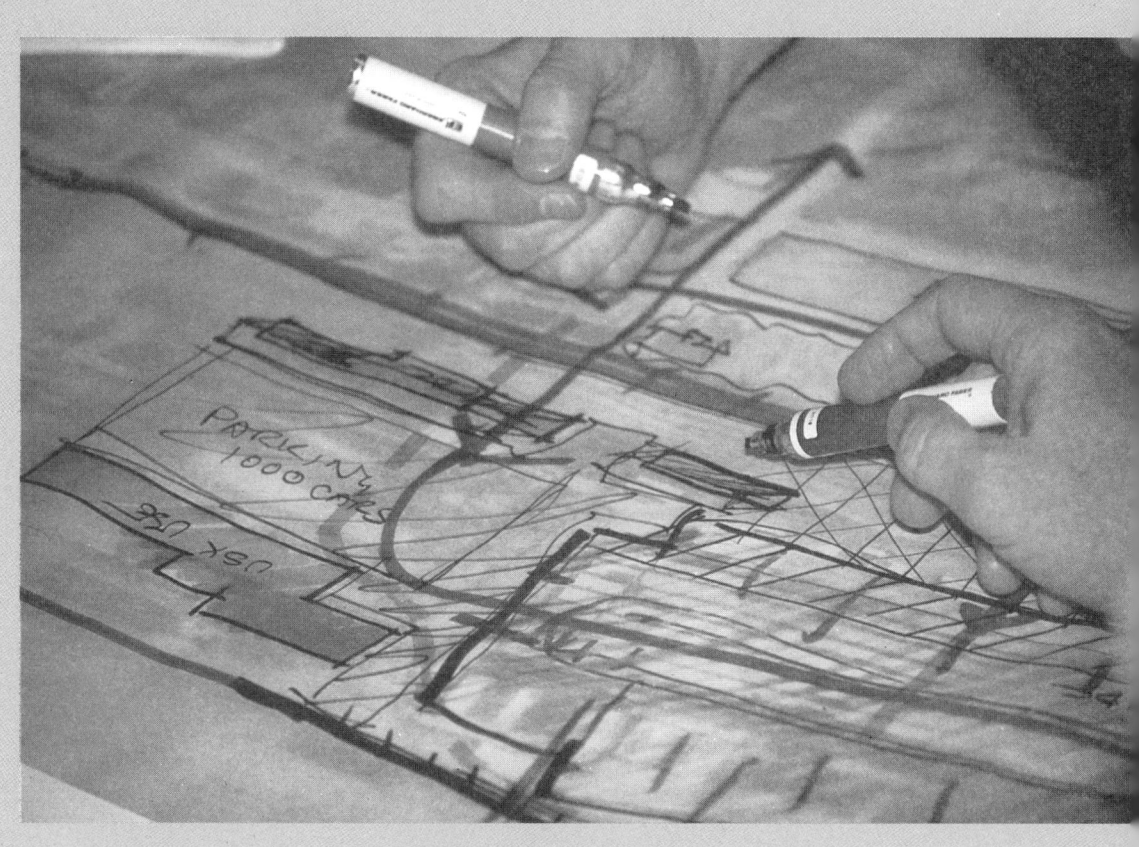

커뮤니티 플래닝 핸드북 | THE **COMMUNITY PLANNING** HANDBOOK

커뮤니티 플래닝 핸드북 | THE **COMMUNITY PLANNING** HANDBOOK